本书编写人员

主　编　　姚　奇
副主编　　（排名不分先后）
　　　　　王全福　　蔡　伟　　陈　纳
参　编　　（排名不分先后）
　　　　　常世敏　　薛占永　　呼秀智
　　　　　李　琴　　高　颖　　栗龙龙
　　　　　王亚峰　　王承业　　张宝戈
　　　　　贾玉梅

前　言

　　党的二十大报告指出："我们要坚持教育优先发展、科技自立自强、人才引领驱动，加快建设教育强国、科技强国、人才强国，坚持为党育人、为国育才，全面提高人才自主培养质量，着力造就拔尖创新人才，聚天下英才而用之。"这就对兽医行业从业人员提出了更高的要求。兽医行业从业人员应夯实专业基础，同时加强实践，为新时代发展现代畜牧兽医产业服务。

　　根据《中华人民共和国动物防疫法》（正文简称《动物防疫法》）规定，我国实行执业兽医资格考试制度。具有兽医相关专业大学专科以上学历的人员或者符合条件的乡村兽医，通过执业兽医资格考试的，由省、自治区、直辖市人民政府农业农村主管部门颁发执业兽医资格证书。

　　全国执业兽医资格考试分为基础、预防、临床和综合应用4门科目。2023年兽医全科类考试的基础科目包括兽医法律法规和职业道德、动物解剖学、组织学与胚胎学、动物生理学、动物生物化学、动物病理学、兽医药理学，主要考查与临床实践相关的基本理论和法律法规知识；预防科目包括兽医微生物学与免疫学、兽医传染病学、兽医寄生虫学、兽医公共卫生学，主要考查常发和多发动物疫病及人畜共患病知识；临床科目包括兽医临床诊断学、兽医内科学、兽医外科与手术学、兽医产科学、中兽医学，主要考查常见和多发普通病的诊断和治疗；综合应用科目包括猪、禽、牛、羊、犬、猫以及其他动物疾病的临床诊断和治疗，主要考查常发重大疾病的处置、防控与治疗的知识和能力，该科目的考点基本是预防科目和临床科目相结合的内容。

　　本书按照上述科目顺序列出了全国执业兽医资格考试（兽医全科类）的必背考点，包含兽医法律法规和职业道德、动物解剖学与组织胚胎学、动物生理学等15项考试内容的必背考点。

　　本书配套了App版本的必背考点和题库，购买本书的同学可凭购买凭证及刮刮码领取。考生可通过应用商店搜索"指兽"，下载指兽App并用手机号登录App，联系App底部的在线客服即可领取、激活使用。

　　本书的编写、出版得到了各位编写人员的大力支持，同时也离不开在我学习、工作中付出诸多努力的多位恩师和家人，谨此一并致谢。

　　祝愿各位考生顺利通过考试！

姚　奇

全国执业兽医资格考试备考用书

ZHIYE SHOUYI ZIGE KAOSHI
（SHOUYI QUANKE LEI）BIBEI KAODIAN

执业兽医资格考试
（兽医全科类）必背考点

姚 奇 主编

附题库

中国轻工业出版社

图书在版编目（CIP）数据

执业兽医资格考试（兽医全科类）必背考点 / 姚奇主编. —北京：中国轻工业出版社，2024.3
ISBN 978-7-5184-4572-1

Ⅰ.①执… Ⅱ.①姚… Ⅲ.①兽医学—资格考试—自学参考资料 Ⅳ.①S85

中国国家版本馆CIP数据核字（2023）第184904号

责任编辑：贾 磊
文字编辑：田超男　　责任终审：李建华　　整体设计：锋尚设计
策划编辑：贾 磊　　　责任校对：晋 洁　　　责任监印：张 可

出版发行：中国轻工业出版社（北京鲁谷东街5号，邮编：100040）
印　　刷：三河市国英印务有限公司
经　　销：各地新华书店
版　　次：2024年3月第1版第2次印刷
开　　本：787×1092　1/16　印张：14.5
字　　数：300千字
书　　号：ISBN 978-7-5184-4572-1　定价：68.00元
邮购电话：010-85119873
发行电话：010-85119832　010-85119912
网　　址：http://www.chlip.com.cn
Email：club@chlip.com.cn
版权所有　侵权必究
如发现图书残缺请与我社邮购联系调换
240402J4C102ZBW

目录

第一章　兽医法律法规和职业道德 …………………………………… 1

第二章　动物解剖学、组织学与胚胎学 ……………………………… 15

第三章　动物生理学 …………………………………………………… 43

第四章　动物生物化学 ………………………………………………… 52

第五章　动物病理学 …………………………………………………… 60

第六章　兽医药理学 …………………………………………………… 72

第七章　兽医微生物学与免疫学 ……………………………………… 81

第八章　兽医传染病学 ………………………………………………… 96

第九章　兽医寄生虫学 ………………………………………………… 114

第十章　兽医公共卫生学 ……………………………………………… 130

第十一章　兽医临床诊断学 …………………………………………… 137

第十二章　兽医内科学 ………………………………………………… 154

第十三章　兽医外科与手术学 ………………………………………… 169

第十四章　兽医产科学 ………………………………………………… 188

第十五章　中兽医学 …………………………………………………… 199

附　录 …………………………………………………………………… 217

　　附录一　动物传染病速查表 ……………………………………… 217

　　附录二　动物寄生虫病速查表 …………………………………… 224

第一章
兽医法律法规和职业道德

1. 《动物防疫法》所称动物，是指家畜家禽和人工饲养、捕获的其他动物。

2. 《动物防疫法》所称动物产品，是指动物的肉、生皮、原毛、绒、脏器、脂、血液、精液、卵、胚胎、骨、蹄、头、角、筋以及可能传播动物疫病的奶、蛋等。

3. 《动物防疫法》所称动物疫病，是指动物传染病，包括寄生虫病。

4. 《动物防疫法》所称动物防疫，是指动物疫病的预防、控制、诊疗、净化、消灭和动物、动物产品的检疫以及病死动物、病害动物产品的无害化处理。

5. 《动物防疫法》规定的动物疫病分为以下三类：

一类疫病，指口蹄疫、非洲猪瘟、高致病性禽流感等对人、动物构成特别严重危害，可能造成重大经济损失和社会影响，需要采取紧急、严厉的强制预防、控制等措施的；

二类疫病，指狂犬病、布鲁氏菌病、草鱼出血病等对人、动物构成严重危害，可能造成较大经济损失和社会影响，需要采取严格预防、控制等措施的；

三类疫病，指大肠杆菌病、禽结核病、鳖腮腺炎病等常见多发，对人、动物构成危害，可能造成一定程度的经济损失和社会影响，需要及时预防、控制的。

6. 一、二、三类动物疫病具体病种名录由国务院农业农村主管部门制定并公布。

7. 《人畜共患传染病名录》由国务院农业农村主管部门会同国务院卫生健康、野生动物保护等主管部门制定并公布。

8. 县级以上人民政府对动物防疫工作实行统一领导，采取有效措施稳定基层机构队伍，加强动物防疫队伍建设，建立健全动物防疫体系，制定并组织实施动物疫病防治规划。

9. 县级以上地方人民政府农业农村主管部门主管本行政区域的动物防疫工作。

10. 县级以上地方人民政府的动物卫生监督机构依照《动物防疫法》规定，负责动物、动物产品的检疫工作（动物卫生监督机构是县级以上地方人民政府设立的）。

11. 县级以上人民政府按照国务院的规定，根据统筹规划、合理布局、综合设置的原则建立动物疫病预防控制机构（动物疫病预防控制机构是县级以上人民政府设立的），承担动物疫病的监测、检测、诊断、流行病学调查、疫情报告以及其他预防、控制等技术工作；承担动物疫病净化、消灭的技术工作。

12. 国务院农业农村主管部门确定强制免疫的动物疫病病种和区域。县级以上地方人民政府农业农村主管部门负责组织实施动物疫病强制免疫计划，并对饲养动物的单位和个人履行强制免疫义务的情况进行监督检查。

13. 国家支持地方建立无规定动物疫病区，鼓励动物饲养场建设无规定动物疫病生物安全隔离区。对符合国务院农业农村主管部门规定标准的无规定动物疫病区和无规定动物疫病生物安全隔离区，国务院农业农村主管部门验收合格予以公布。

14. 饲养动物的单位和个人达到国务院农业农村主管部门规定的净化标准的，由省级以上人民政府农业农村主管部门予以公布。

15. 国务院农业农村主管部门制定并组织实施动物疫病净化、消灭规划。县级以上地方人民政府根据动物疫病净化、消灭规划，制定并组织实施本行政区域的动物疫病净化、消灭计划。

16. 动物疫病预防控制机构按照动物疫病净化、消灭规划、计划，开展动物疫病净化技术指导、培训，对动物疫病净化效果进行监测、评估。

17. 动物和动物产品无害化处理场所除应当符合基础的防疫条件外，还应当具有病原检测设备、检测能力和符合动物防疫要求的专用运输车辆。

18. 开办动物饲养场和隔离场所、动物屠宰加工场所以及动物和动物产品无害化处理场所，应当向县级以上地方人民政府农业农村主管部门提出申请。

19. 街道办事处、乡级人民政府组织协调居民委员会、村民委员会，做好本辖区流浪犬、猫的控制和处置，防止疫病传播。

20. 县级人民政府和乡级人民政府、街道办事处应当结合本地实际，做好农村地区饲养犬只的防疫管理工作。

21. 饲养犬只防疫管理的具体办法，由省、自治区、直辖市制定。

22. 动物疫情由县级以上人民政府农业农村主管部门认定；其中重大动物疫情由省、自治区、直辖市人民政府农业农村主管部门认定，必要时报国务院农业农村主管部门认定。

23. 在重大动物疫情报告期间，必要时，所在地县级以上地方人民政府可以作出封锁决定并采取扑杀和销毁等措施。

24. 国务院农业农村主管部门向社会及时公布全国动物疫情，也可以根据需要授权省、自治区、直辖市人民政府农业农村主管部门公布本行政区域的动物疫情。其他单位和个人不得发布动物疫情。

25. 任何单位和个人不得瞒报、谎报、迟报、漏报动物疫情，不得授意他人瞒报、谎报、迟报动物疫情，不得阻碍他人报告动物疫情。

26. 发生一类动物疫病时，所在地县级以上地方人民政府农业农村主管部门应当立即派人到现场，划定疫点、疫区和受威胁区，调查疫源，及时报请本级人民政府对疫区实行封锁。

27. 县级以上地方人民政府根据上级重大动物疫情应急预案和本地区的实际情况，制定本行政区域的重大动物疫情应急预案，报上一级人民政府农业农村主管部门备案，并抄送上一级人民政府应急管理部门。

28. 人工捕获的野生动物，应当按照国家有关规定报捕获地动物卫生监督机构检疫，检疫合格的方可饲养、经营和运输。

29. 经航空、铁路、道路、水路运输动物和动物产品的，托运人托运时应当提供检疫证明；没有检疫证明的，承运人不得承运。

30. 从事动物运输的单位、个人以及车辆，应当向所在地县级人民政府农业农村主管部门备案，妥善保存行程路线和托运人提供的动物名称、检疫证明编号、数量等信息。

31. 运载工具在装载前和卸载后应当及时清洗、消毒。

32. 经检疫不合格的动物、动物产品，货主应当在农业农村主管部门的监督下按照国家有关规定处理，处理费用由货主承担。

33. 在江河、湖泊、水库等水域发现的死亡畜禽，由所在地县级人民政府组织收集、处理并溯源。

34. 在城市公共场所和乡村发现的死亡畜禽，由所在地街道办事处、乡级人民政府组织收集、处理并溯源。

35. 在野外环境发现的死亡野生动物，由所在地野生动物保护主管部门收集、处理。

36. 官方兽医应当具备国务院农业农村主管部门规定的条件，由省、自治区、直辖市人民政府农业农村主管部门按照程序确认，由所在地县级以上人民政府农业农村主管部门任命。具体办法由国务院农业农村主管部门制定。

37. 海关的官方兽医应当具备规定的条件，由海关总署任命。

38. 县级以上人民政府农业农村主管部门具体负责组织重大动物疫情的监测、调查、控制、扑灭等应急工作。县级以上人民政府应当建立和完善重大动物疫情监测网络和预防控制体系，加强动物防疫基础设施和乡镇动物防疫组织建设并保证其正常运行，提高对重大动物疫情的应急处理能力。

39. 动物防疫监督机构负责重大动物疫情的监测，饲养、经营动物和生产、经营动物产品的单位和个人应当配合，不得拒绝和阻碍。

40. 国家通常将重大动物疫情划分为特别重大（Ⅰ级）、重大（Ⅱ级）、较大（Ⅲ级）和一般（Ⅳ）四级。

41. 对疫点采取下列措施：①扑杀并销毁染疫动物和易感染的动物及其产品；②对病死的动物、动物排泄物、被污染饲料、垫料、污水进行无害化处理；③对被污染的物品、用具、动物圈舍、场地进行严格消毒，特别注意，易感染的动物和同群动物并不一样。

42. 动物防疫条件审查应当遵循公开、公平、公正、便民的原则。动物防疫条件合格证应当载明申请人的名称（姓名）、场（厂）址、动物（动物产品）种类等事项，具体格式由农业农村部规定。

43. 取得动物防疫条件合格证后，变更布局、设施设备和制度，可能引起动物防疫条件发生变化的，应当提前三十日向原发证机关报告。发证机关应当在十五日内完成审查，并将审查结果通知申请人。

44．动物防疫条件合格证丢失或者损毁的，应当在十五日内向原发证机关申请补发。

45．动物饲养场、动物隔离场所、动物屠宰加工场所以及动物和动物产品无害化处理场所，应当在每年三月底前将上一年的动物防疫条件情况和防疫制度执行情况向县级人民政府农业农村主管部门报告。

46．禁止转让、伪造或者变造动物防疫条件合格证。

47．动物饲养场内自用的隔离舍，不再另行办理动物防疫条件合格证。

48．动物饲养场、隔离场所、屠宰加工场所内的无害化处理区域，不再另行办理动物防疫条件合格证。

49．动物检疫遵循过程监管、风险控制、区域化和可追溯管理相结合的原则。

50．县级以上地方人民政府农业农村主管部门主管本行政区域内的动物检疫工作，负责动物检疫监督管理工作。农业农村部制定、调整并公布检疫规程，明确动物检疫的范围、对象和程序。

51．县级以上地方人民政府的动物卫生监督机构负责本行政区域内动物检疫工作。

52．动物卫生监督机构的官方兽医实施检疫，出具动物检疫证明、加施检疫标志，并对检疫结论负责。

53．出售或者运输动物、动物产品的，货主应当提前三天向所在地动物卫生监督机构申报检疫。屠宰动物的，应当提前六小时向所在地动物卫生监督机构申报检疫；急宰动物的，可以随时申报。

54．向无规定动物疫病区输入相关易感动物、易感动物产品的，货主除按本办法第八条规定向输出地（所在地）动物卫生监督机构申报检疫外，还应当在启运三天前向输入地（目的地）动物卫生监督机构申报检疫。

55．输入易感动物的，向输入地隔离场所所在地动物卫生监督机构申报；输入易感动物产品的，在输入地省级动物卫生监督机构指定的地点申报。

56．申报检疫采取在申报点填报或者通过传真、电子数据交换等方式申报。

57．水产苗种以外的其他水生动物及其产品不实施检疫。

58．跨省、自治区、直辖市引进的乳用、种用动物到达输入地后，应当在隔离场或者饲养场内的隔离舍进行隔离观察，隔离期为三十天。经隔离观察合格的，方可混群饲养；不合格的，按照有关规定进行处理。隔离观察合格后需要继续运输的，货主应当申报检疫，并取得动物检疫证明。

59．出售或者运输的动物、动物产品取得动物检疫证明后，方可离开产地。

60．官方兽医应当回收进入屠宰加工场所待宰动物附有的动物检疫证明，并将有关信息上传至动物检疫管理信息化系统。回收的动物检疫证明保存期限不得少于十二个月。

61．输入到无规定动物疫病区的相关易感动物，应当在输入地省级动物卫生监督机构指定的隔离场所进行隔离，隔离检疫期为三十天。隔离检疫合格的，由隔离场所所在地县级动物卫生监督机构的官方兽医出具动物检疫证明。

62．输入到无规定动物疫病区的相关易感动物产品，应当在输入地省级动物卫生监督机构指定的地点，按照无规定动物疫病区有关检疫要求进行检疫。检疫合格的，由当地县级动物卫生监督机构的官方兽医出具动物检疫证明。协检人员不得出具动物检疫证明。

63．官方兽医证的格式由农业农村部统一规定。

64．国家实行官方兽医任命制度。官方兽医应当符合以下条件：动物卫生监督机构的在编人员，或者接受动物卫生监督机构业务指导的其他机构在编人员；从事动物检疫工作；具有畜牧兽医水产初级以上职称或者相关专业大专以上学历或者从事动物防疫等相关工作满三年以上；接受岗前培训，并经考核合格；符合农业农村部规定的其他条件。

65．动物检疫证章标志的内容、格式、规格、编码和制作等要求，由农业农村部统一规定。

66．任何单位和个人不得伪造、变造、转让动物检疫证章标志，不得持有或者使用伪造、变造、转让的动物检疫证章标志。

67．经检疫不合格的动物、动物产品，由官方兽医出具检疫处理通知单，货主或者屠宰加工场所应当在农业农村主管部门的监督下按照国家有关规定处理。

68．依法应当检疫而未经检疫的动物、动物产品，由县级以上地方人民政府农业农村主管部门依照《动物防疫法》处理处罚，不具备补检条件的，予以收缴销毁；具备补检条件的，由动物卫生监督机构补检。

69．依法应当检疫而未经检疫的胴体、肉、脏器、脂、血液、精液、卵、胚胎、骨、蹄、头、筋、种蛋等动物产品，不予补检，予以收缴销毁。

70．跨省、自治区、直辖市通过道路运输动物的，应当经省级人民政府设立的指定通道入省境或者过省境。

71．饲养场（户）或者屠宰加工场所不得接收未附有有效动物检疫证明的动物。水产苗种产地检疫，由从事水生动物检疫的县级以上动物卫生监督机构实施。

72．执业兽医，包括执业兽医师和执业助理兽医师。

73．乡村兽医，是指尚未取得执业兽医资格，经备案在乡村从事动物诊疗活动的人员。

74．农业农村部主管全国执业兽医和乡村兽医管理工作，加强信息化建设，建立完善执业兽医和乡村兽医信息管理系统。

75．国家实行执业兽医资格考试制度。具备下列条件之一的，可以报名参加全国执业兽医资格考试：具有大学专科以上学历的人员或全日制高校在校生，专业符合全国执业兽医资格考试委员会公布的报考专业目录；2009年1月1日前已取得兽医师以上专业技术职称；依法备案或登记，且从事动物诊疗活动十年以上的乡村兽医。

76．执业兽医资格考试由农业农村部组织，全国统一大纲、统一命题、统一考试、统一评卷。

77. 通过执业兽医资格考试的人员，由省、自治区、直辖市人民政府农业农村主管部门根据考试合格标准颁发执业兽医师或者执业助理兽医师资格证书。

78. 执业兽医可以在同一县域内备案多家执业的动物诊疗机构；在不同县域从事动物诊疗活动的，应当分别向动物诊疗机构所在地备案机关备案。患有人畜共患传染病的执业兽医和乡村兽医不得直接从事动物诊疗活动。

79. 执业兽医应当在备案的动物诊疗机构执业，但动物诊疗机构间的会诊、支援、应邀出诊、急救除外。

80. 经备案专门从事水生动物疫病诊疗的执业兽医，不得从事其他动物疫病诊疗。

81. 乡村兽医应当在备案机关所在县域的乡村从事动物诊疗活动，不得在城区从业。

82. 执业兽医师可以从事动物疾病的预防、诊断、治疗和开具处方、填写诊断书、出具动物诊疗有关证明文件等活动。

83. 执业助理兽医师可以从事动物健康检查、采样、配药、给药、针灸等活动，在执业兽医师指导下辅助开展手术活动，但不得开具处方、填写诊断书、出具动物诊疗有关证明文件。

84. 执业兽医师应当规范填写处方笺、病历。未经亲自诊断、治疗，不得开具处方、填写诊断书、出具动物诊疗有关证明文件；不得伪造诊断结果，出具虚假动物诊疗证明文件。

85. 执业兽医应当于每年三月底前，按照县级人民政府农业农村主管部门要求如实报告上年度兽医执业活动情况。

86. 动物饲养场、实验动物饲育单位、兽药生产企业、动物园等单位聘用的取得执业兽医资格证书的人员，可以凭聘用合同办理执业兽医备案，但不得对外开展动物诊疗活动。

87. 备案机关，是指县（市辖区）级人民政府农业农村主管部门；市辖区未设立农业农村主管部门的，备案机关为上一级农业农村主管部门。

88. 动物诊疗，是指动物疾病的预防、诊断、治疗和动物绝育手术等经营性活动，包括动物的健康检查、采样、配药、给药、针灸、手术、开具处方、填写诊断书和出具动物诊疗有关证明文件等。

89. 动物医院还应当具备下列条件：具有三名以上执业兽医师；具有X光机或者B超等器械设备；具有布局合理的手术室和手术设备。

90. 除动物医院外，其他动物诊疗机构不得从事动物颅腔、胸腔和腹腔手术。

91. 发证机关受理申请后，应当在十五个工作日内完成对申请材料的审核和对动物诊疗场所的实地考察。符合规定条件的，发证机关应当向申请人颁发动物诊疗许可证；不符合条件的，书面通知申请人，并说明理由。

92. 动物诊疗许可证格式由农业农村部统一规定。

93. 发证机关办理动物诊疗许可证，不得向申请人收取费用。

94. 动物诊疗机构兼营动物用品、动物饲料、动物美容、动物寄养等项目的，兼营区域与动物诊疗区域应当分别独立设置。

95. 动物诊疗机构应当使用载明机构的规范病历，包括门（急）诊病历和住院病历。病历档案保存期限不得少于三年。

96. 电子病历与纸质病历具有同等效力。

97. 动物诊疗机构发现动物患有或者疑似患有国家规定应当扑杀的疫病时，不得擅自进行治疗。

98. 动物诊疗机构不得随意丢弃诊疗废弃物，排放未经无害化处理的诊疗废水。动物诊疗机构应当于每年三月底前将上年度动物诊疗活动情况向县级人民政府农业农村主管部门报告。

99. 执业兽医师遵循安全、有效、经济的原则开具兽医处方。

100. 兽医处方经执业兽医师签名或者盖章后有效。

101. 执业兽医师利用计算机开具、传递兽医处方时，应当同时打印出纸质处方，其格式与手写处方一致；打印的纸质处方经执业兽医师签名或盖章后有效。

102. 兽医处方限于当次诊疗结果用药，开具当日有效。特殊情况下需延长有效期的由开具兽医处方的执业兽医师注明有效期限，但有效期最长不得超过三天。

103. 除兽用麻醉药品、精神药品、毒性药品和放射性药品外，动物诊疗机构和执业兽医师不得限制动物主人持处方到兽药经营企业购药。

104. 兽医处方笺规格和样式由农业农村部规定，兽医处方笺一式三联，可以使用同一种颜色纸张，也可以使用三种不同颜色纸张。兽医处方笺内容包括前记、正文、后记三部分。

105. 兽医处方笺前记：对个体动物进行诊疗的，至少包括动物主人姓名或者动物饲养单位名称和档案号、开具日期和动物的种类、性别、体重、年（日）龄。对群体动物进行诊疗的，至少包括饲养单位名称、档案号、开具日期和动物的种类和数量、年（日）龄。

106. 兽医处方笺正文：包括初步诊断情况和Rp（请取）。Rp应当分列兽药名称、规格、数量、用法、用量等内容；对于食品动物还应当注明休药期。

107. 兽医处方笺后记：至少包括执业兽医师签名或盖章、注册号和发药人签名或盖章。

108. 兽药名称应当以兽药国家标准载明的名称为准。兽药名称简写或者缩写应当符合国内通用写法，不得自行编制兽药缩写名或者使用代号。

109. 开具处方后的空白处应当画一斜线，以示处方完毕。

110. 兽医处方开具后，第一联由从事动物诊疗活动的单位留存，第二联由药房或者兽药经营企业留存，第三联由动物主人或者饲养单位留存。

111. 兽医处方由处方开具、兽药核发单位妥善保存二年以上。

112. 突发重大动物疫情划分为特别重大（Ⅰ级）、重大（Ⅱ级）、较大（Ⅲ级）和一般（Ⅳ级）四级。依次用红色、橙色、黄色和蓝色表示特别严重、严重、较重和一般四个预警级别。

113. **国务院主管领导**担任全国突发重大动物疫情应急指挥部总指挥，国务院办公厅负责同志、农业农村部部长担任副总指挥。

114. **动物防疫监督机构**主要负责突发重大动物疫情报告，现场流行病学调查，开展现场临床诊断和实验室检测，加强疫病监测，对封锁、隔离、紧急免疫、扑杀、无害化处理、消毒等措施的实施进行指导、落实和监督。

115. 我国尚未发现的动物疫病是指**疯牛病**、**非洲马瘟**等在其他国家和地区已经发现，在我国尚未发生过的动物疫病。

116. 我国已消灭的动物疫病是指**牛瘟**、**牛肺疫**等在我国曾发生过，但已扑灭净化的动物疫病。

117. **一类动物疫病（11种）**：口蹄疫、猪水疱病、非洲猪瘟、**尼帕病毒性脑炎**、非洲马瘟、牛海绵状脑病、牛瘟、牛传染性胸膜肺炎、痒病、小反刍兽疫、高致病性禽流感。

118. 二类动物疫病1包括：

（1）多种动物共患病（7种）**狂犬病**、布鲁氏菌病、**炭疽**、蓝舌病、日本脑炎、棘球蚴病、日本血吸虫病。

（2）牛病（3种）**牛结节性皮肤病**、牛传染性鼻气管炎（传染性脓疱外阴阴道炎）、牛结核病。

（3）绵羊和山羊病（2种）绵羊痘和山羊痘、山羊传染性胸膜肺炎。

（4）马病（2种）马传染性贫血、马鼻疽。

119. 二类动物疫病2包括：

（1）猪病（3种）**猪瘟**、**猪繁殖与呼吸综合征**、**猪流行性腹泻**。

（2）禽病（3种）**新城疫**、**鸭瘟**、**小鹅瘟**。

（3）兔病（1种）**兔（病毒性）出血症**。

（4）蜜蜂病（2种）**美洲幼虫腐臭病**、**欧洲幼虫腐臭病**。

120. 二类动物疫病3包括：

（1）鱼类病（11种）鲤春病毒血症、草鱼出血病、传染性脾肾坏死病、锦鲤疱疹病毒病、刺激隐核虫病、淡水鱼细菌性败血症、病毒性神经坏死病、传染性造血器官坏死病、流行性溃疡综合征、鲫造血器官坏死病、鲤浮肿病。

（2）甲壳类病（3种）白斑综合征、十足目虹彩病毒病、虾肝肠胞虫病。

121. 三类动物疫病1包括：

多种动物共患病（25种）**伪狂犬病**、轮状病毒感染、产气荚膜梭菌病、大肠杆菌病、巴氏杆菌病、沙门氏菌病、李氏杆菌病、链球菌病、溶血性曼氏杆菌病、副结核病、类鼻疽、支原体病、衣原体病、附红细胞体病、Q热、钩端螺旋体病、东毕吸虫病、华支睾吸虫病、囊尾蚴病、片形吸虫病、旋毛虫病、血矛线虫病、弓形虫病、伊氏锥虫病、隐孢子虫病。

122. 三类动物疫病2包括：

（1）牛病（10种）　牛病毒性腹泻、牛恶性卡他热、地方流行性牛白血病、牛流行热、牛冠状病毒感染、牛赤羽病、牛生殖道弯曲杆菌病、毛滴虫病、牛梨形虫病、牛无浆体病。

（2）绵羊和山羊病（7种）　山羊关节炎/脑炎、梅迪-维斯纳病、绵羊肺腺瘤病、羊传染性脓疱皮炎、干酪性淋巴结炎、羊梨形虫病、羊无浆体病。

（3）马病（8种）　马流行性淋巴管炎、马流感、马腺疫、马鼻肺炎、马病毒性动脉炎、马传染性子宫炎、马媾疫、马梨形虫病。

123. 三类动物疫病3包括：

猪病（13种）　猪细小病毒感染、猪丹毒、猪传染性胸膜肺炎、猪波氏菌病、猪圆环病毒病、格拉瑟病、猪传染性胃肠炎、猪流感、猪丁型冠状病毒感染、猪塞内卡病毒感染、仔猪红痢、猪痢疾、猪增生性肠病。

124. 三类动物疫病4包括：

禽病（21种）　禽传染性喉气管炎、禽传染性支气管炎、禽白血病、传染性法氏囊病、马立克病、禽痘、鸭病毒性肝炎、鸭浆膜炎、鸡球虫病、低致病性禽流感、禽网状内皮组织增殖病、鸡病毒性关节炎、禽传染性脑脊髓炎、鸡传染性鼻炎、禽坦布苏病毒感染、禽腺病毒感染、鸡传染性贫血、禽偏肺病毒感染、鸡红螨病、鸡坏死性肠炎、鸭呼肠孤病毒感染。

125. 三类动物疫病5包括：

（1）兔病（2种）　兔波氏菌病、兔球虫病。

（2）蚕、蜂病（8种）　蚕多角体病、蚕白僵病、蚕微粒子病、蜂螨病、瓦螨病、亮热厉螨病、蜜蜂孢子虫病、白垩病。

（3）犬猫等动物病（10种）　水貂阿留申病、水貂病毒性肠炎、犬瘟热、犬细小病毒病、犬传染性肝炎、猫泛白细胞减少症、猫嵌杯病毒感染、猫传染性腹膜炎、犬巴贝斯虫病、利什曼原虫病。

126. 三类动物疫病6包括：

（1）鱼类病（11种）　真鲷虹彩病毒病、传染性胰脏坏死病、牙鲆弹状病毒病、鱼爱德华氏菌病、链球菌病、细菌性肾病、杀鲑气单胞菌病、小瓜虫病、粘孢子虫病、三代虫病、指环虫病。

（2）甲壳类病（5种）　黄头病、桃拉综合征、传染性皮下和造血组织坏死病、急性肝胰腺坏死病、河蟹螺原体病。

（3）贝类病（3种）　鲍疱疹病毒病、奥尔森派琴虫病、牡蛎疱疹病毒病。

（4）两栖与爬行类病（3种）　两栖类蛙虹彩病毒病、鳖腮腺炎病、蛙脑膜炎败血症。

127. 人畜共患传染病名录：牛海绵状脑病、高致病性禽流感、狂犬病、炭疽、布鲁氏菌病、弓形虫病、棘球蚴病、钩端螺旋体病、沙门氏菌病、牛结核病、日本血吸虫病、日本脑炎（流行性乙型脑炎）、猪链球菌Ⅱ型感染、旋毛虫病、囊尾蚴病、马鼻疽、李氏杆菌病、类鼻疽、片形吸虫病、鹦鹉热、Q热、利什曼原虫病、尼帕病毒性脑炎、华支睾吸虫病。

128. 任何单位和个人**不得**随意处置及出售、转运、加工和食用病死或死因不明动物。**不得**随意进行解剖。**不得**擅自提供病料和资料。

129. 焚烧法包括：

（1）直接焚烧法　燃烧室温度应≥**850℃**，焚烧炉出口烟气中氧含量应为**6%~10%**（干气）。

（2）炭化焚烧法　热解温度应≥**600℃**，二次燃烧室温度≥**850℃**，焚烧后烟气在850℃以上停留时间≥**2s**。

130. 化制法：不得用于患有炭疽芽孢杆菌类疫病以及牛海绵状脑病、痒病的染疫动物及产品、组织的处理。化制法包括：

（1）干化法　处理物中心温度≥**140℃**，压力≥0.5MPa（绝对压力），时间≥**4h**。

（2）湿化法　将病死及病害动物和相关动物产品或破碎产物送入高温高压容器，总质量不得超过容器总承受力的**五分之四**。处理物中心温度≥**135℃**，压力≥0.3MPa（绝对压力），处理时间≥**30min**。

（3）高温法　不得用于患有炭疽芽孢杆菌类疫病以及牛海绵状脑病、痒病的染疫动物及产品、组织的处理。可视情况对病死及病害动物和相关动物产品进行破碎等预处理。处理物或破碎产物体积（长×宽×高）≤**125cm³**（5cm×5cm×5cm）。

131. 深埋法　不得用于患有炭疽等芽孢杆菌类疫病，以及牛海绵状脑病、痒病的染疫动物及产品、组织的处理。深埋坑底应高出地下水位**1.5m以上**，要防渗、防漏。坑底撒一层厚度为2~5cm的生石灰或漂白粉等消毒药。将动物尸体及相关动物产品投入坑内，最上层距离地表**1.5m以上**。生石灰或漂白粉等消毒剂消毒。覆盖距地表20~30cm，厚度不少于1~1.2m的覆土。

132. 化学处理法：

（1）硫酸分解法　投至耐酸的水解罐中，按每吨处理物加入水150~300kg，后加入**98%**的浓硫酸300~400kg。密闭水解罐，加热使水解罐内升至100~108℃，维持压力≥0.15MPa，反应时间≥**4h**，至罐体内的病死及病害动物和相关动物产品完全分解为液态。水解过程中要先将水加入耐酸的水解罐中，然后加入浓硫酸。处理物总体积不得超过容器容量的**70%**。

（2）化学消毒法　适用于**被病原微生物污染或可疑被污染的动物皮毛**消毒。

133. 涉及病死及病害动物和相关动物产品无害化处理的台账和记录至少要保存**两年**。

134. **县级以上地方人民政府兽医行政管理部门**负责本行政区域内的兽药监督管理工作。

135. 兽药是指用于预防、治疗、诊断动物疾病或者有目的地调节动物生理机能的物质（含药物饲料添加剂），主要包括血清制品、**疫苗**、诊断制品、微生态制品、中药材、中成药、化学药品、抗生素和生化药品、放射性药品及外用杀虫剂、消毒剂等。

136. **兽用麻醉药品**、**精神药品**、**毒性药品**和**放射性药品**属于特殊药品。兽药生产许可证应当载明生产范围、生产地点、有效期和法定代表人姓名、住址等事项。兽药生产许可证有效期为5年。有效期届满，需要继续生产兽药的，应当在许可证有效期届满前6个月到发证机关申请换发兽药生产许可证。

137. 兽药产品批准文号的有效期为5年。

138. 强制免疫所需兽用生物制品，由国务院兽医行政管理部门指定的企业生产。

139. 兽药经营许可证有效期为5年。

140. 兽药经营企业销售兽用中药材的，应当注明产地。禁止兽药经营企业经营人用药品和假、劣兽药。进口兽药注册证书的有效期为5年。有效期届满，需要继续向中国出口兽药的，应当在有效期届满前6个月到发证机关申请再注册。

141. 境外企业不得在中国直接销售兽药。

142. 禁止在饲料和动物饮用水中添加激素类药品。经批准可以在饲料中添加的兽药，应当由兽药生产企业制成药物饲料添加剂后方可添加。

143. 禁止将原料药直接添加到饲料及动物饮用水中或者直接饲喂动物。

144. 禁止将人用药品用于动物。

145. 有下列情形之一的，为假兽药：①以非兽药冒充兽药或者以他种兽药冒充此种兽药的；②兽药所含成分的种类、名称与兽药国家标准不符合的。

146. 有下列情形之一的，按照假兽药处理：①国务院兽医行政管理部门规定禁止使用的；②依照本条例规定应当经审查批准而未经审查批准即生产、进口的，或者依照本条例规定应当经抽查检验、审查核对而未经抽查检验、审查核对即销售、进口的；③变质的；④被污染的；⑤所标明的适应证或者功能主治超出规定范围的。

147. 有下列情形之一的，为劣兽药：①成分含量不符合兽药国家标准或者不标明有效成分的；②不标明或者更改有效期或者超过有效期的；③不标明或者更改产品批号的；④其他不符合兽药国家标准，但不属于假兽药的。

148. 禁止将兽用原料药拆零销售或者销售给兽药生产企业以外的单位和个人。禁止未经兽医开具处方销售、购买、使用国务院兽医行政管理部门规定实行处方药管理的兽药。

149. 兽药生产企业、经营企业停止生产、经营超过6个月或者关闭的，由发证机关责令其交回兽药生产许可证、兽药经营许可证。

150. 兽药经营企业应当具有固定的经营场所和仓库，兽药经营区域与生活区域、动物诊疗区域应当分别独立设置，避免交叉污染。

151. 兽药经营企业的经营地点应当与《兽药经营许可证》载明的地点一致。《兽药经营许可证》应当悬挂在经营场所的显著位置。变更经营地点的，应当申请换发兽药经营许可证。变更经营场所面积的，应当在变更后30个工作日内向发证机关备案。

152. 仓库面积和相关设施、设备应当满足合格兽药区、不合格兽药区、待验兽药区、退货兽药区等不同区域划分和不同兽药分区、分类保管、储存的要求。

153. 兽药质量管理人员应当具有兽药、兽医等相关专业中专以上学历，或者具有兽药和兽医等相关专业初级以上专业技术职称。

154. 经营兽用生物制品的，兽药质量管理人员应当具有兽药、兽医等相关专业大专以上学历，或者具有兽药、兽医等相关专业中级以上专业技术职称，并具备兽用生物制品专业知识。

155. 兽药质量管理人员不得在本企业以外的其他单位兼职。

156. 质量管理档案不得涂改，保存期限不得少于2年；购销等记录和凭证应当保存至产品有效期后一年。有下列情形之一的兽药，不得入库：①与进货单不符的；②内、外包装破损可能影响产品质量的；③没有标识或者标识模糊不清的；④质量异常的；⑤其他不符合规定的。

157. 兽用生物制品入库应当由两人以上进行检查验收。

158. 待验兽药、合格兽药、不合格兽药、退货兽药分区存放；同一企业的同一批号的产品集中存放。

159. 不同区域、不同类型的兽药具有明显的识别标识。不合格兽药以红色字体标识；待验和退货兽药以黄色字体标识；合格兽药以绿色字体标识。

160. 销售兽用中药材和中药饮片的，应当注明产地。兽药拆零销售时，不得拆开最小销售单元。

161. 兽用处方药目录由农业农村部制定并公布。兽用处方药目录以外的兽药为兽用非处方药。

162. 兽用处方药的标签和说明书应当标注兽用处方药字样，兽用非处方药的标签和说明书应当标注兽用非处方药字样。前款字样应当在标签和说明书的右上角以宋体红色标注，背景应当为白色，字体大小根据实际需要设定，但必须醒目、清晰。

163. 兽药经营者应当在经营场所显著位置悬挂或者张贴兽用处方药必须凭兽医处方购买的提示语。

164. 兽药经营者对兽用处方药、兽用非处方药应当分区或分柜摆放。兽用处方药不得采用开架自选方式销售。

165. 处方笺应当保存二年以上。兽药经营者应当对兽医处方笺进行查验，单独建立兽用处方药的购销记录并保存二年以上。

166. 国家强制免疫用生物制品名单由农业农村部确定并公布。发生重大动物疫情、灾情或者其他突发事件，必要时，国家强制免疫用生物制品由农业农村部统一调用，生产企业不得自行销售。

167. 分发国家强制免疫用生物制品时，应当建立真实、完整的分发记录。分发记录应当保存至制品有效期满2年后。

168. 冷链运输记录应当准确记录起运和到达时的温度以及运输过程中每4小时的运输

温度。

169．兽用生物制品是指以天然或者人工改造的微生物、寄生虫、生物毒素或者生物组织及代谢产物等为材料，采用生物学、分子生物学、生物化学或者生物工程等相应技术制成的，用于预防和治疗动物疫病或者改变动物生产性能的兽药。

170．兽药产品（原料药除外）必须同时使用内包装标签和外包装标签。内包装标签必须注明兽用标识、兽药名称、适应证（功能与主治）、含量/包装规格、批准文号或《进口兽药登记许可证》证号、生产日期、生产批号、有效期和生产企业信息等内容。

171．安瓿、西林瓶等注射或内服产品由于包装尺寸的限制而无法注明上述全部内容的可适当减少项目但至少须标明兽药名称、含量规格、生产批号。

172．兽用原料药的标签必须注明兽药名称、包装规格、生产批号、生产日期、有效期、贮藏和批准文号、运输注意事项或其他标记、生产企业信息等内容。

173．兽药有效期按年月顺序标注。年份用四位数表示，月份用两位数表示，如有效期至2002年09月，或有效期至2002.09。兽药标签和说明书所用文字必须是中文，并使用国家语言文字工作委员会公布的现行规范化汉字。根据需要可有外文对照。

174．兽药标签和说明书上必须标识兽药通用名称，可同时标识商品名称。商品名称不得与通用名称连写，两者之间应有一定空隙并分行。通用名称与商品名称用字的比例不得小于1∶2，并不得小于注册商标用字。

175．兽药最小销售单元的包装必须印有或贴有符合外包装标签规定内容的标签并附有说明书。兽药外包装箱上必须印有或粘贴有外包装标签。

176．主要精神药品：兽用安钠咖注射液、盐酸氯胺酮注射液、复方氯胺酮注射液。

177．病原微生物分为四类：

（1）第一类病原微生物　是指能够引起人类或者动物非常严重疾病的微生物，以及我国尚未发现或者已经宣布消灭的微生物。

（2）第二类病原微生物　是指能够引起人类或者动物严重疾病，比较容易直接或者间接在人与人、动物与人、动物与动物间传播的微生物。

（3）第三类病原微生物　是指能够引起人类或者动物疾病，但一般情况下对人、动物或者环境不构成严重危害，传播风险有限，实验室感染后很少引起严重疾病，并且具备有效治疗和预防措施的微生物。

（4）第四类病原微生物　是指在通常情况下不会引起人类或者动物疾病的微生物。

178．第一类、第二类病原微生物统称为高致病性病原微生物。

179．国家根据实验室对病原微生物的生物安全防护水平，并依照实验室生物安全国家标准的规定，将实验室分为一级、二级、三级、四级。

180．三级、四级实验室应当通过实验室国家认可。

181．实验室安全防护水平证书有效期为5年。

182. 一级、二级实验室不得从事高致病性病原微生物实验活动。

183. 对我国尚未发现或者已经宣布消灭的病原微生物，任何单位和个人未经批准不得从事相关实验活动。

184. 需要在动物体上从事高致病性病原微生物相关实验活动的，应当在符合动物实验室生物安全国家标准的三级以上实验室进行。

185. 从事高致病性病原微生物相关实验活动应当有2名以上的工作人员共同进行。

186. 在同一个实验室的同一个独立安全区域内，只能同时从事一种高致病性病原微生物的相关实验活动。

187. 实验室应当建立实验档案，记录实验室使用情况和安全监督情况。实验室从事高致病性病原微生物相关实验活动的实验档案保存期，不得少于20年。

188. 卫生主管部门、农业农村主管部门、环境保护主管部门的执法人员执行职务时，应当有2名以上执法人员参加，出示执法证件，并依照规定填写执法文书。

189. 国家对实验活动用菌（毒）种和样本实行集中保藏，保藏机构以外的任何单位和个人不得保藏菌（毒）种或者样本。

190. 保藏机构应当设专库保藏一类、二类菌（毒）种和样本，设专柜保藏三类、四类菌（毒）种和样本。保藏机构保藏的菌（毒）种和样本应当分类存放，实行双人双锁管理。

191. 保藏机构应当建立完善的技术资料档案，详细记录所保藏的菌（毒）种和样本的名称、编号、数量、来源、病原微生物类别、主要特性、保存方法等情况。技术资料档案应当永久保存。

192. 世界动物卫生组织（OIE）又称为国际兽疫局（IOE），是一个政府间组织，它由28个国家于1924年1月25日签署的一项国际协议成立的。

主要职能：通报各成员动物疫情，协调各成员动物疫病防控活动，制定动物及动物产品国际贸易中的动物卫生标准和规则，其标准和规则被世界贸易组织所采用。同时，其帮助成员完善兽医工作制度，提升工作能力；促进动物福利，提供食品安全技术支撑。

193. 执业兽医不对患有国家规定应当扑杀的患病动物擅自进行治疗。

194. 执业兽医未经亲自诊断或治疗，不开具处方药、填写诊断书或出具有关证明文件。

195. 执业兽医在从业活动中，应当明码标价，合理收费。

第二章
动物解剖学、组织学与胚胎学

1. 动物体的最基本结构和功能单位是细胞。
2. 一些起源相同、形态和功能相似的细胞和细胞间质构成组织，动物体有4种基本组织，即上皮、结缔、肌肉、神经。
3. 由几种不同的组织结合在一起，构成且有一定形态和执行特殊功能的结构，称为器官。
4. 由若干个功能相关的器官联系起来，共同完成某种特定的生理功能，则称为系统。
5. 细胞膜是包围在细胞质外面的一层薄膜，又称质膜。生物膜包括细胞膜和细胞内膜。
6. 细胞膜的化学成分主要包括蛋白质、脂质和少量多糖。
7. 细胞质是执行细胞生理功能和化学反应的主要部分，填充在细胞膜与细胞核之间，生活状态下为半透明的胶状物，由基质、细胞器和内含物组成。
8. 线粒体存在于除成熟红细胞以外的所有细胞内，主要功能是进行氧化磷酸化，为细胞生命活动提供直接能量，所以被称为细胞内的能量工厂。
9. 核蛋白体又称核糖体，是合成蛋白质的场所。
10. 内质网根据其表面是否附着有核糖体，分为粗面内质网和滑面内质网；粗面内质网的主要功能是合成和运输蛋白质，滑面内质网是脂质合成的重要场所。
11. 横纹肌和心肌细胞内有大量滑面内质网，又称肌浆网，能摄取和释放Ca^{2+}，参与肌纤维的收缩活动。
12. 高尔基复合体位于细胞核附近，主要功能是参与细胞的分泌、溶酶体的形成及糖类的合成。
13. 溶酶体的主要功能是进行细胞内消化作用，消化分解进入细胞的异物和细菌或细胞自身失去功能的细胞器，又称细胞内消化器。
14. 中心体位于细胞的中央或细胞核附近，其功能与细胞分裂有关，此外还参与纤毛和鞭毛的形成。
15. 细胞的细胞核是具有遗传信息的贮存场所，控制细胞的遗传和代谢活动。
16. 在家畜体内除成熟的红细胞没有细胞核外，所有细胞都有细胞核。
17. 细胞分裂分为有丝分裂、无丝分裂和减数分裂。
18. 每个细胞周期分为分裂间期和分裂期。

19. 分裂间期又分为**3期**，即DNA合成前期（G1期）、DNA合成期（S期）与DNA合成后期（G2期）。

20. **细胞分裂期**包括前期、中期、后期、末期。

21. 动物细胞有丝分裂过程中，**纺锤丝**是在G2期形成的，**纺锤体**是在前期形成的。

22. 在个体发育中，由一种相同的细胞类型经细胞分裂后逐渐在形态、结构和功能上形成稳定性的差异，产生不同细胞类群的过程称为**细胞分化**。

23. 细胞凋亡是指细胞在一定的生理或病理条件下，受内在遗传机制的控制自动结束生命的过程，即细胞程序性死亡。细胞发生程序性死亡时可见到的特征性结构为**凋亡小体**。

24. 细胞自噬是真核细胞的一种自食过程，当细胞受到内外环境的不利因素刺激时，通过溶酶体途径对胞内受损蛋白、衰老细胞器等物质进行降解，以维持细胞代谢平衡及内环境稳态。

25. 前肢部分为**肩部**、臂部、前臂部和前脚部。前脚部又可分为腕部、掌部和指部。

26. 后肢部分为臀部、**股部**、膝部、小腿部和后脚部。后脚部又可分为跗部、跖部和趾部。

27. **矢状面**是与动物体长轴并行而与地面垂直的切面。其中，通过动物体正中轴将动物体分成左、右两等份的面，称**正中矢状面**；其他与正中矢状面平行的矢状面称**侧矢面**。

28. **横断面**是与动物体的长轴或某一器官的长轴垂直的切面。

29. **额面**是与地面平行且与矢状面和横断面垂直的切面。

30. 四肢的前面为**背侧**。前肢后面称**掌侧**，后肢的后面称**跖侧**。

31. 前肢内侧为**桡侧**，外侧为**尺侧**。后肢的内侧为**胫侧**，外侧为**腓侧**。

32. 骨由骨膜、骨质和骨髓构成，并含有丰富的血管和神经。

33. 骨受损失时，**成骨层**有修补和再生骨质的作用，故在骨的手术中应尽量保留**骨膜**，以免发生骨的坏死和延迟骨的愈合。

34. 骨密质位于骨的**外周**，构成长骨的骨干和骺以及其他类型骨的外层，坚硬、致密。

35. 骨松质位于骨的**深部**，呈海绵状，由互相交错的**骨小梁**构成。

36. 动物体最重要的造血器官是**骨髓**。

37. 成年家畜**长骨**骨髓腔内的红骨髓被富于脂肪的黄骨髓代替，**但**长骨两端、短骨和扁骨的骨松质内终生保留红骨髓。

38. 当机体大量失血或贫血时，黄骨髓又能**转化**为红骨髓而恢复造血机能。

39. **骨松质**中的红骨髓终生存在，所以临床上常进行骨髓穿刺，检查骨髓，诊断疾病。

40. 骨的化学成分中有机物主要是**骨胶原**，而无机物主要是**磷酸钙**和**碳酸钙**。

41. 颅骨构成颅腔，由**成对**的额骨、顶骨、颞骨和**不成对**的枕骨、顶间骨、蝶骨和筛骨等组成。

42. 枕嵴特别高大的动物是**猪**。

43．**蝶骨**是由蝶骨体和两对翼（眶翼、颞翼）以及一对翼突组成，形如蝴蝶。

44．面骨是由**成对**的鼻骨、泪骨、颧骨、上颌骨、切齿骨、腭骨、翼骨、鼻甲骨和**不成对**的犁骨、下颌骨、舌骨等组成。

45．无切齿槽的动物是**牛**。

46．头骨中最大的骨是**下颌骨**。

47．**鼻旁窦**包括上颌窦、额窦、蝶腭窦和筛窦等。鼻旁窦内的黏膜和鼻腔的黏膜相延续，当鼻腔黏膜发炎时，常蔓延到鼻旁窦，引起鼻旁窦炎。

48．临床上较重要的有额窦和上颌窦，**牛**的额窦很大，而**马**则上颌窦发达。

49．马的头骨呈**长锥状**，猪的头骨呈锥状，牛的头骨则比马的短。

50．牛的额骨上有角突，猪有**吻骨**。

51．椎骨的基本构造包括椎体、**椎弓**和突起（棘突、横突、关节突）。

52．椎弓位于椎体的背侧，是拱形的骨板，与椎体共同围成**椎孔**。所有椎骨的椎孔按前后序列连接在一起形成一个连续的管道，称为**椎管**，主要容纳脊髓。

53．颈椎一般有**7枚**。第1颈椎呈环形，又称为**寰椎**；第2颈椎又称**枢椎**。

54．牛、羊胸椎有13枚，猪胸椎有14或15枚，马胸椎有18枚，犬、猫胸椎有13枚。

55．牛、马腰椎有6枚，驴、骡腰椎有5枚，猪、羊腰椎有6或7枚，犬、猫腰椎有7枚。

56．牛、马荐椎有5枚，羊、猪荐椎有4枚，犬、猫荐椎有3枚，是构成**骨盆腔顶壁**的基础。

57．成年家畜的荐椎愈合在一起，称为**荐骨**。

58．牛、羊肋骨数为13对，马肋骨数为18对，猪肋骨数为14或15对，犬、猫肋骨数为13对。

59．经肋软骨与胸骨直接相接的肋骨称**真肋**。

60．肋骨的肋软骨不与胸骨直接相连，而是连于前一肋软骨上，这些肋骨称为**假肋**。

61．肋软骨不与其他肋相接的肋骨称为**浮肋**。

62．最后肋骨与各假肋的肋软骨依次连接形成的弓形结构称为**肋弓**，作为胸廓的后界。

63．**牛**的胸骨较长，呈上下压扁状，无胸骨嵴。

64．**马**的胸骨呈舟形，前部左右压扁，有**发达**的胸骨嵴；后部上下压扁。

65．猪的胸骨与牛的相似，但**胸骨柄**明显突出。

66．背侧的胸椎、两侧的肋骨和肋软骨以及腹侧的胸骨围成胸部的轮廓称为**胸廓**。胸前口由第1胸椎、两侧的第1肋骨和**胸骨柄**构成。胸后口则由最后胸椎、两侧的肋弓和腹侧的**剑状软骨**所构成。

67．前肢骨包括**肩胛骨**、肱骨（臂骨）、前臂骨（桡骨、尺骨）和前脚骨。前脚骨包括腕骨、掌骨、指骨和**籽骨**。

68．**牛**缺第1腕骨，而第2和第3腕骨愈合。**马**第1和第2腕骨愈合为1块。

69．**马**的指骨只有第3指。猪有4指，第3、第4指发达，第2、第5指小。**犬、猫**有5指，但第1指仅含二指节。

70. **牛**的悬指无籽骨，猪的第2、第5指仅有1对近籽骨，**犬的籽骨特殊**。

71. 后肢骨包括髋骨（髂骨、坐骨、耻骨）、**股骨**、膝盖骨（髌骨）、小腿骨（胫骨、腓骨）和后脚骨。后脚骨包括跗骨、跖骨、趾骨和籽骨。

72. **骨盆**是指由两侧髋骨、背侧的荐骨和**前4枚尾椎**以及两侧的荐结节阔韧带共同围成的结构，呈前宽后窄的圆锥形腔。

73. 髂骨位于外上方，为三角形的扁骨。前部宽大，称髂骨翼；后部窄小，称髂骨体。髂骨翼的外侧角粗大，称为**髋结节**；内侧角为**荐结节**。

74. 雌性动物骨盆的底壁平而宽，雄性动物则**较窄**。

75. 牛、猪和犬的第3转子不明显，**马**的第3转子发达。

76. 在牛、羊，腓骨退化，仅有两端，无骨体，其远端腓骨或称踝骨。**猪、犬的腓骨发达**。

77. 牛、羊的跗骨共5枚，第2、第3跗骨愈合，第4跟骨与中央跗骨愈合。马的跗骨共**6枚**，第1、第2跗骨愈合。猪、犬共有7枚跗骨。

78. 关节的基本结构包括关节面、关节软骨、**关节腔**、关节囊、血管、淋巴管及神经。

79. 关节面是形成关节的骨与骨相对的光滑面，骨质致密，其表面覆盖有透明软骨，称**关节软骨**。

80. 关节面的形状多样，主要是适应关节的运动。**关节软骨**富有弹性，有减少摩擦和缓冲震动的作用。

81. 关节囊囊壁分内、外两层，外层为纤维层，内层为**滑膜层**，滑膜可分泌滑液，有营养软骨和润滑关节的作用。

82. 关节腔为关节软骨与滑膜围成的密闭腔隙，内有滑液。关节腔内为**负压**，有助于维持关节的稳定。

83. 关节的辅助结构包括**韧带**、关节盘、关节唇。

84. 髋臼周缘的唇软骨属于关节唇，膝关节辅助结构中**没有**关节唇。

85. 膝关节中的**半月板**属于关节盘。

86. 前肢关节包括肩关节、肘关节、**腕关节**、指关节（系关节、冠关节和蹄关节）。

87. 肩关节由肩胛骨的肩臼和肱骨头构成，为**多轴单关节**。

88. 肘关节由肱骨远端和前臂骨近端构成，为**单轴复关节**，肘关节角在前方。

89. 腕关节由桡骨远端、近列和远列腕骨以及掌骨近端构成，为**单轴复关节**。

90. **荐髂关节**由荐骨翼和髂骨翼的耳状关节面构成，**几乎不能活动**。

91. 髋关节由髋臼和股骨头构成，为**多轴关节**。

92. **马属动物**还有一条副韧带，来自腹直肌的耻前腱，沿耻骨腹面向两侧连于股骨头。

93. 膝关节包括股胫关节和股膝关节，关节角在后方，为**单轴复关节**，可做伸屈动作。

94. 股膝关节又称**股髌关节**，由膝盖骨和股骨远端前部滑车关节面构成。

95. 股膝关节除有内外侧副韧带（支持带）外，在其前方**牛和马**还有3条强大的膝直韧带（即膝外直韧带、膝中直韧带和膝内直韧带），起自膝盖骨，止于胫骨近端的胫骨粗隆，将膝盖骨连于胫骨近端，但**犬**仅有1条。

96. 股胫关节由股骨远端后部的内外侧髁与胫骨近端构成。

97. 股胫关节除有侧韧带外，关节中央还有一对交叉的**十字韧带**。

98. 跗关节又称飞节，由小腿骨远端，跗骨和跖骨近端构成的**单轴复关节**。

99. 马的跗关节仅**胫跗关节**能做屈伸运动，其余三个关节连接紧密，活动范围极小，只起缓冲作用。

100. 椎弓间连接的韧带包括**棘上韧带**、横突间韧带和棘间韧带。

101. 寰枕关节由寰椎的前关节窝与枕骨的枕髁构成，为**双轴关节**，可作屈、伸和小范围的侧转运动。

102. 寰枢关节由寰椎的鞍状关节与枢椎齿突构成。关节囊松大，**运动范围较大**，可作旋转运动，比如左右转动头部。

103. **骨骼肌**是运动的动力器官。

104. 每一块肌肉都是一个**肌器官**，可分为能收缩的肌腹和不能收缩的肌腱两部分。

105. 浅筋膜位于皮下，由**疏松结缔组织**构成，覆盖在全身肌的表面。营养良好的家畜在浅筋膜内蓄积有脂肪；深筋膜由**致密结缔组织**构成，位于浅筋膜下。

106. 黏液囊是密闭的结缔组织囊。囊壁内衬有滑膜，腔内有滑液，多位于骨的突起与肌肉、腱和皮肤之间，起**减少摩擦**的作用。

107. 咀嚼肌包括闭口肌（咬肌、翼肌和颞肌）和开口肌（枕颌肌和二腹肌）。**咬肌**位于下颌支的外侧。

108. 背腰最长肌是全身**最长**的肌肉，呈三棱形。

109. 髂肋肌与背腰最长肌之间形成**髂肋肌沟**，沟内有针灸穴位。

110. 臂头肌和胸头肌之间形成颈静脉沟，沟内含颈静脉，**臂头肌**形成颈静脉沟的上界，**胸头肌**形成颈静脉沟下界。

111. 吸气肌包括肋间外肌、前背侧锯肌、**膈肌**。

112. 膈上有三个孔分别为**主动脉裂孔**、食管裂孔、后腔静脉孔。

113. 呼气肌包括**后背侧锯肌**、肋间内肌。

114. 在牛和马等草食动物，腹壁肌外包的深筋膜含有大量的弹性纤维，呈黄色，称为**腹黄膜**。

115. 腹壁肌**由外向内**依次为腹外斜肌、腹内斜肌、腹直肌、腹横肌。

116. 腹股沟管是腹内斜肌与腹外斜肌之间的斜行裂隙。腹环由腹内斜肌的后缘与腹股沟韧带围成。**皮下环**是腹外斜肌腱膜上的一个裂孔。

117. 肩带肌是连接前肢与躯干的肌肉。多数起于躯干，止于肩部和臂部。主要包括斜方肌、菱形肌、背阔肌、臂头肌、胸肌和腹侧锯肌。肩部肌分布于肩胛骨的内侧及外侧面，起自肩胛骨，止于肱骨，跨越肩关节。臂部肌分布于肱骨周围，主要作用在肘关节。

118. 冈上肌位于肩胛骨冈上窝内。冈下肌位于肩胛骨冈下窝内，一部分被三角肌覆盖。三角肌位于冈下肌的外面，呈三角形。

119. 臀部肌分布于臀部，跨越髋关节，止于股骨。股部肌分布于股骨周围，分为股前、股后和股内侧肌群。

120. 马没有的肌肉是肩胛横突肌、腓骨长肌。牛、羊没有的肌肉是臀浅肌。

121. 羊股四头肌有4个肌头，除了股内侧肌、股外侧肌和股中间肌外，还有股直肌。

122. 腓肠肌腱以及附着于跟结节的趾浅屈肌腱、股二头肌腱和半腱肌腱合成一粗而坚硬的腱索，称为跟总腱。

123. 皮肤腺包括汗腺、皮脂腺和乳腺。

124. 皮肤的结构包括表皮、真皮和皮下组织3层。

125. 表皮位于皮肤的最表层，由复层扁平上皮构成。表皮结构由内向外依次为基底层、棘层、颗粒层、透明层和角质层。

126. 皮内注射是把药物注入到真皮层内，皮下注射将药物注入到皮下组织（浅筋膜）。

127. 乳腺属复管泡状腺，是哺乳动物所特有。乳池为不规则的腔体，经乳头管向外开口。

128. 牛乳房与阴门裂之间呈线状毛流的皮肤纵褶称为乳镜，对鉴定产乳能力有重要意义。形成牛乳房中隔的组织结构是乳房悬韧带。

129. 奶牛、羊乳房每个乳头的乳腺管数是1个；马、猪乳房每个乳头的乳腺管数是2~3个；犬乳房每个乳头有7~16个乳腺管的开口；兔乳房每个乳头约有5个乳腺管开口。

130. 马的蹄匣是蹄的角质层，由蹄壁、蹄底和蹄叉（马属动物特有）组成；给马钉蹄铁的标志位置是蹄白线。

131. 猪蹄为偶蹄，蹄内有完整的指（趾）节骨。

132. 内脏可依据有无较大而明显的空腔，分为有腔内脏（管状器官）和实质内脏两大类。

133. 属于实质性器官的是肝、肺、胰、肾、睾丸和卵巢等。

134. 管状器官的管壁结构从内向外依次由黏膜、黏膜下层、肌层和浆膜（或外膜）组成。

135. 在腹膜有炎症时，腹膜的分泌增加，造成大量液体积蓄在腹膜腔内，称为腹水。

136. 腹腔是体内最大的腔，其前壁为膈，后通骨盆腔，两侧与底壁为腹肌与腱膜，顶壁为腰椎、腰肌和膈肌脚。

137. 腹腔内有大部分消化器官和脾、肾、输尿管、卵巢、输卵管、部分子宫和大血管。

138. 骨盆腔是腹腔向后的延续，其背侧为荐骨和前3~4个尾椎，两侧为髂骨和荐坐韧带，底壁为耻骨和坐骨。腔内有直肠、输尿管、膀胱及雌性动物的子宫后部和阴道或雄性动物的输精管、尿生殖道和副性腺等。

139. 腹腔和骨盆腔内的浆膜称腹膜。贴于腹腔和骨盆腔壁内表面的部分为腹膜壁层；壁层从腔壁折转而覆盖于内脏器官外表面的为腹膜脏层，壁层与脏层之间的腔隙称腹膜腔。

140. 口腔为消化器官的起始部，具有采食、咀嚼、辨味、吞咽和分泌消化液等功能。其前壁为唇；两侧壁为颊；顶壁为硬腭；底壁为下颌骨和舌；后壁为软腭。通过咽峡与咽相连。

141. 唇表面被覆皮肤，内面衬以黏膜，中层为环行肌。

142. 牛唇坚实、短厚、不灵活。在上唇中部与两鼻孔之间的无毛区，称为鼻唇镜。

143. 羊唇薄而灵活，上唇中部有明显的纵沟，两鼻孔之间形成无毛区，称为鼻镜。

144. 猪唇运动不灵活，上唇宽厚，与鼻端一起形成吻突，下唇尖小，口裂很大，有掘地觅食作用。

145. 马唇长而灵活，是采食的主要工具。马的软腭较发达，后缘伸达会厌基部，将口咽部与鼻咽部隔开，故马不能用口呼吸，病理情况下逆呕时，逆呕物从鼻腔流出。

146. 口腔底前部舌尖下面有一对突出物，称为舌下肉阜，为下颌腺管的开口处。

147. 在牛舌背后部有一椭圆形的隆起称舌圆枕。

148. 牛的舌背上分布有圆锥状乳头、豆状乳头、菌状乳头和轮廓乳头4种。

149. 舌背上无圆锥状乳头的动物是马、兔。

150. 猫的舌背面有丝状乳头、菌状乳头和轮廓乳头3种。丝状乳头呈倒钩状，表面覆盖硬的角质层。

151. 齿是口腔的重要器官，也是畜体最坚硬的器官，具有采食和咀嚼作用。

152. 无上切齿的动物是牛、羊。

153. 唾液腺主要有腮腺、下颌腺和舌下腺3对（牛、羊、马、猪）。

154. 犬、兔唾液腺发达，有腮腺、下颌腺、舌下腺和眶下腺4对。

155. 猫的唾液腺特别发达，有腮腺、下颌腺、舌下腺、臼齿腺和眶下腺5对。

156. 马的咽鼓管在鼻咽部膨大形成喉囊（咽鼓管囊）。

157. 食管壁由黏膜、黏膜下组织、肌层和外膜构成，其上皮为复层扁平上皮。

158. 反刍动物和犬的食管肌层全部是骨骼肌。

159. 马食管前2/3为骨骼肌，后1/3逐渐变为平滑肌。

160. 猪食管前1/3属于骨骼肌，中1/3是平滑肌和骨骼肌混合分布，后1/3为平滑肌。

161. 猫骨骼肌占食管前4/5，后1/5变为平滑肌。

162. 牛、羊的胃为多室胃，依次为瘤胃、网胃、瓣胃和皱胃。

163. 牛前胃（瘤胃、网胃、瓣胃）的黏膜上皮为复层扁平上皮。

164. 牛为多室胃动物，成年牛容积最大的胃是瘤胃，几乎占据整个腹腔左侧，哺乳期犊牛皱胃特别发达，瘤胃和网胃相加的容积约等于皱胃的1/2。

165. 成年牛的网胃是4个胃中最小的，成年羊的瓣胃是4个胃中最小的。

166. 网胃位于季肋部的正中矢状面上,与第6~第8肋骨相对。

167. 网胃与心包之间仅以膈相隔,当牛吞食尖锐物体停留在网胃中时,常会穿通胃壁引起创伤性网胃炎,严重时还可穿过膈而刺破心包,引起创伤性心包炎。

168. 瓣胃又称百叶胃,位于右季肋部,与第7~第11肋间相对。

169. 皱胃又称真胃,位于右季肋部和剑状软骨部,与第8~第12肋骨相对。

170. 反刍动物的胃中,起化学消化作用的胃是皱胃。

171. 网胃又称蜂巢胃。

172. 牛皱胃的黏膜上皮为单层柱状上皮。

173. 马胃的幽门黏膜形成一环形褶,称为幽门瓣。

174. 猪胃左侧特别发达,近贲门处有一盲突,称为胃憩室。

175. 犬胃黏膜的特征之一是胃黏膜只有腺部。

176. 猪和马属动物仅有一个胃,多呈弯曲的椭圆形囊,入口称贲门,出口称幽门,凸缘称胃大弯,凹缘称胃小弯,前方紧贴膈,称膈面,后方与肠相邻,称脏面。

177. 胃壁由内向外分为黏膜、黏膜下层、肌层和浆膜四层。猪的黏膜下层有淋巴小结。

178. 主细胞,分泌胃蛋白酶原、胃脂肪酶(少量)、凝乳酶(幼畜),参与消化。

179. 壁细胞,又称盐酸细胞,分泌盐酸。

180. 颈黏液细胞,分泌黏液,保护胃黏膜。

181. 内分泌细胞,广泛存在于动物的全部消化道,具有内分泌功能。

182. 小肠是食物进行消化吸收的最主要部位,包括十二指肠、空肠、回肠三段,前边连接到胃的幽门,后以回盲口通盲肠。小肠中最长的一段是空肠。

183. 盲肠特别发达的动物是草食动物。

184. 升结肠形成圆盘状肠袢的动物是牛、羊。

185. 盲肠呈逗点状的动物是马。

186. 升结肠形成双层马蹄铁形肠袢的动物是马,依次为右下大结肠、胸骨曲、左下大结肠、盆骨曲、左上大结肠、膈曲、右上大结肠。

187. 升结肠形成圆锥状肠袢的动物是猪。

188. 盲肠呈螺旋状弯曲的动物是犬。

189. 回肠与盲肠交界处有圆小囊的动物是兔。

190. 小肠壁由黏膜、黏膜下组织、肌层和浆膜构成。

191. 肝能分泌胆汁参与消化,也是体内的代谢中心,体内很多代谢过程都需在肝内完成。肝还具有造血、解毒、防御等功能。

192. 动物体内最大的腺体是肝。

193. 肝脏没有胆囊的动物是马。

194. 猪肝较发达,分叶明显。

195. 肝的基本结构和功能单位是肝小叶，呈多面棱柱状。

196. 相邻肝细胞索之间的空隙称为窦状隙（血窦）。

197. 胰脏位于十二指肠的弯曲中，质地柔软，有一条胰管直通十二指肠（马有两条）。

198. 牛、羊的胰脏呈不正的四边形。猪的胰脏呈不规则三角形。马的胰脏呈不正三角形。犬的胰脏呈V形。

199. 胰的实质分外分泌部和内分泌部，外分泌部分泌胰液，含有多种酶，由胰管排入十二指肠，参与消化作用；内分泌部称胰岛，分泌激素，对糖代谢起重要调节作用。

200. 大肠包括盲肠、结肠和直肠三段，前接回肠，后通肛门，主要功能是消化纤维素，吸收水分，形成粪便排出等。

201. 牛、羊的大肠

（1）盲肠　呈圆筒状，位于后髂部。以回盲口为界，盲端向后伸达骨盆前口（羊的可伸入到骨盆腔内），并呈游离状态，可以移动。由回盲口向前即为结肠。

（2）结肠　分为初袢、旋袢、终袢三段。

（3）直肠　位于骨盆腔内，较短。

202. 猪的大肠

（1）盲肠　短而粗，呈圆锥状，位于左髂部，盲端朝向后下方，伸达骨盆前口附近。

（2）结肠　位于腹腔左侧，胃的后方，形成圆锥状双重螺旋盘曲。分为向心曲和离心曲两段。最后接直肠。

（3）直肠　位于骨盆腔内，中部膨大可形成直肠壶腹。

203. 马的大肠

（1）盲肠　位于腹腔右侧，自右髂部沿腹壁斜向前下方，直达剑状软骨部。可分为盲肠底、盲肠体和盲肠尖三部分。肠壁上有四条纵带和四列肠袋。

（2）结肠　可分为大结肠和小结肠两部分。

（3）直肠　由骨盆腔前口向后直达肛门。

204. 犬猫的大肠

犬的大肠相对较短，管径细，几乎近似小肠，无肠带和肠袋，分盲肠、结肠和直肠。

盲肠呈S形弯曲。犬的结肠呈U形，较短，分为升结肠、横结肠和降结肠。降结肠最长后与直肠相接至肛门。

205. 牛羊的结肠呈现同心圆盘状。

206. 猪的结肠呈现倒圆锥状。

207. 马的大结肠呈现双马蹄铁形。

208. 马鼻前庭背侧皮下有一盲囊，向后伸达鼻切齿骨切迹，称鼻憩室或鼻盲囊。

209. 鼻腔被鼻中隔分为左右两半，前方有鼻孔和鼻翼，后方有鼻后孔。

210. 牛鼻翼厚实，鼻孔与上唇间形成鼻唇镜。

211. 羊和猪鼻孔与上唇处分别形成**鼻镜**和**吻镜**。

212. 每侧鼻腔侧壁上附有上、下鼻甲，将鼻腔分为三个鼻道，上鼻道位于鼻腔顶壁与上鼻甲之间，狭窄，后端通**嗅区**；中鼻道位于上、下鼻甲之间，通**鼻旁窦**；下鼻道位于下鼻甲与鼻腔底壁之间，最宽，直接通**鼻后孔**。

213. 固有鼻腔呼吸区黏膜上皮类型是**假复层柱状纤毛上皮**。

214. **咽**位于口腔、鼻腔的后方，喉和食管的前上方，是消化和呼吸的共同通道。

215. 喉软骨构成喉的支架，有4种5块，包括环状软骨、甲状软骨、会厌软骨和**成对的杓状软骨**。

216. 牛的甲状软骨板呈**四边形**，马的呈**菱形**。

217. **会厌软骨**位于甲状软骨前方，呈叶片状，分底和尖，尖弯向舌根，在吞咽时可向后翻转盖住喉口，防止食物落入喉内。

218. 无喉室的动物是**牛**。

219. 气管位于颈、胸椎腹侧。前端接喉，后端进入胸腔中，在心基上方分出三支支气管，为右尖叶支气管和左、右支气管（**马属动物仅有左、右支气管**），由肺门分别进入左、右两肺中，并继续分支形成支气管树。

220. 气管呈**圆筒状**，由一连串C形气管软骨环连接而成。

221. 肺位于胸腔内、纵隔两侧，左、右各一，右肺通常大于左肺，两肺占据胸腔的大部分。左、右两肺都有三个面（肋面、纵隔面和膈面）和三个缘（背缘、后缘和腹缘）。**牛、羊、猪肺**可分七叶，即左尖叶、左心叶、左膈叶、右尖叶（牛羊右尖叶又分前后两部）、右心叶、右膈叶和副叶。

222. **马**肺心叶和膈叶并为心膈叶，因而仅分**五叶**。

223. 肺表面覆盖光滑、湿润的浆膜称为肺胸膜，膜下的结缔组织伸入肺内，将肺实质分隔成许多肉眼可见的肺小叶，肺小叶是以**细支气管**为轴心，由更细的逐级支气管和所属肺泡管、肺泡囊、肺泡构成的相对独立的肺结构体，一般呈锥体形，锥底朝向肺表面，锥尖朝肺门。家畜小叶性肺炎即是肺以肺小叶为单位发生了病变。

224. 肺实质包括肺内**各级支气管和肺泡管、肺泡囊、肺泡**。

225. 呼吸系统中，真正执行气体交换功能的器官是**肺**。

226. 肺位于胸腔内、心脏两侧，分左肺和右肺，**右肺较大**。

227. 肺的导气部包括**主支气管、叶支气管、段支气管、小支气管、细支气管、终末细支气管**。

228. 肺的呼吸部包括**呼吸性细支气管、肺泡管、肺泡囊、肺泡、肺泡隔**。

229. 当管径细至1mm以下时，称为**细支气管**。细支气管继续反复分支，管径至0.5mm以下时，称为**终末细支气管**。

230. 由于支气管在肺内反复分支成树状，故名**支气管树**。

231. 肺进行气体交换的最主要场所是肺泡。

232. Ⅰ型肺泡细胞呈扁平状，是执行气体交换的主要部分，并参与形成气-血屏障。

233. 肺泡结构中一类细胞能分泌用于降低肺泡表面张力的表面活性物质，该细胞是Ⅱ型肺泡细胞。

234. 电镜下Ⅱ型肺泡细胞的胞质内含大量嗜锇性板层小体。

235. 当肺内巨噬细胞（肺泡隔）吞噬尘埃颗粒后，称为尘细胞，肺泡与血液之间进行气体交换时，至少要通过肺泡上皮、上皮基膜、血管内皮基膜和内皮细胞四层结构，这四层结构合称为气-血屏障。

236. 胸腔是以胸廓为框架并附着胸壁肌和皮肤的截顶圆锥状体腔，该腔在胸壁肌群帮助下可扩大和缩小。

237. 胸膜腔是衬贴于胸腔内壁面、纵隔表面的胸膜壁层与覆盖于肺表面的胸膜脏层之间的狭窄腔隙，腔隙内有少量浆液，起润滑作用。

238. 纵隔是两侧的纵隔胸膜及其之间的所有器官和组织的总称。

239. 呼吸运动是指因呼吸肌群的交替舒缩引起胸腔和肺节律性扩张和收缩的活动。其中，胸腔和肺一同扩大使外界空气流入肺泡的过程称作吸气（氧气）；胸腔和肺一同缩小将肺泡内的气体逼出体外的过程称作呼气（二氧化碳）。

240. 呼吸运动是肺通气发生的原动力。

241. 肺通气和肺换气两个环节合称外呼吸，组织换气又称内呼吸，肺换气和组织换气统称气体交换。

242. 家畜吸气时，肺能随胸腔一同扩张的根本原因在于胸内负压。

243. 胸内负压是指胸膜腔的内压总是略低于外界大气压。

244. 胸内负压的存在，使胸膜腔的壁层与脏层浆膜之间相吸。从而确保了肺能随胸做相应的扩张，肺泡内经常保留一定量的余气。这有利于继续发生肺换气。

245. 气体交换发生在肺和全身组织，交换的动力是气体分压差，交换的先决条件是气体通透膜。气体通透膜是指肺呼吸部存在的呼吸膜和全身各部位存在的毛细血管壁与组织细胞膜相贴的结构。

246. 肺的呼吸部有极大面积的呼吸膜，膜的两侧存在氧分压差和二氧化碳分压差。肺换气的主要结果是肺泡壁毛细血管血液的气体成分发生了改变，即血液中氧气得以补充，二氧化碳废气得以排出。

247. 组织换气发生于体毛细血管网与网间分布的组织细胞之间，此间充有组织液。组织换气的主要结果是组织细胞浆中发生了气体成分改变，即细胞浆中得到了氧气供应，二氧化碳废气得以排出，这种改变是组织细胞新陈代谢的必要保障。

248. 肾是生成尿液的器官，输尿管为输送尿液至膀胱的管道，膀胱为暂时贮存尿液的器官，尿道是排出尿液的管道。

249. 肾位于腹主动脉和后腔静脉两侧、腰椎的腹侧。

250. 肾外表面坚韧的结缔组织构成纤维囊。

251. 原尿重吸收的主要部位是近端小管。形成蛋白尿时，蛋白质首先通过的肾结构是滤过膜。

252. 离子交换的重要部位是远曲小管，在醛固酮的作用下，远曲小管能主动吸收Na$^+$，并以钠-钾交换的方式排出钾。

253. 肾的实质是由肾单位和集合管组成的。

254. 肾单位：肾单位是肾的基本结构和功能单位，由肾小体和肾小管两部分构成。

255. 肾小体：是肾单位的起始部，由血管球和肾小囊两部分组成。

256. 血管球：是一团毛细血管，位于肾小囊中。进入肾小体的血管称作入球小动脉，离开肾小球的血管称作出球小动脉。

257. 肾小囊：是肾小管起始部，盲端膨大凹陷形成的杯状囊，分为脏层和壁层。脏层与壁层之间的腔隙称作肾小囊腔，与肾小管腔直接连通。

258. 肾小管：是一条细长而弯曲的小管，起始于肾小囊，顺次可分为近曲小管、髓袢和远曲小管。

259. 集合管：是由许多远曲小管末端汇合形成，包括弓形集合小管、直集合小管和乳头管。收集从肾皮产生的尿液，尿液由肾乳头流入肾小盏、肾大盏汇合到集合管流入输尿管。乳头管在肾乳头上开口于肾小盏。

260. 球旁复合体由球旁细胞、致密斑和球外系膜细胞组成，是分布于肾组织内的内分泌细胞群。

261. 致密斑是一个化学感受器，对肾小管内尿液钠离子浓度变化很敏感；球旁细胞内含肾素；球外系膜细胞与信息传导有关。

262. 肾血液循环的途径：腹主动脉→肾动脉→叶间动脉→弓形动脉→小叶间动脉→入球小动脉→毛细血管→肾小球→出球小动脉→球后毛细血管网→小叶间静脉→弓形静脉→叶间静脉→肾静脉→后腔静脉。

263. 肾血液循环的主要特点：肾动脉直接来自腹主动脉，口径粗、行程短、血流量大；入球小动脉短而粗，出球小动脉长而细，因而肾小球内的血压较高。

264. 牛肾：呈红褐色，左、右肾不对称，右肾呈长椭圆形，位于最后肋骨上端至前2~3腰椎横突的腹面。左肾呈厚三棱形，位于第2~第5腰椎横突的腹面，往往随瘤胃充满程度的不同而左右移动。牛肾表面有深浅不一的叶间沟，将肾分为16~20个大小不等的肾叶，属表面有沟多乳头肾。

265. 羊肾：羊肾的位置与牛相似，但在形态结构上有很大差别。羊肾呈豆形，表面光滑，肾乳头合并成一个肾总乳头，与肾盂相接。羊肾属于表面平滑单乳头肾。

266. 猪肾：呈棕黄色，左右肾均呈豆形，较长扁，两端略尖。两肾位置对称，均位于最后胸椎及前3腰椎横突腹面两侧。肾脂肪囊发达。属于表面平滑多乳头肾。

267. 马肾：右肾略大，位置靠前，呈钝角三角形，位于最后2~3肋骨椎骨端及第1腰椎横突的腹侧。左肾呈蚕豆形，比右肾长而狭，位置偏后，靠近体正中面，位于最后肋骨椎骨端与前2~3腰椎横突的腹侧。属于表面平滑单乳头肾。

268. 犬肾、猫肾及兔肾都属于表面平滑单乳头肾。犬肾呈豆形，位于腰椎下方左右两侧，犬的膀胱较大，空虚时位于骨盆腔内，而充盈时其顶部可达脐部。

269. 鲸、熊、水獭等动物的肾类型属于复肾。

270. 具有肾大盏和肾小盏，但无肾盂的家畜是牛。

271. 右肾呈圆角的等边三角形，左肾呈长椭圆形或豆形，无肾盏，有肾盂、终隐窝的动物是马。

272. 膀胱是暂时贮存尿液的器官，呈梨形。其前端钝圆称作膀胱顶，中部大称作膀胱体，后端狭窄称作膀胱颈。公畜的膀胱背侧是直肠，母畜的膀胱背侧是子宫和阴道。膀胱由一对膀胱侧韧带和一膀胱正中韧带固定，膀胱侧韧带的游离缘为索状的膀胱圆韧带，为胎儿期脐动脉的遗迹。

273. 精阜是输精管和精囊腺管的开口。

274. 尿道外口有尿道下憩室的动物是母牛、母猪。在尿道峡之前，牛和猪的黏膜形成半月形的黏膜襞，该黏膜襞给公畜导尿带来困难。

275. 与母畜膀胱背侧紧邻的器官是子宫和阴道。

276. 睾丸是产生精子和分泌雄性激素的器官；精子的外形似蝌蚪，分头、颈和尾三部分。精子也是细胞。

277. 牛、羊睾丸的长轴呈上下垂直位。

278. 马睾丸的长轴呈前后水平位。

279. 猪睾丸长轴由前下方斜向后上方。

280. 犬睾丸长轴由前下方斜向后上方。

281. 支持细胞又称塞托利细胞，具有支持营养生精细胞、分泌雄激素、参与血-睾屏障的形成等功能。

282. 睾丸中能够分泌睾酮的是间质细胞。

283. 公畜生殖器官中储存精子和精子进一步成熟的场所是附睾。

284. 副性腺为位于尿生殖道骨盆部背侧面的腺体，包括精囊腺、前列腺和尿道球腺。凡是去势家畜的副性腺均发育不良。

285. 牛的精囊腺呈不规则的长卵圆形。

286. 羊的精囊腺为圆形，呈分叶状。

287. 猪的精囊腺十分发达，呈三棱锥体形，导管多数单独开口于精阜。

288. 马的精囊腺呈梨形囊状，表面平滑，囊壁由黏膜、肌膜和外膜组成。

289. 无精囊腺和尿道球腺，且只有前列腺的动物是犬。

290. 牛、羊的阴茎呈圆柱状，细而长，在阴囊后方形成乙状弯曲。

291. 马的阴茎呈左右略扁的圆柱状，粗大，没有乙状弯曲，阴茎头膨大。

292. 猪的阴茎头扭转呈螺旋状。

293. 犬的阴茎头较长，分前、后两部，且内含阴茎骨。

294. 阴囊壁的结构与腹壁相似，由外向内依次为皮肤、肉膜、精索外筋膜、提睾肌、精索内筋膜和鞘膜壁层。

295. 卵巢是产生卵子和分泌雌激素的器官。

296. 马卵巢的皮质与髓质的位置颠倒。猪淋巴结的髓质和皮质位置颠倒。

297. 在初级卵泡的卵母细胞周围与颗粒细胞之间出现一层嗜酸性、折光性强的膜状结构是透明带。

298. 家畜受精时，精子必须首先穿过放射冠。

299. 卵丘中紧贴透明带外表面的一层颗粒细胞，随卵泡发育而变为高柱状，呈放射状排列，称为放射冠。

300. 卵泡破裂，卵母细胞及其周围的透明带和放射冠自卵巢排出的过程，称为排卵。

301. 马的卵巢呈豆形，位于第4（右侧）、第5（左侧）腰椎横突腹侧。

302. 卵巢上有排卵窝的家畜是马。

303. 精子和卵子结合受精的部位是输卵管壶腹部（输卵管前1/3壶腹部）。

304. 孕育胎儿的肌质器官是子宫。

305. 牛、羊的子宫特点是子宫角呈绵羊角状，子宫体短，子宫角和子宫体黏膜上有半球形的子宫阜。

306. 马的子宫特点是子宫角呈Y形，子宫体与子宫角等长，子宫颈阴道部明显。

307. 猪的子宫特点是子宫角长而弯曲，似小肠，子宫体较短，子宫颈管呈螺旋状，有子宫颈枕，无子宫颈阴道部。

308. 犬的子宫特点是整体呈Y形，子宫角细长而直，子宫体和子宫颈很短，有子宫颈阴道部。

309. 输精管为运送精子的细长管道，起始于附睾尾，沿腹股沟管从腹腔向后进入骨盆腔，末端开口于尿生殖道。

310. 精索为扁圆的索状结构，其基部连于睾丸和附睾。精索在睾丸背侧较宽，向上逐渐变细，出腹股沟管内环，沿腹腔后部底壁进入骨盆腔内。

311. 雌性生殖器官由卵巢、输卵管、子宫、阴道、尿生殖前庭和阴门等组成。卵巢、输卵管、子宫和阴道称内生殖器官。阴道前庭和阴门为外生殖器官。

312. 阴道位于骨盆腔内，背侧为直肠，腹侧为膀胱和尿道，前接子宫，后接尿生殖前庭。

313. 精液由精子和精清组成，黏稠、不透明，呈弱碱性，有特殊臭味。精子活动性是评定精子生命力的重要标志。精子的运动形式有三种，即直线前进运动、原地转圈和原地颤动。只有呈直线前进运动的精子，才具有授精能力。

314. 牛的乳腺位于两股之间，悬吊于耻骨部，外被皮肤，形成乳房。母牛有4个前后左右相连的乳房，左右以纵沟分开，前后以横沟为界。乳房呈倒圆锥形，分为基部、体部和乳头部。乳头多呈圆柱状，顶端有一个乳头孔，为乳腺管的开口。前部乳头比后部乳头长。羊的乳房呈圆锥形，有2个，乳头基部有较大的乳池。猪没有乳池。

315. 乳房由皮肤、筋膜和实质构成。乳房的后部到阴门裂之间，有明显的带有线状毛流的皮肤褶，称作乳镜。乳镜越大，乳房越能舒展，含乳量就越多。

316. 在尿道外口前方有一横行或环形的黏膜褶，称阴瓣，以驹和仔猪的最为发达。

317. 胎盘是由胎儿的绒毛膜和母体的子宫内膜共同构成。

318. 血管可分为动脉、毛细血管和静脉三种。动脉是将血液由心运输到全身各部的血管；静脉是将血液由全身各部运输到心的血管，毛细血管是血液与组织液进行物质交换的场所。

319. 小循环（肺循环）：血液的"右心室→肺动脉→肺毛细血管网→肺静脉→左心房"的通路，称作小循环或肺循环。

320. 大循环（体循环）：血液的"左心室→主动脉→全身毛细血管→前、后腔静脉→右心房"的通路，称作大循环或体循环。

321. 微循环是指微动脉和微静脉之间的血液循环。这些微细血管包括微动脉、中间微动脉、真毛细血管、直捷通路和微静脉。

322. 心脏是中空的圆锥形肌质器官，外面有心包包围，锥底朝上，称作心基，有大的动、静脉进出；锥尖朝下，称作心尖。

323. 心脏位于胸腔纵隔中，夹于左右两肺之中，略偏左。大概在第3~第6肋骨之间，心基位于肩关节水平线上。心尖位于胸骨后段的上方，距横膈约2cm。站立时，约在肘突鹰嘴的后内侧。

324. 家畜心脏的正常形态是倒圆锥形。

325. 心脏内腔借房中隔和室中隔分为左右两半，互不相通；每半又分为心房和心室两部分，经房室口相通。因此，心脏可分为右心房、右心室，左心房、左心室四部分。同侧的心房和心室经房室口相通。

326. 在后腔静脉口附近的房间隔上有一卵圆窝，是胎儿时期卵圆孔的遗迹。

327. 心脏自身的营养动脉是冠状动脉。

328. 右心房与右心室之间为三尖瓣；左心房与左心室之间为二尖瓣。

329. 肺动脉与右心室之间，主动脉与左心室之间有半月瓣。

330. 心内膜下层的结缔组织中分布着具有传导功能的浦肯野细胞；心肌细胞之间的特殊

连接是闰盘。

331. 心传导系统由特殊的心肌纤维所构成，能自动而有节律地产生兴奋和传导兴奋，使心房和心室交替性地收缩和舒张，包括窦房结、房室结、房室束和浦肯野纤维。

332. 房室结呈结节状，位于房间隔右心房侧的心内膜下，冠状窦口前下方。

333. 正常情况下，心脏的起搏点是窦房结。

334. 血液由左心室输出，经主动脉及分支到全身组织，由毛细血管和静脉回到右心房，此循环称为体循环。

335. 血液经右心室输出，经肺动脉、肺毛细血管、肺静脉回流到左心房，此循环称为肺循环。

336. 腹主动脉及其主要分支包括腹腔动脉、肠系膜前动脉、肾动脉、肠系膜后动脉、睾丸动脉或卵巢动脉、腰动脉等。

337. 主动脉是体循环的动脉主干，起于左心室的主动脉口，分为升主动脉、主动脉弓和降主动脉。

338. 腹腔动脉分为脾动脉、胃左动脉、肝动脉等，分布于脾、胰、胃、肝、十二指肠和大网膜。

339. 肠系膜前动脉分布于空肠、回肠、盲肠、结肠和十二指肠等。

340. 肾动脉在肠系膜前动脉后方自腹主动脉分出，经肾门入肾。

341. 肠系膜后动脉分布于降结肠后部和直肠。

342. 睾丸动脉沿腹壁向后向下进入腹股沟管，分布于睾丸、附睾、精索等结构。

343. 卵巢动脉分布于卵巢、输卵管和子宫角。

344. 腰动脉分布于脊髓、腰椎背侧和腹侧的肌肉和皮肤。

345. 髂内动脉为盆腔脏器和盆壁的动脉主干，沿荐结节阔韧带内侧面向后腹侧延伸，沿途分出脐动脉、臀前动脉、前列腺动脉（阴道动脉）等，在坐骨小孔附近分为臀后动脉和阴部内动脉。

346. 髂外动脉为后肢的动脉主干，在腹腔称髂外动脉，在股部称股动脉，在膝关节后方称腘动脉，在小腿部称胫前动脉，在跗部称足背动脉，在跖部称跖背侧第3动脉，延续为趾背侧总动脉。

347. 右心室收缩使血液射入肺动脉，富含氧气的血液回到左心房所经过的血管是肺静脉。

348. 前腔静脉为收集头、颈、前肢和部分胸壁和腹壁血液回流入右心房的静脉干。

349. 后腔静脉为收集腹部、骨盆部、尾部及后肢血液入右心房的静脉干。

350. 颈静脉包括颈外静脉和颈内静脉，马无颈内静脉。

351. 颈外静脉位于颈静脉沟内，是临床上采血、放血、输液的重要部位。

352. 肝门静脉是收集腹腔内不成对脏器［胃、脾、胰、小肠、大肠（直肠后段除外）］

血液回流的静脉主干，其属支有胃十二指肠静脉、脾静脉、肠系膜前静脉和肠系膜后静脉。

353. 头静脉、外侧隐静脉是小动物静脉注射的常用部位。

354. 血液循环的基本功能单位是微循环。

355. 对微循环血流起总闸门作用的结构为微动脉。

356. 对微循环血流起分闸门作用的结构为真毛细血管。

357. 对微循环血流起后闸门作用的结构为微静脉。

358. 检查家畜脉搏常用的部位，牛在尾动脉，羊在股动脉，马在下颌血管切迹。

359. 血液离心后分为上层的血清，中层白细胞和血小板，下层是红细胞。

360. 离开血管的血液不作抗凝处理，将在很短时间内凝固成胶冻状的血块，并逐渐紧缩，析出黄色清亮液体，这种液体称为血清。

361. 血清与血浆的主要区别：血清中不含纤维蛋白原，因为血浆中的纤维蛋白原已转变为不溶性的纤维蛋白，并被留在血凝块中。

362. 嗜中性粒细胞具有很强的吞噬能力、活跃的变形运动及敏锐的趋化性，能吞噬入侵的细菌，可将入侵微生物限制并就地杀灭，防止其扩散。急性化脓性感染时，嗜中性粒细胞数目明显增多。

363. 嗜酸粒性细胞具有吞噬能力，在寄生虫病、荨麻疹和过敏性疾病中，嗜酸粒细胞增多。

364. 淋巴细胞是具有特异性免疫机能的免疫细胞，它主要参与机体的免疫过程。

365. 单核细胞亦具有运动与吞噬能力，能吞噬坏死细胞和衰老红细胞，能激活淋巴细胞的特异性免疫功能，促进淋巴细胞发挥免疫作用的机能。

366. 血小板是由骨髓巨核细胞的胞浆断裂而成的，呈不规则的圆盘形、椭圆形或杆状小体，没有细胞核，参与凝血、止血过程。

367. 红细胞的主要机能是运输O_2和CO_2，并对进入血液的酸、碱物质起缓冲作用，这些机能均与细胞所含的血红蛋白有关。

368. 淋巴系统是机体的主要防御系统。淋巴系统由淋巴管、淋巴器官和淋巴组织三部分组成。

369. 淋巴（淋巴液）是无色或微黄色的液体，由淋巴浆和淋巴细胞组成。淋巴只有通过淋巴结后才含有淋巴细胞。

370. 淋巴导管是全身最大的淋巴集合管，有两条，即胸导管和右淋巴导管。胸导管是全身最长的淋巴集合管。胸导管的起始部为乳糜池。

371. 中枢淋巴器官包括胸腺、骨髓、法氏囊（禽类特有）；外周免疫器官有淋巴结、脾脏、扁桃体、哈德氏腺（禽类特有）、血淋巴结等。

372. 既无输入淋巴管，又无输出淋巴管的外周淋巴器官为血淋巴结。仅有输出管，没有输入管的外周淋巴器官为扁桃体。

373. 参与构成机体免疫第二道防线的免疫器官是淋巴结。

374. 参与构成机体免疫第三道防线的免疫器官是脾脏，脾脏是动物体内最大的淋巴器官。新生动物的胸腺在出生后继续发育，至性成熟期体积达到最大，到一定年龄开始退化，直至消失。

375. 牛脾呈长而扁的椭圆形。羊脾扁平，略呈钝三角形。马脾呈镰刀形。猪脾呈细而长的带状。犬脾略呈舌形或靴形。

376. 脾小结即淋巴小结，主要由B细胞构成。

377. 脾索内含有各种血细胞，是滤血的主要场所。

378. 扁桃体滤泡的特点之一是表面上皮凹陷，称隐窝。

379. 舌扁桃体位于舌根部背侧。

380. 腭扁桃体位于咽部侧壁、腭舌弓和腭咽弓之间。

381. 腭帆扁桃体位于软腭口腔面黏膜下，猪的特别发达。

382. 咽扁桃体位于鼻咽部后背侧壁，猪和反刍动物位于咽隔。

383. 下颌淋巴结位于下颌间隙后部、下颌骨支后内侧。

384. 颈浅淋巴结（肩前淋巴结）位于肩关节前上方，臂头肌和肩胛横突肌（牛）的深层。母牛、母马的位于乳房基部后上方或外侧的皮下，称乳房淋巴结，乳房临床检查时常触诊此淋巴结。

385. 公畜的腹股沟浅淋巴结称为阴囊淋巴结，公牛的位于阴茎背侧、精索的后方。

386. 腘淋巴结位于臀股二头肌与半腱肌之间，腓肠肌外侧头起始部的脂肪中。

387. 髂下淋巴结又称股前淋巴结，位于阔筋膜张肌前缘的膝褶中，犬没有，猫少见。

388. 髓索是淋巴结产生抗体的部位。脾实质称脾髓，分为红髓和白髓。

389. 红髓由淋巴组织构成脾索，是B细胞区。

390. 白髓形成淋巴鞘和典型的淋巴小结，它们的外周为T细胞区，小结的中央称生发中心，主要为B细胞区。

391. 仔猪的淋巴结皮质和髓质的位置恰好相反；成年猪的淋巴结皮质和髓质混合排列。马卵巢的皮质和髓质与其他动物相反。

392. 免疫细胞包括各类淋巴细胞（T细胞、B细胞、K细胞和NK细胞）、单核细胞、巨噬细胞和粒细胞等，而免疫活性细胞则仅指能特异地识别抗原，并能接受抗原的刺激，随后产生抗体或淋巴因子，发生特异性免疫应答反应的一类细胞。

393. T细胞和B细胞是最主要的免疫活性细胞。

394. T细胞：T细胞来自骨髓，在胸腺成熟后T细胞进入血液、淋巴液中，可直接杀伤靶细胞，辅助或抑制B细胞产生抗体，以及产生细胞因子等，是机体抵御疾病感染、肿瘤形成的英勇斗士。

395. T细胞不产生抗体，而是直接起作用，所以T细胞的免疫作用称作细胞免疫。

396．B细胞：B细胞也来自骨髓，当它受到抗原刺激后，成为成熟的B细胞，转移至脾，大部分分化为浆细胞，浆细胞中内质网丰富，合成和分泌大量的抗体参与免疫应答。若未遇抗原刺激，数天后相当数量的B细胞死亡。

397．B细胞是通过产生抗体起作用的，抗体存在于体液里，所以B细胞的免疫作用称作体液免疫。

398．K细胞：K细胞具有非特异性杀伤功能，不能单独杀伤靶细胞，但能杀伤与抗体结合的靶细胞，且杀伤力较强，能杀伤肿瘤细胞、被微生物或寄生虫感染的细胞。

399．NK细胞：NK细胞又称自然杀伤细胞，它不依赖抗体，不需要抗原刺激即可杀伤靶细胞。对肿瘤细胞及病毒感染细胞具有明显的杀伤作用。

400．单核巨噬细胞系统：是分散在许多器官组织中的具有强大吞噬能力的细胞，这些细胞都来自于单核细胞，包括肺内的尘细胞、疏松结缔组织中的组织细胞、肝窦中的枯否氏细胞、血液中的单核细胞、脾中的巨噬细胞、脑和脊髓中的小胶质细胞等。

401．粒细胞：细胞质中含有颗粒的白细胞称为粒细胞。有嗜中性粒细胞、嗜酸性粒细胞、嗜碱性粒细胞。嗜中性粒细胞除具有吞噬细菌、抗感染能力外，尚可与抗体、抗原结合，形成中性粒细胞-抗体-抗原复合物，加大对抗原的吞噬作用，参与机体的免疫过程；嗜酸性粒细胞与免疫反应有关，有较强的抗寄生虫作用；嗜碱性粒细胞参与体内的过敏反应和变态反应。

402．神经系统的结构和功能的基本单位是神经元。神经细胞呈三角形或多突状，可以分为树突、轴突和胞体这三个区域。

403．神经调节的基本形式是反射。在神经系统的作用下，机体受到刺激后所发生的全部应答性反应，称为反射。反射可分为条件反射和非条件反射。

404．机体的反射活动由反射弧完成。反射弧由感受器、传入神经、神经中枢、传出神经、效应器组成。

405．脊髓位于椎管内，前端在枕骨大孔处与脑相连，后端到达荐骨中部。

406．脊髓呈背、腹略扁的圆柱状。根据所在的部位分为颈髓、胸髓、腰髓、荐髓和尾髓。

407．脊髓有两个膨大，位于颈髓后部和胸髓前部的称颈膨大，它与前肢的神经相连；位于腰髓和荐髓间的称腰膨大，它与后肢的神经相连。

408．脊髓在腰膨大之后逐渐变细形成圆锥状，称为脊髓圆锥。自脊髓圆锥向后的细丝称为终丝。荐神经和尾神经排列在脊髓圆锥和终丝的周围，呈马尾状，称为马尾。

409．脊髓灰质横切面呈蝴蝶形。

410．控制心肌、平滑肌和腺体活动的神经称植物性神经。

411．脊硬膜和椎管之间为硬膜外腔；硬膜外麻醉即自腰荐间隙将麻醉剂注入硬膜外腔。

412．脊蛛网膜薄，位于脊硬膜与脊软膜之间。

413. 在脊蛛网膜与脊软膜之间为蛛网膜下腔，内含脑脊液。

414. 硬膜与蛛网膜之间为硬膜下腔。

415. 脑干包括延髓、脑桥、中脑和间脑；延髓、脑桥和小脑的共同室腔为第4脑室。延髓有生命中枢之称。

416. 间脑位于中脑和大脑之间，被两侧大脑半球所遮盖，内有第3脑室。

417. 中脑主要为视觉和听觉反射中枢，可维持机体平衡，保持正常姿势。

418. 脑神经由脑发出，共有12对，依次为嗅神经、视神经、动眼神经、滑车神经、三叉神经、外展神经、面神经、前庭耳蜗神经（听神经）、舌咽神经、迷走神经、副神经和舌下神经。概括脑神经的口诀：一嗅二视三动眼，四滑五叉六外展，七面八听九舌咽，十迷一副舌下全。

419. 动眼神经、滑车神经、外展神经、副神经的纤维成分性质属于运动神经。

420. 嗅神经、视神经、前庭耳蜗神经的纤维成分性质属于感觉神经。

421. 三叉神经、面神经、舌咽神经、迷走神经的纤维成分性质属于混合神经。

422. 行程最长，分布区域最广的神经是迷走神经，机体内最粗最长的神经是坐骨神经。

423. 脑神经中最大的神经是三叉神经。

424. 分布于视网膜上的感觉神经是视神经。

425. 脊神经分为颈神经、胸神经、腰神经、荐神经和尾神经。

426. 内分泌器官有甲状腺、甲状旁腺、垂体、肾上腺和松果腺。

427. 内分泌组织分散存在于其他器官或组织内，共同组成混合腺的器官，如胰脏内的胰岛、肾脏内的肾小球旁复合体、睾丸内的间质细胞、卵巢内的间质细胞、卵泡和黄体等。

428. 脑垂体分腺垂体和神经垂体两部分，垂体是动物机体内最重要的内分泌腺。

429. 腺垂体分泌的激素包括：

（1）生长激素（GH） ①促进生长：促进骨、软骨、肌肉及肝、肾等组织细胞的分裂增殖；②促进代谢：促进蛋白质合成，减少其分解；加速脂肪分解、氧化和供能；抑制糖的分解，升高血糖。

（2）催乳素（PRL、LTH） 促进乳腺生长发育并维持泌乳；刺激LH受体生成。

（3）促甲状腺激素（TSH） 促进甲状腺细胞的增生及其活动；促进甲状腺激素的合成与释放。

（4）促肾上腺皮质激素（ACTH） 促进肾上腺皮质的生长发育；促进肾上腺糖皮质激素的合成与释放。

（5）促卵泡激素（FSH） ①促进卵巢生长发育，促进排卵；②促进曲细精管发育，促进精子生成；③促进雌激素分泌。

（6）促黄体激素（LH） ①在FSH协同下，使卵巢分泌雌激素；②促使卵泡成熟并排卵；③使排卵后的卵泡形成黄体，分泌孕酮；④刺激睾丸间质细胞发育并产生雄激素。

（7）促黑色素细胞激素（MSH） ①促进黑色素的合成；②使皮肤和被毛颜色加深。

430. 神经垂体分泌的激素包括：

（1）抗利尿激素（ADH） ①抗利尿：增加肾小管、集合管对水的重吸收，使尿量减少；②升高血压：使除脑、肾以外的全身小动脉强烈收缩。

（2）催产素（OXT） ①使乳腺肌上皮和导管平滑肌收缩引起排乳；②促使妊娠子宫强烈收缩，利于分娩；促进排卵期的子宫收缩，有利于精子向输卵管移动。

431. 甲状腺是畜体内最大的内分泌腺体。由两侧叶和峡部组成，主要合成甲状腺素，调节机体代谢。牛的甲状腺位于气管前端和喉附近，淡褐红色。甲状腺分泌甲状腺素和降钙素，甲状腺素为胺类激素。

432. 甲状腺的侧叶和腺峡合并为一整体，呈球形的动物是猪。

433. 甲状旁腺通常有两对，位于甲状腺附近或埋于甲状腺实质内。

434. 位于左、右肾前内侧的内分泌腺是肾上腺。肾上腺在剖面上可见外周部为黄色的皮质，有放射状纹，内部为红色的髓质，中央有较大的中央静脉。皮质分泌糖皮质激素和盐皮质激素，髓质分泌肾上腺素和去甲肾上腺素。

435. 糖皮质激素：主要是促进蛋白质分解；促进肝糖原的分解，抑制组织细胞对糖的氧化利用，使血糖浓度升高；抗过敏、抗炎症和抗毒素。

436. 盐皮质激素：主要是促进肾小管对钠和水的重吸收，抑制对钾的重吸收，维持机体内钠、钾的平衡和体内血量的恒定。

437. 内分泌腺的结构特点是腺体的表面被覆一层被膜，腺细胞在腺小叶内排列成索、团、滤泡或腺泡，没有排泄管，腺内富有血管，腺小叶内形成毛细血管网或血窦，激素进入毛细血管或血窦内，加入血液循环。

438. 视觉器官能感受光的刺激，经视神经传到神经中枢，而引起视觉。眼是结构极其复杂的感觉器官，由眼球和辅助结构组成。眼球由眼球壁和折光体构成。

439. 眼球壁由外向内分为纤维膜、血管膜、视网膜三层。

（1）纤维膜为眼球的外壳，分前部的角膜和后部的巩膜。

①角膜：透明无色，占前1/5，稍向前隆凸，组织排列成层，无血管分布；前、后被覆上皮，后面的上皮能不断将组织液泵出，维持透明。

②巩膜：白色不透明，占后4/5，后部稍下方有视神经穿过的筛区。

（2）血管膜由后向前可分三区。

①脉络膜：后区，占大半部分，贴于巩膜内面。由致密的血管网和有色素的结缔组织构成。牛在眼底的背侧部有呈蓝绿色金属光泽的反光区，称照膜。

②睫状体：中区，与巩膜、角膜的交界处相贴，呈稍厚的环形；形成许多辐射状排列的睫状突，悬于晶状体周围，睫状体内具有平滑肌，称睫状肌，可控制晶状体的凸度。

③虹膜：内有瞳孔开大肌；虹膜游离缘处有较集中的瞳孔括约肌。虹膜中央有一孔，称

瞳孔。

（3）视网膜　后部为视部，前部为盲部。视部贴于脉络膜内面，结构复杂。盲部很薄，贴于睫状体和虹膜内面。

440．眼球内容物是眼球内一些无色透明的折光结构，包括晶状体、眼房水和玻璃体，它们与角膜一起组成眼的折光系统。

（1）晶状体　呈双凸透镜状，透明而富有弹性，位于虹膜和玻璃体之间。晶状体具有弹性和聚光作用，如发生浑浊，则发生白内障病变，影响视力。

（2）眼房和眼房水　眼房是位于角膜和晶状体之间的腔隙，被虹膜分为眼前房和眼后房。眼房水为无色透明液体，充满于眼房内，主要由睫状体分泌产生。眼房水有运输营养物质和代谢产物、折光和调节眼压的作用。如果眼房水循环发生障碍，房水积留过多，眼内压过高，严重时可造成视力减退甚至失明，称为青光眼。

（3）玻璃体　为无色透明的胶冻状物质，充满于晶状体与视网膜之间，外包一层透明的玻璃体膜。玻璃体除有折光作用外，还有支持视网膜的作用。

441．眼的辅助结构有眼睑、支架、眼球外肌和泪器等。

（1）眼睑　由皮肤、眼轮匝肌和睑结膜构成，分上眼睑和下眼睑。

（2）第三眼睑　为眼内角处的结膜褶，内有软骨和第三眼睑腺。

（3）支架　颅骨构成的眶和致密结缔组织构成的眶骨膜，保护眼球及其辅助结构。眶脂肪体具有充填和缓冲等作用。

（4）眼球肌　为横纹肌，位于眶内，附着于眼球赤道和后面。有上、下两块斜肌，上、下、内、外四块直肌，眼球退缩肌和上睑提肌。

（5）泪器　泪器包括泪腺和泪道两部分。泪腺在眼球的背外侧，位于眼球与眶上突之间，以十余条排泄管开口于结膜囊。泪腺分泌泪液，借眨眼运动分布于眼球和结膜表面，有润滑和清洁眼球的作用。泪道为排出泪液的管道，由泪小管、泪囊和鼻泪管组成。

442．纤维膜位于眼球壁外层，由致密结缔组织构成，厚而坚韧，有保护眼球内部结构和维持眼球外形等作用，分为前部的角膜和后部的巩膜。

443．血管膜是眼球壁的中层，含有丰富的血管和色素细胞，有供给眼球内部组织营养和吸收眼球内散射光线的作用，并形成暗的环境，有利于视网膜对光和色的感应。由前向后分为虹膜、睫状体和脉络膜，睫状体具有调节视力作用。

444．哺乳动物眼球3层结构中具有感光功能的是视网膜，检眼镜主要用于检查视网膜。

445．眼球的内含物主要是折光体，包括晶状体、眼房水和玻璃体。其作用是与角膜一起，将通过眼球的光线经过曲折，使焦点集中在视网膜上，形成影像。

446．眼球的辅助结构主要有眼睑、眼球肌、泪器，分别具有保护眼球、使眼球灵活运动和分泌眼泪清洗眼球的作用。

447．结膜囊是睑结膜与球结膜之间的裂隙。

448. 白内障是晶状体或晶状体囊发生浑浊。

449. 青光眼是由于眼房角阻塞，眼房液排出受阻致眼内压升高。

450. 一只眼球含有2条斜肌（上斜肌和下斜肌）和4条直肌（上直肌、下直肌、内直肌和外直肌）。

451. 外耳包括耳廓、外耳道和鼓膜三部分，收集声波；中耳由鼓室、听小骨和咽鼓管组成，传导声波；内耳分为骨迷路和膜迷路，听觉感受器和位置觉感受器所在地。

452. 耳波在中耳的传递：由外耳传入的声波使鼓膜振动，并经听小骨传至前庭窗，导致前庭阶的外淋巴振动，再经前庭膜使耳蜗管的内淋巴液发生振动。前庭阶外淋巴的振动也经耳蜗孔传至鼓阶，使基底膜发生共振，基底膜的振动使盖膜与毛细胞的纤毛接触，引起毛细胞的兴奋，冲动经耳蜗神经传至中枢，产生听觉及听觉反射。

453. 外耳包括耳廓、外耳道、鼓膜三部分。

454. 耳廓一般呈圆筒状，上端较大，开口向前；下端较小，连于外耳道。耳廓以耳廓软骨为支架。耳廓内面的皮肤长有长毛，但在耳廓基部毛很少且含有丰富的皮脂腺。耳廓软骨基部外面包有脂肪垫，并附有许多耳肌，故动物耳廓活动灵活，便于收集声波。

455. 外耳道是耳廓基部到鼓膜的一条管道。外侧部是软骨管，内侧部是骨管，内面衬有皮肤，软骨管部的皮肤含有皮脂腺和耵聍腺。

456. 鼓膜是构成外耳道的一片椭圆形的半透明薄膜，坚韧而有弹性，外面被覆皮肤，内面衬有黏膜。鼓膜将外耳与中耳分隔，随音波振动把外界的声波刺激传到中耳。

457. 中耳包括鼓室、听小骨和咽鼓管三部分。

458. 鼓室为位于岩颞骨内部的不规则的小腔。外侧壁有鼓膜，内侧壁以内耳为界。

459. 鼓室内有3块听小骨，与鼓膜接触的称为锤骨，与内耳前庭窗相连的称为镫骨，连于两骨之间的称为砧骨。

460. 咽鼓管为中耳与鼻咽部的通道，衬有黏膜的软骨管，一端开口于鼓室的前下壁，另一端开口于咽侧壁。中耳与外界空气压力可通过咽鼓管取得平衡，防止鼓膜被冲破。

461. 内耳是盘曲于岩颞骨内的管道系统，形态不规则，构造极复杂，由骨迷路和膜迷路构成。

462. 骨迷路：包括前庭、骨性半规管和耳蜗，系颞骨岩部内不规则的腔隙和隧道，腔面覆以骨膜。

463. 膜迷路：是一系列的膜性管和囊，悬于骨迷路内，两者之间为外淋巴间隙，内充满外淋巴。骨性半规管内有膜性半规管，前庭内有球囊和椭圆囊，耳蜗内有蜗管。椭圆囊、球囊、膜半规管的内壁有位置觉感受器，在耳蜗管内壁有听觉感受器。

464. 家禽的皮肤较薄，由表皮、真皮和皮下组织构成。

465. 皮下组织与肌肉的联系较松，有利于羽毛活动。水禽胸腹部皮肤具有发达的皮下脂肪，在水中起保温作用。禽的皮肤无汗腺，这是对空中活动的一种适应，因汗液会将羽毛浸湿而不利于飞翔。

466. 禽类皮肤的衍生物主要包括羽毛、喙、冠、肉髯、耳垂、鳞片、爪和尾脂腺等。

467. 禽类没有汗腺，但有一对尾脂腺。

468. 禽类骨骼的主要特征是质量轻、强度大。禽类骨密质非常致密，一些骨相互愈合，形成了牢固的骨架，因而强度大。

469. 重量轻是由于气囊扩展到许多骨的内部，取代了骨髓，成为含气骨所致。但幼禽，几乎全部骨都含有骨髓。

470. 家禽的骨骼可以划分为头骨、躯干骨、前肢骨（又称翼部骨骼）和后肢骨四部分。

471. 禽体的肌肉占体重的30%～40%，可分红肌和白肌两类，其颜色是由其中的肌红蛋白、线粒体的含量所决定的。

472. 红肌的血液供应丰富，能较持久地进行收缩活动，善于飞翔的禽类和水禽体内大都是红肌。

473. 白肌的收缩作用迅速而有力，但不持久，鸡和火鸡的胸肌属于白肌。

474. 禽类没有哺乳动物的膈肌。

475. 禽的呼吸系统由鼻腔、咽、喉、鸣管、气管、肺及气囊组成。气囊和鸣管都是家禽特有的器官。

476. 鼻腔由鼻中隔分为左、右两半，内有前、中、后3个鼻甲。

477. 水禽的鼻腺能分泌大量的氯化钠，具有补充肾的排盐作用，维持体内盐和渗透压平衡的机能，故又称为盐腺。

478. 喉位于咽底壁，与鼻孔相对。喉软骨只有环状和勺状软骨两种，被固有喉肌连接在一起。

479. 喉口为一纵向裂缝，吞咽时可因肌肉收缩而闭合。

480. 气管较粗而长，是禽体发散体热的重要地方。壁内有许多气管环构成支架，并顺次互相套叠，因此能够随头颈的活动而任意伸缩和扭动。

481. 气管进入胸腔后分叉为两条支气管，在分叉处形成特殊的发声器官，称鸣管。鸣管具两对很薄的膜，称鸣膜，有如乐器的簧片，呼气时受空气振动而发出鸣声。

482. 禽肺呈鲜红色，左、右各一叶。

483. 肺的壁面紧贴在胸壁和脊柱上，肺组织嵌入肋间隙内，肺腹侧面被覆有胸膜。

484. 支气管入肺后纵贯全肺，称为初级支气管，后端出肺，通入气囊。从初级支气管分出次级支气管，再从次级支气管上分出三级支气管，相邻三级支气管间吻合。因此禽肺内的导管部不像哺乳动物那样形成支气管树，而是互相连通的管道。

485. 从三级支气管分出辐射的肺房，相当于家畜的肺泡，是气体交换的场所。

486. 气囊为禽类所特有的器官，家禽共有9个气囊，即1对颈气囊（鸡是1个），位于前部背侧；1个锁骨间气囊，位于腹前部腹侧；1对前胸气囊，位于两肺的腹侧；1对后胸气囊，位于肺腹侧后部；1对腹气囊，最大，位于腹腔内脏两旁。

487. 气囊有调节体温、减轻重量、增加浮力等多种功能。

488. 家禽的消化系统由消化管和消化腺两部分组成。消化管包括口咽、食管、嗉囊、腺胃、肌胃、小肠、大肠、泄殖腔及肛门；消化腺主要包括胰和肝。

489. 家禽口腔和咽腔直接相通，无唇、齿、软腭和舌肌。

490. 家禽食管宽大，富有弹性。食管黏膜分泌黏液，这些都有利于较大的和未经咀嚼的食物通过。

491. 采进的食物直接到嗉囊贮存。

492. 鸡食管在胸前口处有一膨大，称为嗉囊；鸭、鹅没有真正嗉囊，仅扩大成纺锤形结构；鸽的嗉囊可分泌鸽乳，用以哺乳幼鸽。

493. 嗉囊的主要机能是贮存食物，并借黏液的作用软化、浸泡食物，同时黏液的弱酸性和适宜的湿度适合细菌（主要为乳酸菌）的生长繁殖。

494. 糖类物质在嗉囊内经细菌和唾液淀粉酶的作用可进行初步消化。

495. 腺胃又称前胃，位于腹腔的右侧，两肝叶之间，呈纺锤形。经前面狭窄的贲门通食管，后接肌胃。黏膜表面分布有乳头，鸡的较大，鸭、鹅的较小、较多。胃壁内含有大量的胃腺，可以分泌胃液，胃液中含有黏液、盐酸和胃蛋白酶。腺胃可推动食物在腺胃和肌胃之间来回移动。

496. 肌胃又称砂囊，位于腹腔偏左，前部腹侧是肝，呈双面凸的圆盘状。经前背侧的腺肌胃口接腺胃，由右侧幽门通十二指肠。肌胃的肌层发达，内腔较小。黏膜面被覆一角质膜，鸡的为黄白色，易剥离，中药名为鸡内金。

497. 小肠分十二指肠、空肠和回肠。

498. 大肠分盲肠和直肠。盲肠有两条，长而粗，沿回肠两侧向前延伸。盲肠可分为盲肠基、盲肠体、盲肠尖三部分。禽没有明显的结肠，只有一短的直肠，又称为结直肠。

499. 大肠的消化主要部位在盲肠。盲肠内主要由微生物对粗纤维进行酵解，产生低级脂肪酸加以吸收利用。同时也可以对蛋白质、脂肪和糖类进行分解。

500. 泄殖腔位于直肠后方，为一椭圆囊。它是消化、泌尿和生殖三大系统末端的共同通道。

501. 肝脏是家禽体内最大的消化腺，位于腹腔前下部，分左、右两叶，右叶较大，具有胆囊（鸽无胆囊）。成年禽肝脏为淡褐色至红褐色。

502. 营养物质的主要吸收地点在小肠。由于小肠绒毛中无中央乳糜管，脂肪以及营养物质都是直接吸收入血液。

503. 家禽的循环系统由心脏、血管和血液组成。

504. 禽类血液总量约占体重的8%，禽没有血小板，但是禽有凝血因子，也有说凝血细胞（血栓细胞）。

505. 淋巴系统由淋巴组织和淋巴器官组成。

506. 淋巴器官包括胸腺、法氏囊、脾、淋巴结和哈德氏腺等。

507. 胸腺位于颈部皮下气管两侧,向后延续到胸腔入口,主要机能是产生T细胞,参与细胞免疫。

508. 法氏囊又称腔上囊,为禽类所特有,位于泄殖腔上方并与泄殖腔相通,主要机能是产生B淋巴细胞,参与体液免疫。

509. 脾位于腺胃与肌胃交界处的右背侧,鸡的脾呈球形,鸭、鹅的脾呈钝三角形,棕红色。

510. 哈德氏腺又称瞬膜腺,富含淋巴样细胞,作为一种局部免疫器官,对上呼吸道等处的免疫有重要作用。

511. 鸡没有淋巴结。鸭等水禽有两对,一对是颈胸淋巴结,呈长纺锤形,位于颈基部,紧贴颈静脉。

512. 禽类的泌尿器由肾和输尿管组成,没有膀胱。

513. 禽类的尿从肾中产生后,经输尿管到达泄殖腔随粪一起排出体外。

514. 家禽的肾较发达,呈红褐色,长条豆荚状,位于腰荐骨两侧的凹窝内。每侧肾分前、中、后三叶。

515. 禽肾无肾门,肾的血管和输尿管直接从肾表面进出。

516. 禽的输尿管前连肾前叶的集合管,后通泄殖腔,开口于泄殖道前背侧的两边。与哺乳动物不同,禽类蛋白质代谢的终产物,在肝内主要合成尿酸而不是尿素,由血液带到肾内,以分泌的方式排出。

517. 雄性生殖系统包括睾丸、附睾、输精管和交配器官。

518. 与家畜类有明显的区别:雄性睾丸在腹腔内;附睾不发达;阴茎不发达;无副性腺。

519. 家禽的睾丸一对,位于腹腔内,以系膜悬挂于肾的前腹侧,卵圆形,表面光滑。其大小随年龄和季节变换。

520. 雌性生殖器包括卵巢和输卵管。

521. 只有左侧的卵巢和输卵管发达,右侧已退化;无发情周期,可每天排卵;卵巢在排卵后不形成黄体;受精后没有怀孕期;受精卵在雌性体内发育到胚胎期,产卵后停止发育;胚胎在体外经孵化发育为幼禽;不需哺乳。

522. 输卵管在母鸡产卵季节很发达,长可达60～70cm。按其结构与机能不同,输卵管可分为漏斗部、膨大部、峡部、子宫部及阴道部五部分。

523. 漏斗部:又称输卵管伞部,是家禽的受精部位。

524. 膨大部:又称蛋白分泌部,主要是形成蛋白。

525. 峡部:形成纤维性蛋壳膜。

526. 子宫部：形成蛋壳和色素，软蛋在此处停留时间最长，约20h形成蛋壳。

527. 阴道部：是雌禽交配器官，能储存精子。

528. 蛋形成之后，在输卵管的强烈收缩下经泄殖腔排出体外。

529. 嗉囊为食管的膨大部，位于食管的下1/3，胸前口皮下。

530. 禽类消化系统中，主要起储存、湿润和软化食物作用的器官是嗉囊。

531. 鸡消化系统中，称为砂囊的器官是肌胃。

532. 禽类的十二指肠位于腹腔右侧，形成较直的肠袢，分为降支和升支，两支平行，升支、降升之间夹有胰腺，成年鸡分泌淀粉酶的器官是胰腺。

533. 禽类空肠形成许多肠袢，中部有一小突起，称作卵黄囊憩室，是胚胎期卵黄囊柄的遗迹。

534. 禽类盲肠基部有丰富的淋巴组织，称盲肠扁桃体，是禽病诊断的主要观察部位。

535. 泄殖腔为肠管末端膨大形成的腔道，为消化、泌尿、生殖系统的共同通道。

536. 泄殖腔背侧有腔上囊，性未成熟的腔上囊体积很大，性成熟后逐渐退化。

537. 鸣管是禽类的发音器官，由数个气管环和支气管环以及一块鸣骨组成。

538. 鸣骨呈楔形，位于鸣管腔分叉处。

539. 公鸭鸣管形成膨大的骨质鸣泡，故发声嘶哑。

540. 禽肺略呈扁平四边形，不分叶，位于胸腔背侧。

541. 气囊是禽类特有的器官，分为前后两群。前群有1个锁骨气囊和成对的颈气囊、前胸气囊；后群气囊有1对后胸气囊和1对腹气囊。

542. 禽类泌尿系统由肾和输尿管组成，没有膀胱。

543. 禽肾呈红褐色，长豆荚状，没有肾门，血管、神经和输尿管在不同部位直接进出肾脏。

544. 公鸡无阴茎，却有一套完整的交媾器。

545. 公鸭和公鹅的阴茎发达，位于肛道腹侧偏左，但和哺乳动物的阴茎并非同源器官。

546. 雌性家禽生殖系统的特点是左侧的卵巢和输卵管发育正常，右侧退化。

547. 鸡输卵管中分泌物形成蛋壳的部位名称是子宫部。

548. 鸡输卵管中分泌物形成浓稠的白蛋白的部位名称是膨大部。

549. 鸡的脾脏呈球形，鸭脾脏呈三角形。

550. 家禽体内性成熟后逐渐退化并消失的器官是腔上囊和胸腺。

551. 腔上囊的功能与体液免疫有关，是产生B淋巴细胞的初级淋巴器官。

552. 受精是指两性配子（精子和卵子）相融合形成合子（受精卵）的过程。

553. 受精的生物学意义是标志着新生命的开始：染色体的数目复原；传递双亲的遗传基因；决定性别。

554. 合子（受精卵）在输卵管内进行多次连续的分裂过程称为卵裂，产生的细胞叫卵裂球，是一个实心的细胞团。

555. 桑葚胚时的卵裂球的细胞数目为16～32个细胞。

556. 在家畜早期胚胎发育过程中，其重要意义在于使胚胎停留在子宫内，与母体组织建立起物质交换的结构：胎盘。胎盘的形成主要是在家畜早期胚胎发育的着床期。

557. 外胚层分化形成神经系统、感觉器官的上皮、肾上腺髓质、垂体前叶、复层扁平上皮及衍生物。

558. 中胚层分化形成肌肉、结缔组织、心血管、淋巴系统、肾上腺皮质及泌尿、生殖器官的大部分、体腔上皮。

559. 内胚层分化形成消化系统，从咽到直肠末端的上皮及腺上皮，呼吸系统从喉到肺泡的上皮。

560. 哺乳动物的胎膜包括卵黄囊、尿囊、羊膜和绒毛膜。

561. 禽类的胎膜包括卵黄囊、尿囊、羊膜和浆膜。

562. 家禽胚胎的卵裂方式属于盘状卵裂；家畜胚胎的卵裂方式属于完全卵裂。

563. 具有上皮结缔绒毛膜胎盘（绒毛叶胎盘）的动物是牛和羊等反刍动物。

564. 具有上皮绒毛膜胎盘（分散型胎盘）的动物是猪和马。

565. 具有内皮绒毛膜胎盘（环状胎盘）的动物是犬和猫。

566. 具有盘状胎盘（血绒毛膜胎盘）的动物是兔和灵长类。

567. 在妊娠早期，胎盘就分泌绒毛膜促性腺激素，是鉴别妊娠的重要指标。

568. 胎儿绒毛膜是造血的重要器官。

569. 脐带内有两条脐动脉和一条（马、猪）或两条（牛）脐静脉。

570. 胎儿心脏的房中隔上有卵圆孔，使左、右心房相通。

571. 胎儿出生后，脐动脉和脐静脉闭锁，分别形成膀胱圆韧带和肝圆韧带；动脉导管闭锁，形成动脉导管索；卵圆孔闭锁形成卵圆窝；左、右心房完全分开，左心房内为动脉血，右心房内为静脉血。

572. 孵化48h时鸡胚卵黄囊覆盖卵黄的面积占1/7；孵化4d时鸡胚卵黄囊覆盖卵黄的面积占1/3；孵化5d时鸡胚卵黄囊覆盖卵黄的面积占1/2；孵化6d时鸡胚卵黄囊覆盖卵黄的面积占2/3；孵化7d时鸡胚卵黄囊覆盖卵黄的面积占3/4。

第三章
动物生理学

1. 细胞外液包括血浆、组织液、淋巴液、脑脊液。
2. 细胞外液的基本特点是组成成分和数量相对恒定。
3. 分布于细胞内液的主要离子是K^+；分布于细胞外液的主要离子是Na^+。
4. 内环境稳态即内环境的成分和理化性质保持相对稳定。
5. 内环境稳态是细胞维持正常功能的必要条件，也是机体维持正常生命活动的基本条件。
6. 动物机体功能的调节主要有三种方式，即神经调节、体液调节、自身调节。
7. 神经调节的基本方式是反射；神经调节具有迅速而准确的特点。
8. 反射弧包括感受器、传入神经、神经中枢、传出神经、效应器五个部分。
9. 效应器细胞对内、外刺激做出的反应也可作为信息反馈回反射中枢，参与对反射中枢活动的调节，从而达到精确的调节作用。这种由受控部分（效应器）发出的信息反过来影响控制部分（中枢）的活动，称为反馈。
10. 反馈控制系统是一个闭环系统，因而具有自动控制的能力。
11. 静息电位指细胞未受到刺激时存在于细胞膜两侧的外正内负的电位差。
12. 细胞膜的静息电位主要是K^+外流所致，是K^+的平衡电位。
13. 动作电位是细胞受到刺激时静息膜电位发生改变的过程。
14. 细胞膜的动作电位主要是Na^+内流所致，是Na^+的平衡电位。
15. 细胞兴奋后，其兴奋性变化的顺序依次为绝对不应期、相对不应期、超常期、低常期。
16. 在细胞接受刺激而兴奋时的一个短暂时期内，细胞的兴奋性下降至零，对任何新的刺激都不发生反应的阶段是绝对不应期。
17. 相对不应期是在绝对不应期之后，细胞的兴奋性有所恢复，但低于正常水平，要引起细胞的再次兴奋，所用的刺激强度必须大于该细胞的阈强度。
18. 细胞产生兴奋后，可以接受阈下刺激而引起第二次兴奋的阶段是超常期。
19. 低常期是继超常期之后细胞的兴奋性又下降到低于正常水平的时期。
20. 细胞在静息状态下所保持的膜两侧电位外正内负的状态称为极化，当细胞受到刺激后静息电位的数值向膜内负值减小的方向变化称为去极化，去极化到膜外为负而膜内为正时称反极化。去极化后膜内电位再向正常安静时外正内负的极化状态恢复，称为复极化。极化状态下膜电位向负值进一步增大的方向变化，称为超极化。

21. 轴突末梢中含有许多囊泡状的突触小泡，内含乙酰胆碱（ACh），在终板膜则有密集的ACh受体。

22. 能够阻滞神经末梢释放乙酰胆碱的是肉毒梭菌毒素。

23. 肌原纤维是肌细胞内的细丝状结构，是骨骼肌收缩的基本结构单位。

24. 触发骨骼肌兴奋-收缩偶联所需要的Ca^{2+} 100%来自肌浆网。

25. 血液是由血浆和血细胞组成的流体组织，是体液的重要组成部分。

26. 血液总量中，在循环系统中不断流动的部分，称为循环血量；另一部分常常滞留于肝、脾、肺和皮下的血窦、毛细血管网和静脉内，流动很慢，称为储备血量。

27. 一次失血若不超过血量的10%，一般不会影响健康；一次急性失血若达到血量的20%，生命活动将受到明显影响；一次急性失血超过血量的30%时，则会危及生命。

28. 取一定量的血液与抗凝剂混匀后置于离心机中，经离心沉淀后，血细胞因相对密度较大而下沉并被压紧、分层，上层为血浆，中层为血小板和白细胞，下层为红细胞。

29. 血细胞比容是压紧的血细胞在全血中所占的容积百分比。

30. 动物全血的相对密度为1.050～1.060，红细胞的相对密度最大，血浆的相对密度最小。

31. 血液黏滞性的大小，主要决定于红细胞数目的多少和血浆蛋白质的浓度。

32. 血液呈弱碱性，pH为7.35～7.45，平均pH种间略有差异，如马为7.40、牛为7.50、绵羊为7.49、猪为7.47、犬为7.40、猫为7.35。

33. 血清是血液流出血管后，如不经抗凝处理，很快会凝成血块，随着血块逐渐缩紧析出的淡黄色清亮液体。血清与血浆的主要区别在于，血清中无纤维蛋白原。

34. 用盐析法可将血浆蛋白分为白蛋白（清蛋白）、球蛋白和纤维蛋白原三类。

35. 白蛋白、α-球蛋白、β-球蛋白和纤维蛋白原主要由肝脏合成，γ-球蛋白主要是由淋巴细胞和浆细胞分泌。

36. 用电泳法可将球蛋白再区分为α1-球蛋白、α2-球蛋白、β-球蛋白、γ-球蛋白等。

37. 晶体渗透压主要来自溶解于血浆中的晶体物质，有80%来自Na^+和Cl^-。

38. 血浆晶体渗透压大小主要取决于无机盐浓度。

39. 血浆胶体渗透压是由血浆中的胶体物质（主要是白蛋白）所形成的渗透压。

40. 等渗溶液包括0.9%的氯化钠溶液和5%的葡萄糖溶液。

41. 哺乳动物成熟的红细胞为无核、双凹碟形，呈圆盘状（骆驼和鹿为椭圆形）。

42. 红细胞的主要功能是运输O_2和CO_2，并对酸、碱物质有缓冲作用，这些功能的实现主要依赖于细胞内的血红蛋白。

43. 血红蛋白是一种含铁的特殊蛋白质，由珠蛋白和亚铁血红素组成，占红细胞成分的

30%~35%，是红细胞中含量最高的蛋白质。

44．红细胞生成所需的原料主要是铁和蛋白质。

45．促成红细胞发育和成熟的物质主要是维生素B_{12}、叶酸和铜离子；铜离子是合成血红蛋白的激动剂。

46．调节红细胞数量自稳态的物质主要是促红细胞生成素。

47．促红细胞生成素主要在肾脏产生，正常时在血浆中维持一定浓度，使红细胞数量相对稳定。雄激素可以直接刺激骨髓造血组织，促使红细胞和血红蛋白的生成，也可作用于肾脏或肾外组织产生促红细胞生成素，从而间接促使红细胞增生。

48．叶酸缺乏会引起与维生素B_{12}缺乏时相似的巨幼细胞性贫血。

49．白细胞可分为中性粒细胞、嗜酸性粒细胞、嗜碱性粒细胞、单核细胞和淋巴细胞。

50．白细胞伸出伪足做变形运动并得以穿过血管壁的现象属于血细胞渗出。白细胞具有向某些化学物质游走的特性，称为趋化性。

51．T淋巴细胞主要参与细胞免疫；B淋巴细胞主要参与体液免疫。

52．促进止血和加速血液凝固的血细胞是血小板。

53．凝血过程大体上经历三个阶段：第一阶段为凝血酶原激活物的形成；第二阶段为凝血酶的形成，第三阶段为纤维蛋白的形成，最终形成血凝块。

54．血浆中有6种以上的抗凝血酶，其中最重要的抗凝血酶Ⅲ，是由肝脏合成的一种丝氨酸蛋白酶抑制物。

55．肝素是一种酸性黏多糖，主要由肥大细胞产生，血中嗜碱性粒细胞也产生一部分。

56．蛋白质C是由肝脏合成的维生素K依赖性蛋白。

57．抗凝或减缓凝血的常用方法是移钙法（柠檬酸钠、草酸盐、乙二胺四乙酸）、肝素、脱纤法、低温、与光滑面接触、双香豆素等。

58．双香豆素可作为抗凝剂在临床中防止血栓形成；过量应用双香豆素后，可口服水溶性维生素K来解毒。

59．加速或促凝的常用方法是血液加温、补充维生素K、与粗糙面接触等。

60．在一个心动周期中，心室压力、容积与功能变化的顺序是等容收缩、射血、等容舒张、充盈。

61．心输出量是每搏输出量与心率的乘积；在心室收缩射血后，留在心室内的血液容量则为收缩末期容积，把每搏输出量与舒张末期容积之比，定义为射血分数；在安静状态下心输出量与动物体表面积成正比，遂将每平方米体表面积、每分钟的心输出量定义为心指数。

62．心力储备是生理条件下，心脏的泵血量能够适应机体不同水平的代谢需要，表现为心输出量可随着机体代谢率的升高而增加。

63．心脏中的自律细胞主要是P细胞（窦房结）和浦肯野氏细胞。

64．正常情况下，窦房结是心脏的起搏点。

65. 反映兴奋在心房传导过程中的电位变化是P波。
66. 反映心室肌在复极化过程中的电位变化是T波。
67. 反映兴奋在心室各部位传导过程中的电位变化是QRS波。
68. 反映心房开始兴奋到心室开始兴奋所经历的时间是P-R间期。
69. 反映心室开始兴奋到心室全部复极化结束所需的时间是Q-T间期。
70. 动物第一心音形成的原因之一是房室瓣关闭；动物第二心音形成的原因之一是半月瓣关闭。
71. 收缩压高低主要反映心脏每搏输出量多少。
72. 舒张压高低主要反映外周阻力大小。
73. 脉搏压主要反映动脉管壁弹性大小。
74. 将右心房和胸腔内大静脉的血压称为中心静脉压，而各器官静脉的血压称为外周静脉压。
75. 中心静脉压的高低取决于心脏射血能力和静脉回心血量之间的相互关系。
76. 微循环由微动脉、后微动脉、毛细血管前括约肌、真毛细血管、通血毛细血管、动-静脉吻合支和微静脉等组成。
77. 毛细血管前括约肌的舒缩决定了进入真毛细血管的血流量。
78. 真毛细血管的主要生理功能是物质和气体交换。
79. 影响组织液生成的因素包括毛细血管血压、血浆胶体渗透压、淋巴回流、毛细血管通透性。
80. 促使毛细血管内液体向外滤过的力量是毛细血管血压、组织液胶体渗透压。
81. 心交感神经的节前神经元末梢释放的递质为乙酰胆碱。
82. 心交感神经节后神经元末梢释放的递质为去甲肾上腺素。
83. 交感舒血管纤维末梢释放的递质为乙酰胆碱，阿托品可阻断其效应。
84. 副交感舒血管纤维末梢释放的递质为乙酰胆碱。
85. 颈动脉体和主动脉体化学感受器可感受的刺激为氢离子浓度变化。
86. 正常情况下，迷走神经兴奋时心血管活动的变化是房室传导减慢。
87. 肺泡与血液间气体扩散的方向主要取决于气体的分压差。
88. 胸膜腔内负压最大发生在吸气末；胸膜腔内负压最小发生在呼气末。
89. 气体进出肺的直接动力是大气和肺泡气之间的压力差。
90. 平静呼吸时的主要阻力是弹性阻力（肺的弹性阻力和胸廓的弹性阻力）。
91. 平静呼吸时的非惯性阻力主要来自气道阻力。
92. 平静呼吸时，每次吸入或呼出的气体量是潮气量。
93. 平和吸气末，再尽力吸气，多吸入的气体量是补吸气量。
94. 平和呼气末，再尽力呼气，多呼出的气体量是补呼气量。

95. 补呼气后肺内残留的气体量是残气量（余气量）。

96. 平静呼气末肺内留存的气体量是功能余气量。

97. 用力吸气后再用力呼气，所能呼出的气体量是肺活量。

98. 肺所容纳的最大气体量是肺总容量或肺容量。

99. 氧气在血浆中运输的方式是氧合血红蛋白（98.4%）、物理溶解（1.6%）。

100. 二氧化碳在血浆中运输的方式是碳酸氢盐（87%）、氨基甲酸血红蛋白（7%）、物理溶解（5%）。

101. 脊髓是呼吸反射的初级中枢，基本呼吸节律产生于延髓；抑制动物吸气过长过深的调节中枢位于脑桥。

102. 某些以乳为食的幼畜，如奶牛，唾液中含有舌脂酶，可以水解脂肪成为游离脂肪酸。

103. 唾液的浆液性分泌产物中富含的消化酶是淀粉酶；具有清洁作用的酶是溶菌酶。

104. 单胃动物胃的运动形式主要有容受性舒张、蠕动、紧张性收缩。

105. 反刍包括逆呕、再咀嚼、再混唾液和再吞咽4个阶段。

106. 瘤胃发酵产生的气体大部分经嗳气排出。

107. 蛋白酶最适pH为1.5~2.5；胰液pH为7.2~8.4；胰淀粉酶最适pH为6.7~7.0；胰脂肪酶最适pH为7.5~8.5。

108. 主细胞分泌胃蛋白酶原，壁细胞分泌盐酸、内因子，内因子为壁细胞分泌的一种糖蛋白。黏液细胞分泌黏液。消化液中由主细胞分泌，能被盐酸激活并发挥作用的成分是胃蛋白酶原。

109. 消化液中能与维生素B_{12}结合成不透析的复合体，使维生素B_{12}在转运到回肠途中不被消化液中水解酶所破坏，并促进维生素B_{12}吸收入血的成分是内因子。

110. 幽门腺区的腺细胞分泌碱性黏液，还有散在的G细胞分泌促胃液素。

111. 瘤胃中的微生物主要是厌氧细菌、纤毛虫（全毛虫和贫毛虫）和厌氧真菌。

112. 反刍动物可以通过瘤胃中的微生物合成B族维生素，可以通过肠道微生物合成维生素K。

113. 瘤胃消化的主要方式是微生物发酵，VFA（挥发性脂肪酸）是反刍动物主要的能量来源，反刍动物体糖异生的主要原料是丙酸。

114. 小肠运动的基本方式包括紧张性收缩、分节运动、蠕动、周期性移行性复合运动。

115. 胰液中有机物为多种消化酶，主要有胰淀粉酶、胰脂肪酶、胰蛋白分解酶（胰蛋白酶、糜蛋白酶、弹性蛋白酶）。

116. 食草动物的胆汁呈暗绿色，食肉动物的胆汁呈赤褐色。

117. 消化液中能降低脂肪表面张力，增加脂肪与酶的接触面积，并促进脂肪分解产物吸收的成分是胆盐。胆盐能促进脂溶性维生素（维生素A、维生素D、维生素E、维生素K）吸收。

118. **胆盐**、**胆固醇**和**卵磷脂**等都能降低脂肪颗粒的表面张力，使之乳化为微粒而增加了消化酶的作用面积，利于脂肪消化。

119. **小肠**是吸收的主要部位，回肠有其独特的功能，即主动吸收**胆盐**和**维生素B_{12}**。**回肠**是吸收维生素B_{12}的特异性部位。

120. 铁在肠道内吸收的主要部位是**十二指肠**。

121. 小肠吸收葡萄糖的主要方式是**继发性主动转运**。

122. 营养物质在小肠吸收的主要机制包括**简单扩散**、**易化扩散**、**主动转运**。

123. 动物散热的主要方式包括**辐射散热**、**对流散热**、**传导散热**、**蒸发散热**、**热喘呼吸**等。

124. 在气温接近或超过体温时，马属动物最有效的散热方式是**蒸发散热**。

125. 动物维持体温相对恒定的基本调节方式是**神经-体液调节**。

126. 恒温动物体温调节的基本中枢位于**视前区-下丘脑前部**。

127. 寒冷环境下，参与维持动物机体体温稳定的是**骨骼肌战栗产热**。

128. 感染引起发热的机制是**下丘脑体温调节中枢体温调定点上移**。

129. **外周温度感受器**是分布于皮肤、黏膜和内脏的游离神经末梢。

130. 尿的生成包括**肾小球的滤过作用，形成原尿**；**肾小管和集合管的重吸收**；**肾小管和集合管的分泌与排泄作用，形成终尿**。

131. 肾小球滤过率是指**每分钟两侧肾脏生成的原尿量**。肾小球滤过率和肾血浆流量的百分比，称为**滤过分数**。

132. 肾小球的滤过作用主要取决于**滤过膜的通透性**、**有效滤过压**。

133. 终尿量一般仅为原尿量的**1%左右**。肾脏重吸收原尿中葡萄糖的主要部位是**近球小管**。

134. 决定尿液浓缩和稀释的重要因素是**远曲小管和集合管对水的通透性**。

135. 急性肾小球肾炎时，动物出现少尿或无尿的主要原因是**肾小球滤过率降低**。

136. 促进抗利尿激素分泌的主要因素是**血浆晶体渗透压升高**或**血容量降低**。

137. 醛固酮的作用是**保Na^+排K^+**。

138. 神经纤维传导兴奋的特征包括**完整性**、**绝缘性**、**双向性**、**不衰减性**与**相对不疲劳性**。

139. 与冲动在神经纤维上的传导相比，突触传递具有的特征是**单向传递**、**突触延搁**、**总和作用**、**兴奋节律的改变**、**对内环境变化的敏感**和**易疲劳性**。

140. 神经元兴奋性突触后电位产生的主要原因是**Na^+内流**。

141. **乙酰胆碱**是中枢神经系统的重要递质，与感觉、运动、学习、记忆等功能有关。

142. **多巴胺**是锥体外系统的重要递质，与躯体运动协调机能有关。

143. **谷氨酸**是兴奋性递质，广泛分布于大脑皮质和脊髓内，与感觉冲动的传递及大脑皮质内的兴奋有关。

144. **甘氨酸**在脊髓腹角的闰绍细胞浓度最高，能引起突触后膜超极化，产生突触后抑制。

145. **γ-氨基丁酸**在大脑皮质的浅层和小脑的浦肯野氏细胞含量较高，引起突触后膜超极化，产生突触后抑制；**γ-氨基丁酸**在脊髓内能引起突触前膜去极化，产生突触前抑制。

146. **P物质**是痛觉传入纤维末梢释放的兴奋性递质。**脑啡肽**在纹状体、下丘脑前区、中脑灰质和杏仁核等部位含量最高，可能是调节痛觉纤维传入活动的中枢递质。

147. 属于胆碱能受体的是**毒蕈碱型受体（M受体）**和**烟碱型受体（N受体）**；能被阿托品阻断的受体是**M受体**。神经节神经元突触后膜上的受体和中枢N受体为N_1受体，**六烃季铵**是阻断剂；骨骼肌终板膜上的受体为N_2受体，**十烃季铵**是阻断剂；**筒箭毒**是N_1和N_2的共同阻断剂。

148. 属于肾上腺素能受体的是**α受体**和**β受体**；缩血管神经纤维都是**交感神经纤维**。

149. 神经-骨骼肌接头后膜（终板膜）的胆碱能受体是N_2**受体**。

150. 箭毒可与之结合而起阻断作用的受体是N_2**受体**。

151. 临床上常将**肾上腺素**用作强心剂，其作用途径是肾上腺素与**β受体**结合。

152. 神经-肌肉接头突触前膜囊泡中的神经递质是**乙酰胆碱**。

153. 躯体运动最基本的反射中枢位于**脊髓**；最基本的脊髓反射包括**牵张反射**和**屈肌反射**。

154. 细胞分泌的激素进入血液，通过血液循环到达靶器官或靶细胞发挥生理调节功能的方式称为**远距分泌**。

155. 细胞分泌的激素进入细胞间液，通过扩散作用于靶细胞发挥功能的传递方式称为**旁分泌**。

156. 有些细胞分泌的激素到达细胞间液，对自身起调节作用称为**自分泌**。

157. 由神经细胞分泌的激素，通过血液循环到达靶器官或靶细胞发挥调节作用称为**神经内分泌**。

158. 含氮激素包括**下丘脑调节肽**、腺垂体激素、神经垂体激素、胰岛素、甲状旁腺激素、降钙素、胃肠激素、肾上腺素、去甲肾上腺素和**甲状腺激素**等。

159. 类固醇激素主要包括**肾上腺皮质分泌的皮质激素**和**性腺分泌的性激素**等。

160. 脂肪酸衍生物类激素包括**前列腺素**。

161. 由腺垂体分泌的激素有**生长激素**、**催乳素**、促黑色激素、促性腺激素（促卵泡激素**促黄体生成素**）、促甲状腺激素、促肾上腺皮质激素。

162. 由神经垂体分泌的激素有**血管升压素（抗利尿激素）**、**催产素**。

163. **FSH（促卵泡激素）**常用于诱导母畜发情排卵和超数排卵、治疗卵巢机能疾病等。

164. 幼年时期生长激素分泌不足会导致胎儿生长停滞，身材矮小，即**侏儒症**；如生长激素分泌过多，会造成巨人症；成年时期生长激素分泌过多会出现肢端肥大症。

165. 促黑色激素（MSH）是低等脊椎动物的垂体中间部产生的一种肽类激素。

166. 通过提高基础代谢率而使体温升高的激素是甲状腺激素。

167. 促进机体产热的主要激素是甲状腺激素，参与甲状腺激素合成的元素是碘。

168. 促进机体保钙排磷的主要激素是甲状旁腺激素；促进肾远端小管和集合管对钙重吸收的激素是甲状腺激素。甲状腺滤泡旁细胞分泌的降钙素的功能是降低血钙。

169. 肾上腺素和去甲肾上腺素均能动员脂肪，使机体氧耗量增加，产热量增加，基础代谢率升高。

170. 肾上腺皮质束状带合成分泌的糖皮质激素是皮质醇、皮质酮。

171. 肾上腺皮质球状带合成分泌的盐皮质激素是醛固酮、11-去氧皮质酮、11-去氧皮质醇，其中以醛固酮的生物活性最高。

172. 肾上腺皮质网状带合成分泌的性激素是雄激素、雌激素、孕激素。

173. 能同时引起胃肠道血管收缩和骨骼肌血管舒张的物质是肾上腺素。

174. 胰高血糖素主要由胰岛A细胞分泌，胃和十二指肠可分泌少量的胰高血糖素；胰岛中分泌胰岛素的细胞是B细胞；D细胞分泌生长抑素（SS）。

175. 胰岛素的作用是降低血糖，胰高血糖素的作用是升高血糖。

176. 松果腺（松果体或脑上腺）呈扁圆锥形，分泌的主要激素是褪黑素，是色氨酸的衍生物。褪黑素对生长发育期哺乳动物生殖活动的影响是延缓性成熟。

177. 前列腺素E有松弛支气管平滑肌的作用，前列腺素F有收缩支气管平滑肌的作用。

178. 精子发生是一个连续的过程，其基本过程为精原细胞、初级精母细胞、次级精母细胞、精细胞、精子。

179. 动物分泌雄激素的主要器官是睾丸；睾丸内能够合成睾酮的细胞是间质细胞；促进精子生成与成熟的激素是雄激素。

180. 抑制素是支持细胞分泌的多肽激素，能选择性地抑制垂体合成和分泌促卵泡激素，从而影响精子的生成。

181. 支持细胞内的芳香化酶将睾酮转化为雌二醇，雌二醇与间质细胞受体结合抑制睾酮的合成。

182. 直接刺激黄体分泌孕酮的激素是促黄体生成素。

183. 具有自发性排卵功能的动物是牛、猪、马、羊；具有诱发性排卵功能的动物是猫、兔、骆驼、水貂。

184. 在雌激素作用基础上，孕激素促进乳腺腺泡系统发育；血中高浓度的孕酮可抑制动物发情和排卵；卵巢的黄体细胞和胎盘分泌的激素是孕激素。

185. 乳腺腺泡细胞合成的物质包括乳糖、酪蛋白和乳脂。

186. 抑制排乳反射的外周因素是肾上腺髓质释放肾上腺素；排乳是复杂的反射活动，由神经和内分泌的共同调节完成。

187. 黄体生成素是孕酮激素分泌的直接刺激因子。

188. 人、兔及大鼠对催乳素的依赖性很强，牛、羊等反刍动物泌乳的维持与生长激素有密切关系，对催乳素的依赖性较弱。

189. 乳腺细胞中乳脂主要来源有三种，血液中的葡萄糖、游离脂肪酸及乙酸和 β-羟丁酸。

190. 雄激素的主要功能包括促进精子的生成与成熟，并能延长其寿命；促进生殖器官发育，刺激副性征出现、维持和性行为；促进蛋白质合成、骨骼生长、钙磷沉积以及红细胞的生成；对下丘脑分泌促性腺素释放激素（GnRH）和腺垂体分泌促卵泡激素、促黄体激素进行负反馈调节。

191. 雌激素的主要生理功能包括促进生殖器官的发育和成熟。促进生殖道的分泌活动和平滑肌收缩，利于卵子和精子的运动。促进雌性副性征的出现、维持及性行为。协同促卵泡激素促进卵泡发育，诱导排卵前促黄体激素峰出现，促进排卵。提高子宫肌对催产素的敏感性，使子宫肌收缩，参与分娩发动。刺激乳腺导管和结缔组织增生，促进乳腺发育。增强代谢。促进蛋白质合成；加速骨的生长，促进骨骺闭合；促使醛固酮分泌，增强水、钠的潴留。

第四章
动物生物化学

1. 绝大多数酶的化学本质是蛋白质。
2. 血浆脂蛋白是血液运输脂类物质的重要蛋白质。
3. 根据物理特性和功能的不同，可以将大多数蛋白质分成球蛋白和纤维蛋白两大类。
4. 根据溶解度的不同，可以将简单蛋白质分为清蛋白、球蛋白、谷蛋白、醇溶蛋白、组蛋白、精蛋白和硬蛋白七类。结合蛋白质由蛋白质和非蛋白质两部分组成。
5. 根据辅基种类的不同，可以将结合蛋白质分为核蛋白、糖蛋白、脂蛋白、磷蛋白、黄素蛋白、色蛋白和金属蛋白七类。
6. 蛋白质的基本结构单位是氨基酸。
7. 除甘氨酸（基团为氢原子）外，其余19种氨基酸的α碳原子都是不对称碳原子，并都为L型氨基酸。
8. 必需氨基酸：甲硫氨酸、缬氨酸、赖氨酸、异亮氨酸、苯丙氨酸、亮氨酸、色氨酸、苏氨酸。（可用谐音记忆：甲携来一本亮色书）
9. 动物不能自身合成、必须从饲料中摄取的氨基酸为必需氨基酸。原核生物和真核生物少数蛋白质中发现的第21种氨基酸是硒代半胱氨酸。
10. 侧链含有醇羟基的两种氨基酸是丝氨酸和苏氨酸。
11. 含支链的必需氨基酸是缬氨酸、异亮氨酸、亮氨酸。
12. 酸性氨基酸：天冬氨酸、谷氨酸。
13. 碱性氨基酸：组氨酸、精氨酸、赖氨酸。
14. L-鸟氨酸、L-瓜氨酸是合成精氨酸的前体，参与尿素的合成；在大脑代谢产物中可以作为神经递质的是γ-氨基丁酸。
15. 氨基酸与茚三酮反应产生蓝紫色，与2,4-二硝基氟苯反应产生黄色。
16. 三种含有芳香环的氨基酸：色氨酸、酪氨酸和苯丙氨酸。它们具有紫外光吸收特性，最大吸收波长平均约为280nm。
17. 蛋白质的一级结构是指多肽链上各种氨基酸的种类、数目和排列顺序；蛋白质的结构基础是一级结构。
18. 非共价相互作用力包括氢键、离子键、范德华力、疏水力4类。
19. 蛋白质二级结构包括α-螺旋、β-折叠、β-转角、无规则卷曲等。

20. 蛋白质的三级结构是指多肽链中所有原子和基团在三维空间中的排布，是在二级结构基础上形成的有生物活性的构象。

21. 三级结构稳定主要依赖于非共价键，其中氨基酸侧链的疏水作用力有重要作用。

22. 蛋白质的四级结构是指亚基的种类、数目、空间排布以及相互作用。

23. 具有四级结构的蛋白质通常有两种或两种以上的亚基。

24. 在一些理化因素作用下，蛋白质的一级结构保持不变，空间结构发生改变，即由天然的有序的状态转变成伸展的无序的状态，并引起生物功能的丧失以及理化性质的改变，称之为蛋白质的变性。引起天然蛋白质变性的物理因素有加热、辐射（紫外线、X射线）、剧烈的振荡、研磨、搅拌等；化学因素有酸（三氯醋酸、磷钨酸）、碱、有机溶剂、尿素、盐酸胍、重金属盐、苦味酸以及去污剂等。

25. 蛋白质变性的实质是维持高级结构的空间结构被破坏。

26. 血红蛋白的氧结合曲线呈S形曲线。变构蛋白（或酶）与变构剂之间的动力学关系为典型的S形曲线。

27. 等电点大小由蛋白质分子中可解离基团的种类和数量决定。

28. 蛋白质紫外吸收的最大波长是280nm。

29. Lowry法是蛋白质定量的经典方法，可以用于氨基酸和蛋白质的定量分析。

30. 盐溶指在蛋白质水溶液中，加入少量的中性盐，会增加蛋白质分子表面的电荷，增强蛋白质分子与水分子的作用，从而使蛋白质在水溶液中的溶解度增大。

31. 盐析指在高浓度的盐溶液里，无机盐离子从蛋白质分子的水膜中夺取水分子，破坏水膜，使蛋白质分子相互结合而发生沉淀的现象。

32. 常用的蛋白质沉淀方法有盐析（常用的盐有硫酸铵、硫酸钠、氯化钠等）、重金属盐沉淀蛋白质、生物碱试剂（苦味酸、钨酸、鞣酸）以及某些酸类（三氯醋酸、过氯酸、硝酸）沉淀蛋白质、有机溶剂（酒精、甲醇、丙酮等）沉淀蛋白质、加热凝固。

33. 去除血浆蛋白质的化学试剂为三氯醋酸。

34. 要将蛋白质和其所含有的盐分分开可选用透析技术。

35. 生物膜是细胞膜和细胞内膜的总称。

36. 膜脂包括磷脂、少量的糖脂和胆固醇；磷脂中以甘油磷脂为主，其次是鞘磷脂。

37. 动物细胞膜中的糖脂以鞘糖脂为主。

38. 膜蛋白是膜的生物学功能的主要体现者。

39. 构成生物膜的骨架是脂质双分子层；生物膜功能的主要体现者是蛋白质。

40. 生物膜内能调节其相变温度的成分是胆固醇。

41. 脂肪酸烃链不饱和程度越高，相变温度越低；脂肪酸烃链越短，相变温度越低；相变温度越低，流动性越好。

42. 动物小肠黏膜吸收葡萄糖和氨基酸时同向转运伴有的离子是钠离子。

43．离子利用ATP逆浓度梯度过膜转运的方式是主动转运。

44．细胞膜上用来捕捉和辨认胞外化学信号的成分是寡糖链；细胞膜上的寡糖链均暴露在细胞膜的外表面。

45．全酶是由酶蛋白与辅助因子形成的完整的酶分子，辅助因子包括辅酶、辅基和金属离子。

46．酶活性的大小用酶活力单位来表示。对同一种酶来说，酶的比活力越高，纯度越高。

47．影响酶促反应速度的因素主要包括酶浓度、底物浓度、pH、温度、抑制剂和激活剂等。

48．具有结合CO_2功能的辅酶或辅基是生物素。

49．可通过合成辅酶或辅基而发挥作用的维生素为B族维生素。

50．可以近似反映酶与底物结合能力的参数是米氏常数（K_m），当酶促反应速度为最大反应速度一半时，所对应的底物浓度即是米氏常数。

51．只有在特定的pH条件下的酶、底物和辅酶的解离状态，最适宜于它们相互结合，并发生催化作用，使酶促反应速度达到最大值，这时的pH称为酶的最适pH。

52．单胃动物的胃蛋白酶最适pH是1.8。

53．动物组织中的酶，其最适温度大多在35～40℃。

54．有机磷杀虫剂抑制胆碱酯酶的作用属于不可逆抑制。

55．多种激酶和合成酶的激活剂是Mg^{2+}；唾液淀粉酶的激活剂是Cl^-。

56．乳酸脱氢酶（LDH）中LDH1（H4）主要存在于心肌中，而LDH5（M4）主要存在于骨骼肌中。

57．具有S形动力学特征的酶是变构酶。

58．人和动物一氧化碳中毒是由于呼吸链中细胞色素C氧化酶的活性受到了抑制；重金属盐中毒是由于巯基酶的活性受到了抑制。

59．磺胺类药物是细菌二氢叶酸合成酶的竞争性抑制剂；氯霉素可以通过抑制细菌转肽酶的活性而发挥抑菌作用等。

60．糖原是动物体内糖的贮存形式，贮存于肌肉和肝脏，分别称为肌糖原和肝糖原。

61．反刍动物体内葡萄糖的重要来源是在体内由丙酸转化而成。

62．血糖主要是指血液中的葡萄糖；动物采食后血糖浓度先上升后恢复正常。

63．糖原分子中的1mol葡萄糖残基转变为2mol丙酮酸，可以生成3mol ATP。

64．糖酵解最主要的生理意义在于在动物缺氧时迅速提供所需的能量。为哺乳动物红细胞生理活动提供所需能量的主要途径是糖酵解途径。

65．糖的有氧分解是动物机体获得生理活动所需能量的主要来源，最终合计得到32（或30）mol ATP。

66．三羧酸循环中可以通过转氨形式形成氨基酸的酮酸是草酰乙酸。

67. 糖有氧分解过程中产生的丙酮酸、α-酮戊二酸和草酰乙酸可以氨基化转变为丙氨酸、谷氨酸和天冬氨酸。

68. 葡萄糖和脂肪酸分解进入三羧酸循环的共同中间代谢产物是乙酰CoA。

69. 三羧酸循环中，发生底物水平磷酸化的反应为琥珀酰辅酶A变成琥珀酸。

70. 三大营养物质的最终代谢通路是三羧酸循环。

71. 磷酸戊糖途径的反应在胞液中进行。

72. 磷酸戊糖途径生成的核糖-5-磷酸是合成核苷酸的原料。

73. 磷酸戊糖途径中产生的还原型辅酶$NADPH+H^+$是生物合成反应的重要供氢体，为合成脂肪、胆固醇、类固醇激素和脱氧核苷酸提供氢。

74. 糖异生是指非糖物质（乳酸、生糖氨基酸、丙酸、甘油、丙酮酸及三羧酸循环中的各种羧酸）转变成葡萄糖或糖原的过程。在哺乳动物中，肝是糖异生的主要器官，正常情况下，肾的糖异生能力只有肝的1/10，长期饥饿时，肾糖异生能力则可大为增强。

75. 动物长时间剧烈运动后，补充血糖的主要途径是葡萄糖异生。糖异生可以为动物体提供的物质是血糖。

76. 糖原分解的关键酶是磷酸化酶；糖原合成过程的关键酶是糖原合酶。

77. 合成糖原所需的活性葡萄糖是UDP-葡萄糖。

78. 与调节血红蛋白和氧的亲和力有密切联系的途径是2，3-二磷酸甘油酸支路。

79. 真核细胞生物氧化的主要场所是线粒体；原核细胞生物氧化的主要场所是细胞膜。

80. 生物体内通用能量货币是指ATP。

81. 依靠醌式结构与酚式结构之间的互变传递氢的一种递氢体是辅酶Q（CoQ）。

82. 铁硫蛋白（非血红素铁蛋白）的活性中心是铁硫中心（铁硫簇）。

83. 动物细胞获得ATP的主要方式是氧化磷酸化；生物氧化中产生CO_2的主要方式是脱羧反应。

84. 底物脱下氢经由琥珀酸循环呼吸氧化，可以产生1.5mol的ATP。

85. $NADH+H^+$呼吸链和$FADH_2$呼吸链中共同的化合物是（Fe-S、CoQ、Cyt b、Cyt c_1、Cyt c、Cyt aa_3、O_2）。

86. 阻断NADH→CoQ氢和电子传递的有鱼藤酮、安密妥以及杀粉蝶菌素。

87. 阻断CoQ→Cyt c_1电子传递的有抗霉素A。

88. 阻断Cyt aa_3→O^{2-}电子传递的有氰化物（如氰化钾、氰化钠）、叠氮化物和一氧化碳。

89. ATP的生成有两种方式分别是底物磷酸化、氧化磷酸化。

90. 类脂主要包括磷脂、糖脂、胆固醇及其酯。

91. 脂肪是动物机体用以贮存能量的主要形式。在脂肪动员过程中催化脂肪水解的酶是激素敏感脂肪酶。

92. 脂肪酸的β-氧化是脂肪酸分解的主要方式。脂肪酸须在胞液中消耗ATP的2个高能磷酸键活化为脂酰CoA，接着借助脂酰肉碱转移系统从胞液转移至线粒体内。然后脂酰CoA在线粒体内，经过**脱氢**、**加水**、**再脱氢和硫解**四步反应，生成乙酰CoA和比原来少了2个碳原子的脂酰CoA。这个过程称为一次β-氧化过程。

93．1mol棕榈酸氧化分解最终能产生108mol ATP；彻底氧化1mol棕榈酸净生成**106mol的ATP**。

94．酮体包括**乙酰乙酸**、**β-羟丁酸**和**丙酮**。哺乳动物酮体代谢的特征是**肝生成**，**肝外组织利用**。

95．动物体内合成脂肪的主要器官是**肝脏**、**脂肪组织**和**小肠黏膜上皮**，家畜主要在**脂肪组织**中合成；家禽主要在**肝脏**中合成。

96．脂肪酸的合成主要在**胞液**中进行；合成脂肪酸的直接原料是**乙酰CoA**，主要来自**葡萄糖**的分解。

97．长链脂肪酸合成过程中脂酰基的载体主要是**肉碱**；脂酰CoA从胞液转运进入线粒体，需要的载体是**肉碱**。

98．动物自身不能合成，必须从饲料中摄取的脂肪酸是**亚油酸**、**亚麻酸**、**花生四烯酸**。

99．二酰甘油途径主要存在于哺乳动物的**肝脏**和**脂肪组织**。

100．磷脂合成在细胞的**内质网**；动物合成乙醇胺或胆碱的前体是**丝氨酸**、**甲硫氨酸**。

101．合成胆固醇的主要场所是**肝**。

102．**乳糜微粒（CM）**是运输外源（来自肠道吸收的）三酰甘油和胆固醇酯的脂蛋白形式。

103．肝内合成的三酰甘油、磷脂、胆固醇与载脂蛋白结合形成脂蛋白，运到肝外组织去贮存或利用的是**极低密度脂蛋白（VLDL）**；血液中转运内源性甘油三酯的脂蛋白是**极低密度脂蛋白**。

104．向组织转运肝脏合成的内源胆固醇的主要形式是**低密度脂蛋白（LDL）**。

105．动物血浆低密度脂蛋白中富含**胆固醇酯**。

106．被称为机体**胆固醇清扫机**的血浆脂蛋白是**高密度脂蛋白（HDL）**。

107．体内氨基酸的主要去向是**合成蛋白质和多肽**。

108．氨基酸分解的主要途径是**脱氨基作用**。

109．氨基酸脱氨基的重要方式是**氧化脱氨**；氨基酸脱去氨基后产生**氨和α-酮酸**。

110．参与联合脱氨基作用的酶是**L-谷氨酸脱氢酶**；动物氨基酸代谢中产生游离氨的反应是**脱氨**。

111．转氨酶、氨基酸脱羧酶的辅酶是**磷酸吡哆醛**。

112．畜禽体内氨的主要来源是**氨基酸的脱氨基作用**。

113．绝大多数陆生脊椎动物以排**尿素**的方式排氨；禽类排出氨的主要形式是**尿酸盐**。

114．对大脑有毒性，浓度升高时可引起所谓肝昏迷的是**氨**。

115. 哺乳动物合成尿素的主要器官是肝脏。
116. 所有氨基酸在动物体内最终都能转变为脂肪。
117. 脱羧产物可作为磷脂合成原料的氨基酸是丝氨酸。
118. 肌肉与肝脏之间氨的转运必须借助丙氨酸-葡萄糖循环。
119. 氨转变为尿素的循环反应是尿素循环（鸟氨酸-精氨酸循环）。
120. 甲状腺激素、肾上腺素和去甲肾上腺素等激素的前体是苯丙氨酸、酪氨酸等芳香族氨基酸。
121. 甘氨酸、精氨酸和甲硫氨酸参与肌酸、肌酐等的生物合成。
122. 甲基的供体是丝氨酸、色氨酸、甘氨酸、组氨酸和甲硫氨酸。
123. 动物体内合成少量维生素B_5的原料是色氨酸。
124. 嘧啶环的合成原料来自谷氨酰胺、二氧化碳、天冬氨酸。
125. 脱氧核苷酸包括嘌呤脱氧核苷酸和嘧啶脱氧核苷酸。
126. 核酸在一系列酶的作用下进行分解生成其基本的结构单位——单核苷酸。
127. 胞嘧啶和尿嘧啶生成的是β-丙氨酸；胸腺嘧啶生成的是β-氨基异丁酸。
128. ATP是能量通用货币和转移磷酸基团的主要分子，UTP参与单糖的转变和糖原的合成，CTP参与磷脂的合成，而GTP为蛋白质多肽链的生物合成所必需。
129. 相邻碱基平面在螺旋轴之间的距离为0.34nm。
130. DNA碱基互补配对方式：G=C，A=T。
131. 生命中有机体遗传信息的载体是核酸。
132. DNA中含有胸腺嘧啶（T）、胞嘧啶（C）、腺嘌呤（A）、鸟嘌呤（G）。
133. RNA中含有尿嘧啶（U）、胞嘧啶（C）、腺嘌呤（A）、鸟嘌呤（G）。
134. RNA中含的糖是核糖，DNA中所含的是2'-脱氧核糖。
135. 核苷酸是构成核酸的基本单位，核苷酸之间以3'，5'-磷酸二酯键相连。
136. 可以用作DNA合成原料的核苷酸是dNTP。
137. 原核生物DNA复制时的模板是解开成单链的DNA母链。原核生物DNA复制时的底物是dATP、dTTP、dCTP、dGTP。原核生物DNA复制时的引物是用于提供3'端的羟基，供DNA聚合酶识别，使dNTP可以继续结合，在DNA的生物合成中一般引物为RNA。
138. DNA的二级结构为DNA的双螺旋；DNA的三级结构为DNA的超螺旋。
139. DNA变性时对紫外光吸收的表现特征为增色效应。
140. 加热使DNA的紫外吸收值增加，所涉及的DNA结构的改变是DNA变性。
141. 紫外线照射可能诱发皮肤癌，所涉及的DNA结构的改变是DNA损伤。
142. 遗传信息按DNA-RNA-蛋白质的方向传递，这就是经典的分子遗传学的中心法则。
143. 在真核生物线性染色体DNA末端有一个特殊结构，称为端粒。

144. 不连续合成的DNA片段称为冈崎片段。

145. 转录是以DNA为模板合成RNA的过程。

146. 以RNA为模板合成DNA的过程称为逆转录作用。

147. 翻译的模板或蛋白质生物合成的蓝图是mRNA。氨基酸的搬运工是tRNA。

148. 合成蛋白质的装配机是核糖体。

149. 翻译起始的氨基酸在原核生物是甲酰甲硫氨酸(fMet)。

150. 遗传密码是指DNA或由其转录的mRNA中的核苷酸（碱基）顺序与其编码的蛋白质多肽链中氨基酸顺序之间的对应关系。由每3个相邻的碱基组成1个密码子，共有64个密码子。除UAA、UAG和UGA不编码任何氨基酸外，其余61个密码子负责编码20种氨基酸。

151. 起始密码子是AUG（甲硫氨酸）、GUG（缬氨酸）；终止密码子是UAA、UAG、UGA。

152. 原核生物蛋白质合成过程中，识别终止密码子的蛋白质因子是释放因子。

153. 蛋白质生物合成中参与多肽链延伸过程的蛋白质因子是延伸因子。

154. 翻译起始阶段结合到核糖体小亚基上的一些蛋白质是起始因子。

155. 被称为DNA重组技术中一把神奇的手术刀是限制性核酸内切酶。

156. 平齐末端是限制酶在识别序列的对称轴上切断产生的末端。

157. 黏性末端是限制酶在识别序列对称轴左右的对称点上交错切割产生的末端，存在短的互补序列。

158. 影响水在细胞内、外扩散的主要因素是晶体渗透压。

159. 维持细胞外液晶体渗透压的主要离子是Na^+。

160. 体液的渗透压取决于其溶质的有效粒子的数目。

161. 对维持细胞内液的渗透压、酸碱平衡以及神经肌肉兴奋性都有重要作用的元素是钾。

162. 大部分存在于骨骼中，并且又是核酸的组成成分，还积极参与细胞中物质代谢的元素是磷。

163. 维生素D在体内的最高活性形式是1,25-双羟维生素D。

164. 骨盐主要是指沉积于骨中的羟磷灰石。

165. 肝脏中与含羟基、羧基毒物结合并解毒的主要物质是葡萄糖醛酸。

166. 能够缓解高铁血红蛋白症的维生素是维生素C。

167. 血红蛋白分子中包含的金属离子是铁离子。

168. 具有细胞毒性的血红素代谢产物是游离胆红素。

169. 在肝脏中与葡萄糖醛酸结合解毒后的形式是游离胆红素。

170. 为减少细胞毒性，与血浆清蛋白结合后运输的形式是间接胆红素。

171. 肝脏是脂肪酸β-氧化的主要场所，肝脏中解除胺类物质毒性的主要反应是氧化反应。

172. 肝脏内最重要的解毒方式是结合解毒，在肝中，胆固醇可以转变为胆汁酸盐。
173. 苯甲酸在肝脏中转化为马尿酸的解毒机制是甘氨酸结合反应。
174. 磺胺类药物在肝脏中的解毒机制是酰基化反应。
175. 粗丝的主要成分是肌球蛋白，细丝的主要成分是肌动蛋白。
176. 与肌肉能量储备有关的是肌酸激酶。
177. 肌肉中具有ATP酶活性的是肌球蛋白。
178. 肌肉中特有的能量贮存物质是磷酸肌酸。
179. 当肌细胞内Ca^{2+}浓度增高时，分子构象改变的首先是肌钙蛋白。
180. 大脑对血糖浓度的降低最敏感。
181. 在长期饥饿、糖尿病、动物幼畜哺乳期的时候，酮体可作为大脑的能源之一。
182. 氨是有毒的，其在大脑内的恒定浓度必须维持在0.3mmol/L左右，多余的氨则经谷氨酰胺运出脑外。
183. 胶原蛋白是结缔组织中主要的蛋白质，约占体内总蛋白的1/3，体内的胶原蛋白都以胶原纤维的形式存在。
184. 胶原纤维由胶原蛋白组成，弹性纤维主要由弹性蛋白组成，网状纤维的主要化学成分为胶原蛋白。
185. 胶原蛋白含有大量甘氨酸、脯氨酸、羟脯氨酸及少量羟赖氨酸。
186. 结缔组织基质中的主要成分是糖胺聚糖。
187. 合成糖胺聚糖的基本原料是葡萄糖，氨基部分来自谷氨酰胺，乙酰基部分来自乙酰CoA，硫酸部分来自活性硫酸。糖胺聚糖的合成是在细胞的内质网中逐步完成的。
188. 含硫氨基酸氧化分解均可产生硫酸根，半胱氨酸代谢是体内硫酸根的主要来源。体内一部分硫酸根可经ATP活化生成3'-磷酸腺苷-5'-磷酸硫酸（3'-PAPS)，又称活性硫酸。
189. 谷氨酸脱羧生成γ-氨基丁酸，组氨酸脱羧生成组胺，色氨酸羟化脱羧生成5-羟色胺。
190. 哺乳动物成熟的红细胞没有糖原的储存。红细胞膜上含有运载葡萄糖的载体，使葡萄糖很容易通过细胞膜，故葡萄糖的浓度在红细胞内与血浆中几乎相等。葡萄糖的代谢绝大部分是通过酵解，还有小部分通过磷酸戊糖途径、2,3-二磷酸甘油酸支路及糖醛酸循环。
191. 蛋白质分子中的氨基酸通过肽键连接。氨基酸通过肽键相连而形成的化合物称为肽。由两个氨基酸缩合成的肽称为二肽，三个氨基酸缩合成三肽，以此类推。在肽链中的氨基酸已不是游离的氨基酸分子，因此多肽和蛋白质分子中的氨基酸称为氨基酸残基。在多肽链的分子结构中，从N端到C端由肽键与α-碳原子形成一条骨架，称为多肽链的主链，而各氨基酸残基上的R基团则称为侧链。

第五章
动物病理学

1. 从病因作用于机体开始，到疾病的最初症状出现为止的这一段时期，称为潜伏期。
2. 动物疾病发展过程中，从疾病出现最初症状到主要症状开始暴露的时期，称为前驱期。
3. 动物疾病发展不同时期中最具有临床上诊断价值的是临床经过期。
4. 疾病的结束阶段，称为终结期。
5. 当致病因素作用停止或消失后，机体的机能恢复正常，损伤的组织也完全修补，疾病症状全部消除，病理性调节为生理性调节所取代，畜禽的生产能力也恢复正常，称为痊愈。
6. 患病动物的主要症状虽然消除，但受损的组织结构尚未恢复，而是通过代偿维持其相应的功能活动的一种病理状态，属于不完全康复。
7. 生命的终结或生命有机体完整性的解体，称为死亡。
8. 生物学死亡期是死亡的不可逆阶段。
9. 细菌、病毒、支原体、衣原体、螺旋体、霉菌、原虫、蠕虫等属于生物性因素。
10. 氯仿、乙醚、氰化物、有机磷、有机氯、蛇毒、尸毒、双光气、芥子气等属于化学性因素。
11. 高温、低温、电流、光、电离辐射、噪声、紫外线、大气压、体内外的一切机械性因素等属于物理性因素。
12. 细胞或间质内出现异常物质或正常物质的数量显著增多，并伴有不同程度的功能障碍，称为变性。
13. 细胞内水分增多，胞体增大，胞浆内出现微细颗粒或大小不等的水泡，称为细胞肿胀。
14. 具有细胞肿胀的病变特征的早期细胞肿胀称为颗粒变性，是组织细胞最轻微且最常见的细胞变性。
15. 空泡变性也称水泡变性，多发生于皮肤和黏膜上皮，如痘疹、口蹄疫等所见的皮肤和黏膜上的疱疹。
16. 脂肪变性是指正常不见脂滴的细胞内出现脂滴，或细胞质内脂滴增多。
17. 苏丹Ⅲ或油红将脂肪染成橘红色，苏丹Ⅳ将脂肪染成红色，苏丹黑B及锇酸将脂肪成黑色。

18. "槟榔肝"是指慢性肝淤血伴发肝细胞脂肪变性。

19. "虎斑心"是指透过心内膜可见到乳头肌及肉柱的静脉血管周围有灰黄色的条纹或斑点分布在色彩正常的心肌之间，呈红黄相间的虎皮状斑纹。

20. 在实质细胞之间脂肪组织增多超过正常程度，称为脂肪浸润。明显的脂肪浸润见于心肌、胰腺和骨骼肌，多发于肥胖动物。

21. 猪瘟脾脏的贫血性梗死，是脾小体中央玻璃样变所致。

22. 在某些组织的网状纤维、血管壁或间质内出现淀粉样物质沉着的病变，称为淀粉样变性。

23. 淀粉遇碘时的显色反应，即遇碘时被染成棕褐色，再滴加1%硫酸溶液后呈紫蓝色。

24. 淀粉样物质沉着在淋巴滤泡部位时，呈半透明灰白色颗粒状，外观如煮熟的西米，称为西米脾。

25. 淀粉样物质弥漫地沉着在红罐部分，则呈现不规则的灰白区，没有沉着的部位仍保留脾髓固有的暗红色，互相交织成火腿样花纹，称为火腿脾。

26. 细胞发生程序性死亡时可见到的特征性结构是凋亡小体。

27. 坏死组织由于水分减少和蛋白质凝固而变成灰白或黄白、干燥无光泽的凝固状，称为凝固性坏死。

28. 贫血性梗死常见于肾、心、脾等器官，坏死区灰白色、干燥，早期肿胀，稍突出于脏器的表面，切面坏死区呈楔形，周界清楚。

29. 干酪样坏死见于结核杆菌和鼻疽杆菌等引起的感染性炎症。

30. 蜡样坏死多见于动物的白肌病。可见肌肉肿胀，无光泽混油、干燥坚实，呈灰红或灰白色，如蜡样，故名蜡样坏死。

31. 坏死组织因蛋白水解酶的作用而分解变为液态，称为液化性坏死。

32. 马霉玉米中毒引起的大脑软化、鸡硒-维生素E缺乏引起的小脑软化均属于液化性坏死。

33. 坏疽主要是因血红蛋白分解产生的铁与组织蛋白分解产生的硫化氢结合形成硫化铁，使坏死组织呈黑色。

34. 发生慢性猪丹毒时，颈部、背部直至尾根部常发的皮肤坏死；牛锥虫病的耳、尾、四肢下部和球节的皮肤坏死；皮肤冻伤形成的坏死，均属于干性坏疽。

35. 牛、马的肠变位、马的异物性肺炎及母牛产后坏疽性子宫内膜炎等均属于湿性坏疽。

36. 牛气肿疽时，常见身体后部的骨骼肌发生气性坏疽。

37. 坏死的结局包括反应性炎症、溶解吸收、腐离脱落、机化和包囊形成。坏死组织有新生肉芽组织吸收、取代的过程称为机化。

38. 过度活跃的自噬可以引起细胞死亡，即自噬性细胞死亡。

39. 在骨和牙齿以外的组织内出现钙盐的沉积，称为病理性钙化。沉积的钙盐主要是磷酸钙，其次为 碳酸钙。

40．动物发生营养不良性钙化时，血钙不升高。

41．动物发生转移性钙化时，血钙升高，转移性钙化对机体不利，钙盐在机体多处健康组织上沉积。

42．转移性钙化病灶常见于 肺脏、肾脏、胃黏膜动脉管壁。

43．黄疸时引起全身皮肤黏膜发生黄染的是 胆红素。

44．溶血性黄疸时，血清中升高的主要是 间接胆红素，范登白试验呈 间接反应阳性。间接胆红素不能通过肾脏排出，因而尿液中 不含胆红素。

45．肝性黄疸时，血液中 直接胆红素 和 间接胆红素 含量均增多。范登白试验时 直接反应和间接反应均呈阳性。因直接胆红素可以通过肾脏排出，故尿中含有 胆红素。

46．阻塞性黄疸时范登白试验 直接反应阳性。由于胆红素不能或很少排入肠道导致粪便颜色变浅。直接胆红素可通过肾脏排出，因而尿中含多量 胆红素。

47．新生动物的核黄疸是 由于胆红素进入脑组织内与脂肪类物质结合。

48．含铁血黄素由于含有高铁离子（Fe^{3+}），故遇铁氰化钾及盐酸后出现蓝色反应，即 普鲁士蓝反应。

49．动物心力衰竭细胞中的色素颗粒是 含铁血黄素。

50．溶血性疾病时，脾脏苏木精-伊红染色法（HE染色）切片中巨噬细胞内出现的棕色颗粒是 含铁血黄素。

51．糖原沉着 指细胞的胞浆内有大量糖原蓄积。

52．如需确证为糖原沉着，可将组织块用酒精固定，胭脂红或糖原染色法（PAS）染色，糖原颗粒呈 亮色或深红色。

53．鸡传染性支气管炎肾脏中出现的石灰样物是 尿酸盐。

54．因代谢障碍引起家禽痛风的物质是 嘌呤。

55．根据尿酸盐在体内沉着的部位，痛风可分为 内脏型 和 关节型，有时这种类型可以同时存在。

56．HE染色切片中，痛风结节呈 粉红色。

57．炭末 是最常见的外源性色素，常常是通过吸入的方式进入体内，并在肺内蓄积引起煤肺病，也称黑肺。

58．在动物肺门淋巴结中常见的外源性色素沉着是 炭末。

59．煤肺病吸入的是 碳。采石场吸入硅粉引起的疾病，称为 硅肺病。

60．牙齿发育过程中服用的 四环素类抗生素 会沉积在矿化的牙本质、牙釉质、牙骨质中，将全部或部分牙齿染成 黄色或棕色。

61．在HE染色前将脱蜡的组织切片浸在 饱和的苦味酸酒精溶液 中，即可除去福尔马林色素。

62. 由于小动脉扩张而流入组织或器官血量增多的现象，称为充血。
63. 由于静脉回流受阻，而引起局部组织或器官中血量增多的现象，称为淤血。
64. 淤血发生在可视黏膜或无毛和少毛的皮肤时，淤血部位呈蓝紫色。
65. 局部皮肤动脉性充血的外观表现是色泽鲜红，温度升高。
66. 发生淤血的组织局部温度降低，颜色暗红。
67. 肝、肾淤血的常见原因是右心衰竭；肺淤血的常见原因是左心衰竭。
68. 慢性肺淤血时，肺泡腔中可见吞噬有红细胞或含铁血黄素的巨噬细胞，经常发生于心力衰竭时，因此被称为心力衰竭细胞。
69. 含铁血黄素是由铁蛋白微粒集结而成的色素颗粒，是一种血红蛋白源性色素，为金黄色或棕黄色，大小不等的非结晶性颗粒状结构，并具有折光性。
70. 血液弥漫性分布于组织间隙，使出血组织呈现大片暗红色的病变称为出血性浸润。
71. 根据血栓的形成过程和形态特点，可将血栓分为白色血栓、混合血栓、红色血栓及透明血栓四种类型。
72. 血栓形成最重要和最常见的原因是心血管内膜损伤。
73. 临床上静脉血栓形成的最常见原因是血流状态的改变。
74. 白色血栓由血小板、纤维蛋白、少量白细胞组成。
75. 心瓣膜上形成血栓，常见的类型是白色血栓。
76. 白色血栓在静脉血流缓慢处，常构成血栓的头部。
77. 混合血栓多见于静脉，主要由血小板、纤维蛋白和大量红细胞组成，构成了血栓的体部。
78. 红色血栓主要由红细胞和纤维蛋白组成，多见于静脉，构成了血栓的尾部。
79. 透明血栓是指在微循环内形成的血栓，主要由纤维蛋白凝集而成。
80. 血栓性栓塞多发生于脾、肾、脑和心脏的冠状动脉等处，多因血管的吻合支少而容易发生梗死。
81. 从静脉注入空气所形成的空气性栓子主要栓塞的器官是肺脏。
82. 脂肪性栓塞是指长骨骨折、手术、脂肪组织挫伤或脂肪肝挤压伤时，脂肪细胞破裂，游离出脂肪滴，通过破裂的血管进入血流。脂肪性栓塞主要影响肺和神经系统。
83. 组织性栓塞多见于组织外伤、坏死和恶性肿瘤，可导致器官组织梗死。
84. 白色梗死常发生于心、脑、肾等组织结构较致密、侧支循环不丰富的器官组织。
85. 红色梗死多见于肺、肠等组织结构疏松、血管吻合支较丰富的器官。
86. 弥散性血管内凝血（DIC）的主要表现是出血、栓塞、休克和贫血。
87. 在外周血涂片中，可见有各种红细胞碎片和异常形态的红细胞（三角形、小球形、盔帽形），称为裂体细胞。
88. 低血容量性休克（失血性或失液性休克），常见于严重腹泻、剧烈呕吐、大量排尿或广泛烧伤时大量丢失水、盐或血浆等。

89. 过敏性休克，常见于某些药物（如青霉素）、血清制剂（如疫苗）等引起的过敏反应。

90. 休克的本质是微循环血流灌注不足。

91. 微循环血流灌注量主要取决于心输出量和微循环血流的阻力。

92. 低动力型休克（低排高阻型休克）的特点是心脏的排血量低、外周血管阻力高。

93. 低动力型休克包括失血性休克、创伤性休克、烧伤性休克、心源性休克和大多数感染性休克。

94. 高动力型休克（高排低阻型休克）的特点是心脏的排血量高、外周血管阻力低。

95. 高动力型休克包括某些感染性休克、高位脊髓麻醉及应用血管扩张药等。

96. 休克发生的早期阶段是微循环缺血期；休克早期机体微循环变化的特征是缺血。

97. 在休克发展的微循环缺血期，微循环的特点是少灌少流，灌少于流。

98. 在休克发展的微循环淤血期，微循环的特点是灌而少流，灌大于流。

99. 在休克发展的微循环凝血期，其微循环的特点是不灌不流。

100. 萎缩是指已发育成熟的组织、器官体积缩小、功能减退。

101. 动物发生全身性萎缩时，最早萎缩的组织或器官是脂肪。

102. 寄生虫包囊（如囊尾蚴等）可压迫寄生部位周围组织，引起压迫性萎缩。

103. 鸡发生马立克氏病过程中，肿瘤可侵害坐骨神经和臂神经，导致支配部位的肢体瘫痪和肌肉萎缩，属于神经性萎缩。

104. 骨折后肢体长期运动受限，肢体相应肌肉发生的萎缩，属于失用性萎缩。

105. 去势动物性器官的萎缩，属于内分泌性萎缩。

106. 维生素A缺乏时，鸡的食管腺单层柱状上皮化生为复层鳞状上皮；慢性支气管炎可引起支气管假复层纤毛柱状上皮鳞状上皮化等，均属于化生。

107. 依据再生潜能，属于永久性细胞的是神经细胞、骨骼肌细胞和心肌细胞。

108. 依据再生潜能，属于不稳定细胞的是表皮细胞、呼吸道和消化道黏膜被覆细胞、生殖器官管腔的被覆细胞、淋巴及造血细胞、间皮细胞及结缔组织细胞等。

109. 依据再生潜能，属于稳定细胞的是肝、胰、唾液腺、内分泌腺、汗腺、皮脂腺和肾小管上皮细胞、原始的间叶细胞、平滑肌细胞等。

110. 表皮、黏膜、肝细胞、纤维组织、毛细血管等有较强的再生能力，而肌肉、软骨组织等则再生能力较弱。

111. 毛细血管的再生是以出芽方式完成的。

112. 肉芽组织是指富有新生毛细血管内皮和成纤维细胞并伴有炎性细胞浸润的新生幼稚结缔组织，眼观为鲜红色、颗粒状、柔软湿润，形似鲜嫩的肉芽故而得名。

113. 创伤性肉芽组织的表层结构的组成主要是渗出液和炎性细胞。

114. 构成肉芽组织的主要成分除毛细血管外，还有成纤维细胞。

115. 一期愈合多见于创口较小、出血较少、组织破坏较轻、创缘密接、无感染的创伤。

116. 二期愈合的特点是创伤的创缘不整，创内坏死组织较多，出血多，伴有感染，炎症反应明显。

117. 骨折愈合的基础是骨膜的成骨细胞再生；骨折愈合的基本过程包括血肿形成、纤维性骨痂形成、骨性骨痂形成、改建或再塑。

118. 水中毒又称为高容量性低钠血症。

119. 右心功能不全时，引起全身性水肿（心性水肿、肾性水肿、肝性水肿等）。

120. 失水多于失钠，细胞外液容量减少、渗透压升高，称高渗性脱水。

121. 失钠多于失水，细胞外液容量和渗透压均降低，称低渗性脱水。

122. 动物体液中的钠与水按血浆中的比例丢失，其特点是细胞外液容量减少，渗透压不变，称为等渗性脱水。

123. 低钾血症对机体的影响主要是引起动物神经肌肉、心脏和肾脏功能障碍以及代谢性碱中毒。

124. 高钾血症对机体的影响主要表现为肌肉无力、心肌兴奋传导异常以及代谢性酸中毒。

125. 正常动物动脉血pH为7.35～7.45。

126. 动物某些原发性疾病导致体内$NaHCO_3$含量降低，主要引起代谢性酸中毒。

127. 代谢性酸中毒的特点是血浆HCO_3^-浓度原发性减少。

128. 呼吸性酸中毒的特点是血浆H_2CO_3浓度原发性升高。

129. 代谢性碱中毒的特点是血浆HCO_3^-浓度原发性升高。

130. 呼吸性碱中毒的特点是血浆H_2CO_3浓度原发性减少。

131. 混合型酸碱平衡紊乱包括呼吸性酸中毒合并代谢性酸中毒、呼吸性碱中毒合并代谢性碱中毒、代谢性酸中毒合并呼吸性碱中毒、代谢性酸中毒合并代谢性碱中毒。

132. 低张性缺氧时，黏膜和浅色家畜的皮肤呈青紫色，临床上称为发绀。

133. 上呼吸道狭窄可引起低张性缺氧。

134. 动物一氧化碳中毒时，血液呈樱桃红色。动物亚硝酸盐中毒时，末梢血液呈酱油色。

135. 高铁血红蛋白血大量生成时，皮肤、黏膜呈咖啡色。

136. 单纯严重贫血时，血中血红蛋白量显著减少，皮肤、黏膜苍白。

137. 缺血性缺氧时，皮肤、黏膜及器官呈苍白色。

138. 淤血性缺氧时，组织从血液中摄取的氧量增多，毛细血管中脱氧血红蛋白含量增加，容易出现发绀。

139. 氰化物中毒引起组织性缺氧，可视黏膜颜色的变化是鲜红色或玫瑰红色。

140. 对缺氧反应最敏感的器官是大脑。

141. 体温上升期热代谢的特点是产热大于散热，热量在体内蓄积，体温上升。临床表现为患病动物兴奋不安，食欲减退，脉搏加快，皮温降低，畏寒战栗，被毛竖立等。

142. 高温持续期热代谢的特点是产热与散热在新的高水平上保持相对平衡。临床表现为患病动物呼吸、脉搏加快，可视黏膜充血、潮红，皮肤温度增高，尿量减少，有时开始排汗。

143. 体温下降期热代谢的特点是散热大于产热，体温下降。临床表现为患病动物体表血管舒张，排汗显著增多，尿量也增加。

144. 稽留热的特点是体温升高到一定程度后，高热可较稳定地持续数天，而且每天温差在1℃以内，多见于急性马传染性贫血、犬瘟热、猪瘟、猪丹毒、流行性感冒、大叶性肺炎等。

145. 弛张热的特点是体温升高后一昼夜内变动范围大，常超过1℃以上，可见于化脓疾病（小叶性肺炎、败血症）、犬瘟热第二次发热等。

146. 间歇热的特点是发热期和无热期较有规律地互相交替，间歇时间较短而且重复出现，可见于慢性马传染性贫血、马锥虫病及马媾疫等。

147. 回归热的特点是发热期和无热期间隔的时间较长，并且发热期与无热期的出现时间大致相同，可见于亚急性或慢性马传染性贫血、梨形虫病等。

148. 波状热的特点是动物体温上升到一定高度，数天后又逐渐下降到正常水平，持续数天后又逐渐升高，如此反复发作，可见于布鲁氏菌病等。

149. 不规则热的特点是发热曲线无一定规律，可见于牛结核、支气管炎、仔猪副伤寒、渗出性胸膜炎等。

150. 消耗热又称为衰竭热，其特点是长期发热，昼夜温差变动较大，可达3~5℃。见于慢性或严重的消耗性疾病，如重症结核、脓毒血症等。

151. 短时热是指短时间发热，可持续1~2h至1~2d。见于分娩后、牛轻度消化障碍、鼻疽菌素和结核菌素反应等。

152. 应激的神经-内分泌反应主要以交感-肾上腺髓质系统和下丘脑-垂体-肾上腺皮质系统兴奋为主。

153. 因长途运输等应激因素引起的PSE猪肉（水猪肉）的眼观病变特点是肌肉呈白色、柔软、有液汁渗出。

154. 动物应激时儿茶酚胺分泌增多，可抑制其分泌的激素是胰岛素。

155. 应激时，动物发生的特征性病变是胃溃疡；猪发生应激反应最初表现的症状是肌肉震颤。

156. 在应激素原作用下，细胞表达明显增加的蛋白是热休克蛋白。

157. 炎症局部的主要表现是红、肿、热、痛和机能障碍。

158. 一般炎症早期以变质和渗出变化为主，后期以增生为主。

159. 随着血流停滞、轴流破坏，微循环血液中的白细胞，主要是中性粒细胞，受各种物理力的作用,从轴流进入边流,称为白细胞边集。

160. 急性炎症、化脓性炎症及炎症早期最常见的炎性细胞是中性粒细胞。

161. 在寄生虫性炎症或变态反应性炎症时,引起渗出的白细胞主要是嗜酸性粒细胞。

162. 食盐中毒的病猪,脑组织病灶渗出的主要炎性细胞是嗜酸性粒细胞。

163. 在致敏物质作用下释放组胺、过敏性慢反应物质、肝素的血细胞是嗜碱性粒细胞。

164. 在病毒性脑炎时渗出的炎性细胞主要是淋巴细胞。

165. 支原体肺炎时,肺间质中浸润的炎性细胞主要是淋巴细胞。

166. 通常认为合成大多数急性期蛋白的细胞是肝细胞。

167. NK细胞能溶解肿瘤细胞及感染病毒的细胞,在抗肿瘤和抗病毒感染方面非常重要,是抗病毒感染的第一道防线。

168. 结核性肉芽肿病灶内的上皮样细胞来源于巨噬细胞。

169. 引起炎症局部疼痛的炎症介质是缓激肽。

170. 血管活性肠肽是中枢和外周神经系统的重要递质,能引起平滑肌和血管的扩张以及神经的去极化、调节水盐代谢等作用。

171. 渗出性炎症时,炎性灶局部最先渗出的蛋白成分是白蛋白。

172. 卡他性炎常发生在黏膜。

173. 炎性渗出物中的纤维素是指纤维蛋白。

174. 猪、牛、羊、马的纤维蛋白性肺炎、牛纤维蛋白性肠炎均属于浮膜性炎。

175. 仔猪副伤寒、猪瘟后期肠道上的扣状肿(淋巴滤泡)、鸡新城疫肠黏膜上的枣核样溃疡灶等,均属于固膜性炎,其病变本质为局限性纤维素性坏死性肠炎。

176. 绒毛心是指心脏活动时不停地搏动、摩擦,使心外膜上的纤维蛋白形成无数绒毛状物,覆盖于心脏的表面。

177. 脓性卡他指黏膜表面的化脓性炎。

178. 化脓性炎早期的特点是脓性浸润。

179. 浆膜发生化脓性炎时,脓性渗出物大量蓄积于体腔内,称为积脓。

180. 组织发生坏死溶解,形成充满脓液的腔,称为脓肿。

181. 疏松结缔组织内的弥漫性化脓性炎称为蜂窝织炎。

182. 炭疽引起的病变则常常是出血性坏死性炎。

183. 慢性炎症的主要特征是组织增生。

184. 特异性增生性炎主要成分为巨噬细胞。

185. 牛副结核的肠炎属于增生性肠炎。

186. 结核结节的病变属于特异性增生性炎。

187. 单核巨噬细胞系统和淋巴组织的细胞增生是机体防御反应增强的表现。

188. 炎症时血液最主要的变化是白细胞数目增多。

189. 过敏性炎症和寄生虫感染时，主要是嗜酸性粒细胞增多。

190. 在伤寒杆菌、流感病毒感染时，主要是血中白细胞数目减少。

191. 在传染性单核细胞增多症、慢性炎症或病毒感染时，主要是淋巴细胞增多。

192. 败血症是指病原体侵入血液增殖、产生毒素引起的全身严重病变。

193. 菌血症是指病灶局部的细菌经血管或淋巴管侵入血流，血液中可查到细菌，但全身并无中毒症状。

194. 病毒血症是指病毒在血液中持续存在的现象。

195. 虫血症是指寄生原虫大量进入血液的现象。

196. 脓毒败血症是指化脓菌引起的败血症，并继发引起全身性、多发性小脓肿灶。

197. 败血症动物死亡剖检的共同病理学变化特点是尸僵不全、全身出血、血液凝固不良呈酱油样、免疫器官发生急性炎症变化、内脏器官肿胀变质、神经内分泌系统水肿变性。

198. 良性肿瘤的生长方式是膨胀性生长；恶性肿瘤的生长方式是浸润性生长或膨胀性生长。

199. 癌来源于上皮组织的恶性肿瘤。

200. 肉瘤为间叶组织发生的恶性肿瘤。

201. 母细胞瘤是未成熟的胚胎组织和神经组织发生的肿瘤。

202. 乳头状瘤是由表皮或黏膜上皮异常增生形成的良性上皮瘤。

203. 兔，剖检见肝脏表面和实质中有绿豆至豌豆大白色或黄色结节；组织学检查见胆管上皮乳头状增生，上皮细胞由立方上皮变为柱状，上皮细胞浆内可见球虫寄生。该兔肝脏的病变为乳头状瘤。

204. 腺瘤是由腺器官的上皮发生的良性肿瘤，机体各部分的腺体均可发生。多发生于卵巢、甲状腺和肺脏等器官。

205. 鳞状细胞癌组织中的癌细胞来源于上皮组织。

206. 复层扁平上皮发生的恶性肿瘤称鳞状细胞癌。

207. 以非典型性间质性肺炎病变为特征的肺腺瘤病为绵羊慢性进行性肺炎。

208. 间质性肺气肿常发生于硫磷等中毒和牛黑斑病甘薯中毒。

209. 支气管肺炎（小叶性肺炎）的始发病灶位于细支气管或肺小叶。其患病动物表现为咳嗽体温升高、呈弛张热型，肺部听诊有啰音，叩诊呈灶状或片状浊音。

210. 肺泡内有大量的纤维素性渗出为特征的一种急性肺炎，称为纤维素性肺炎。因病灶波及一个大叶或更大范围，甚至一侧肺或全肺，故又称为大叶性肺炎。

211. 大叶性肺炎的病理变化有一定阶段性，根据变化的特点，常将其分为充血水肿期、红色肝变期、灰色肝变期、消散期。

212. 充血水肿期：眼观病变的肺叶肿大，呈暗红色；切面湿润，按压时有大量血样泡沫液体流出，此种肺组织切块在水中呈半沉状态。镜检可见肺泡壁毛细血管扩张充血，肺泡腔内有大量浆液、红细胞以及少量白细胞、脱落的肺泡上皮细胞等。此时患病动物临诊表现为咳嗽、流淡黄色浆液性鼻液；听诊时，肺部有干性啰音及湿性啰音，甚至捻发音。

213. 红色肝变期：眼观病变的肺叶肿大，暗红色，质地变硬如肝脏，故称为红色肝变；病灶切面稍干燥，呈细颗粒状（纤维素突出），此种肺组织切块能**完全沉入水中**。肺小叶间质增宽、水肿，外观呈黄色胶冻状；胸膜增厚变浑浊，表面有灰白色纤维素性渗出物覆盖。镜检可见肺泡壁毛细血管充血明显，肺泡腔内大量网状的纤维素和红细胞，以及一定数量的中性粒细胞和脱落的肺泡上皮细胞。支气管周围、小叶间质和胸膜下组织明显增宽，充盈大量纤维素性渗出物，其中混有一定量的中性粒细胞。**流铁锈色鼻液**（因渗出红细胞被巨噬细胞吞噬，将血红蛋白分解转化为**含铁血黄素**所致）。

214. 灰色肝变期：眼观病变的肺叶仍肿大，颜色转变为灰红色和灰色，质硬如肝，故称为灰色肝变；病灶切面干燥，颗粒状，此种肺组织切块能**完全沉入水中**。镜检可见肺泡壁的毛细血管收缩，充血现象消失，肺泡腔内充满大量网状纤维素，红细胞几乎溶解消失；此期间质和胸膜的变化与红色肝变期基本相同。肝变期的患病动物临诊表现为高热稽留，呼吸困难。

215. 消散期：眼观病变肺组织呈灰黄色，**质地变软、切面湿润**，挤压时有浑浊的脓样液体流出。镜下可见纤维素逐渐被溶解，中性粒细胞数量大为减少，多呈变性、坏死状态，巨噬细胞明显增加。病程继续，肺泡壁曾被挤压的毛细血管血流开始恢复，肺组织再生，功能得以恢复。此时，肺部可听到各种啰音和肺泡呼吸音。

216. 纤维素性坏死性肠炎又称**固膜性肠炎**，常发生于猪瘟、鸡新城疫、小鹅瘟等疾病过程中。

217. 猪瘟引起的纤维素性坏死性肠炎，病变部位呈**轮层状（扣状肿）**。

218. 小鹅瘟引起的纤维素性坏死性肠炎，病变部位呈**火山口状**。

219. 胃黏膜肿胀，表面有大量黏稠液体，镜检见黏膜上皮较完整，轻度变性，黏膜表面见多量脱落的上皮细胞碎片，固有层水肿，散在嗜中性粒细胞，该胃病变是**急性卡他性胃炎**。

220. 胃黏膜表面被覆一层灰黄色假膜。镜检见黏膜上皮严重变性、坏死和脱落，表面附粉色纤维蛋白样渗出物，其中混杂有多量炎性细胞。该胃病变为**纤维性胃炎**。

221. 铁钉等尖锐物被牛误吞入胃内易引起**网胃炎**。

222. 乳斑肝镜检见肝细胞轻度受损，小叶间质组织明显增生，其中有**嗜酸性粒细胞**浸润。

223. 肝功能不全时，氨基酸代谢障碍导致的血液和脑脊液中**氨**含量增高是肝性脑病的主要原因。

224. 肝硬化的**后期**组织学病变特点是**假小叶生成**和**纤维化**。

225. 肝硬化时，肝脏变硬的主要原因是**间质结缔组织大量增生**。

226. 原发性肾小球肾炎的发病机制是**变态反应**。

（1）急性肾小球肾炎称**大红肾**；

（2）膜性肾小球肾炎称大白肾；

（3）间质性肾小球肾炎中期称白斑肾，后期称皱缩肾；

（4）化脓性肾小球肾炎称花斑肾。

227. 急性肾功能不全是指各种原因引起少尿或无尿，肾实质急性损害，不能排泄代谢产物，迅速出现氮质血症、水、电解质及酸碱平衡紊乱并产生一系列各系统功能变化的临床综合征。血液检查出现高钾血症、低钠血症、高磷酸盐血症、低钙血症、高镁血症、氮质血症。

228. 急性肾功能不全时，钠代谢的特点是高钾低钠血症；慢性肾功能不全最常见的原因是慢性肾小球肾炎。

229. 发生急性猪丹毒、炭疽、急性副伤寒时，脾脏的病变是急性脾炎（败血脾）。

230. 发生巴氏杆菌病、弓形虫病、猪瘟、鸡新城疫和鸡传染性法氏囊病时，脾脏的病变是坏死性脾炎。

231. 牛放线菌病下颌淋巴结的病变是化脓性淋巴结炎。

232. 急性猪瘟患病猪淋巴结的主要病变是出血性淋巴结炎。

233. 副结核病患牛淋巴结的主要病变为增生性淋巴结炎。

234. 非化脓性脑炎多见于猪瘟、非洲猪瘟、猪传染性水疱病、伪狂犬病、乙型脑炎、猪捷申病、马传染性贫血、马脑炎、牛恶性卡他热、牛瘟、鸡新城疫、禽传染性脑脊髓炎等。

235. 引起猪化脓性脑炎的病因是链球菌；引起鸡小脑软化的病因是维生素E-硒缺乏。

236. 李氏杆菌引起的脑膜脑炎中渗出的主要炎性细胞是单核细胞。

237. 子宫内膜炎根据临床症状可分为以下三种类型。

（1）急性子宫内膜炎 精神不振，食欲减少或不食，体温升高，不时拱背努责，频频排尿，阴门不时流出灰黄色或灰白色、污秽有腥臭味分泌物，有的夹有胎衣碎片，卧下时更明显，哺乳母猪泌乳量减少，不愿给仔猪哺乳。

（2）隐性子宫内膜炎 病猪一般无明显的全身症状。食欲时好时差，发情周期不正常且无规律，屡配不孕，冲洗子宫时流出略浑浊似清鼻涕的液体。

（3）慢性子宫内膜炎

①慢性卡他性子宫内膜炎：母猪一般无全身症状，体温有时略有升高。食欲及泌乳量下降，发情周期不正常，有时虽正常但屡配不孕；冲洗子宫时回流液略有浑浊，似淘米水或清鼻液。

②慢性卡他化脓性子宫内膜炎：母猪有轻度的全身反应，逐渐消瘦；发情周期不正常，从阴门流出灰色或黄褐色稀薄脓液，其尾根、阴门、飞节上带有阴道排出物并形成干痂。

③慢性化脓性子宫内膜炎：常从阴门排出脓性分泌物，有臭味，卧下时较多，呈灰色黄褐色、灰白色不等，阴门周围皮肤及尾根上黏附有脓性分泌物，干后形成薄痂，发情周期不正常；冲洗子宫时，回流液浑浊呈稀面糊状，有时呈黄色脓液。

238. 动物死亡后，由于动物体内新陈代谢的停止，产热过程停止，尸体温度逐渐降至与外界环境温度一致的水平。该动物尸体变化类型属于尸冷。

239．动物在死亡后，肢体的肌肉收缩变硬，关节固定，整个尸体发生僵硬，该动物尸体变化类型属于尸僵。

240．动物死亡后，可见尸体倒卧侧的皮肤出现青紫色淤血区，后期由于发生溶血，可使该部分染成红色。该动物尸体变化的类型属于尸斑。

241．动物死亡后，尸体组织在自身酶（如溶酶体酶）的作用下被消化，其中以胃、肠、胰腺出现的变化最为明显。该动物尸体变化类型属于尸体自溶。

242．尸僵通常是从头部开始，而后向颈部、前肢、躯干和后肢发展。解僵时，尸体按原来尸僵发生的顺序开始消失，肌肉变软。

243．10%的福尔马林组织固定液中的甲醛含量是4%。

244．马属动物的尸体在剖开腹腔时应取右侧卧位；进行牛的尸体剖检时通常采用左侧卧位。

245．鸡病理剖检时，通常采用仰卧位。

246．猪的尸体剖检，摘除空肠和回肠时应先在空肠起始部和回肠末端分别做双重结扎。

247．仔猪的解剖位是背侧位。

第六章
兽医药理学

1. 影响药物作用的因素包括剂量、剂型、给药途径、疗程、联合用药、种属差异、生理差异、病理因素、个体差异、饲养管理、环境因素等。

2. 多数药物可经内服给药吸收，主要吸收部位是小肠。

3. 体内血浆中药物总量或浓度消除一半所需的时间是消除半衰期；与弃奶期密切相关的药代动力学参数是兽药在奶牛乳汁中的消除半衰期。

4. 治疗指数：动物的半数致死量（LD_{50}）与治疗感染动物的半数有效量（ED_{50}）之比值，治疗指数是LD_{50}/ED_{50}。治疗指数越大，药物安全性越高。

5. 时间从$t_0 \sim t_\infty$的药物浓度围成的曲线下面积，是反映到达全身循环的药物总量的药时曲线下面积。

6. 与兽药在动物体内的生物等效性密切相关的药代动力学参数是药时曲线下面积。

7. 药物在体内的分布达到动态平衡时，药物总量按血浆药物浓度在体内分布时所需的总容积是表观分布容积。

8. 决定药物量效关系的首要因素是生物利用度。

9. 药物在畜禽组织中的浓度高于血浆浓度表示该药物表观分布容积大。

10. 体清除率指机体消除器官在单位时间内清除药物的血浆容积，即单位时间内有多少毫升血浆中所含药物被机体清除。

11. 反映药物进入全身循环的速度和程度的药代动力学参数是生物利用度。

12. 吸收是指药物进入血液循环的过程。

13. 因连续用药而产生的耐药性是指病原体对药物的敏感性降低。

14. 不良反应包括副作用、毒性作用、变态反应、继发性反应、后遗效应、特异质反应。

15. 一般情况下，作用选择性低的药物，在治疗剂量时对畜禽副作用较多。

16. 用治疗剂量时，出现与用药目的无关的不良反应是药物的副作用。

17. 由于药物剂量过大或用药时间过长引起的不良反应是毒性作用。

18. 变态反应（过敏反应）的本质是药物产生的病理性免疫反应。

19. 药物治疗作用引起的不良效应是继发性反应。

20. 停药后血药浓度已降至阈值以下时的残存药理效应是后遗效应。

21. 药物的首过效应主要发生在内服给药后。

22. 磺胺类药物的基本化学结构是对氨基苯磺酰胺。

23. 磺胺类药物的作用机制是通过与对氨苯甲酸竞争，影响二氢叶酸合成酶，进而影响二氢叶酸的合成，达到抑制细菌生长和繁殖的目的。

24. 治疗脑部细菌性感染，宜采用磺胺嘧啶；治疗乳腺炎宜采用在乳汁中含量较高的磺胺二甲嘧啶。

25. 给犬内服磺胺类药物时，用药期间应充足提供饮水，宜与等量的碳酸氢钠同服，以碱化尿液，加速排出，避免结晶尿损害肾脏。

26. 磺胺类药物可引起肠道菌群失调，B族维生素和维生素K的合成与吸收减少，此时宜补充相应的维生素。

27. 常与磺胺喹噁啉组成制剂，用于防治球虫病的是二甲氧苄啶。

28. 国内常用的抗菌增效剂是甲氧苄啶（TMP）、二甲氧苄啶（DVD）；动物专用的抗菌增效剂是二甲氧苄啶（DVD）。

29. 甲氧苄啶（TMP）的作用机理是抑制二氢叶酸还原酶。

30. 大剂量长期使用甲氧苄啶可出现的不良反应是抑制骨髓造血机能。

31. 动物专用的氟喹诺酮类药物是氟甲喹、恩诺沙星、达氟沙星（单诺沙星）、二氟沙星（双氟哌酸）、沙拉沙星、马波沙星。

32. 氟喹诺酮类药物的抗菌作用机理是抑制细菌脱氧核糖核酸（DNA）回旋酶，干扰DNA复制产生杀菌作用。

33. 喹诺酮类药物可使幼龄动物软骨发生变性，引起跛行及疼痛。

34. 恩诺沙星在动物体内的代谢主要是脱乙基成为环丙沙星。

35. 乙酰甲喹（痢菌净）的抗菌机理为抑制细菌脱氧核糖核酸（DNA）的合成。

36. 猪密短螺旋体的首选药的是乙酰甲喹（痢菌净）。

37. 治疗牛、鸽毛滴虫病、厌氧菌感染、犬贾第虫病、禽组织滴虫病应选择的药物是甲硝唑（灭滴灵）。

38. 治疗猪密螺旋体痢疾、厌氧菌感染、禽组织滴虫病的药物是地美硝唑（二甲硝唑）。

39. 青霉素类抗生素的抗菌作用机理是抑制细菌细胞壁的合成。

40. 青霉素与氨基糖苷类合用表现为抗菌协同作用，与红霉素、四环素类和酰胺醇类合用表现为拮抗作用。

41. 青霉素的不良反应主要是过敏反应。

42. 对产生β-内酰胺酶耐药菌所致感染，氨苄西林、阿莫西林可以与克拉维酸、舒巴坦联合用药。

43. 苯唑西林与庆大霉素合用能增强对肠球菌的抗菌活性。

44. 被称为抗葡萄球菌青霉素的药物是氯唑西林。具有长效作用的β-内酰胺类抗生素是苄星氯唑西林。

45．能引起牛特征性脱毛和瘙痒等不良反应的药物是头孢噻呋。

46．头孢噻呋对多杀性巴氏杆菌、溶血性巴氏杆菌、胸膜肺炎放线杆菌、沙门氏菌、大肠杆菌、链球菌、葡萄球菌等有效。

47．属于第四代头孢菌素的是头孢喹肟。

48．大环内酯类药物抗菌的作用机理是抑制细菌蛋白质的合成。

49．若病原体对青霉素敏感，首选药物是红霉素。

50．作为猪、鸡的饲料添加剂以促进动物的生长，提高饲料利用率的是吉他霉素。

51．泰乐菌素对细菌的作用较弱，对支原体作用强，是大环内酯类中对支原体作用最强的药物之一。

52．注射泰乐菌素可致死的动物是马属动物。

53．替米考星对胸膜肺炎放线杆菌、巴氏杆菌及畜禽支原体具有比泰乐菌素更强的抗菌活性。

54．替米考星禁止静脉注射，与肾上腺素合用可增加猪的死亡。

55．牛皮下注射泰拉霉素时常会引起注射部位出现短暂性的疼痛反应和局部肿胀。

56．截短侧耳素类抗生素的抗菌作用机理是抑制细菌蛋白质的合成。

57．泰妙菌素主要用于防治鸡慢性呼吸道病（支原体）、猪喘气病（支原体）、传染性胸膜肺炎、猪痢螺旋体等。

58．对支原体属和螺旋体属高度敏感的药物是沃尼妙林。

59．林可胺类抗生素（林可霉素、克林霉素）的抗菌作用机理是抑制细菌蛋白质的合成。

60．与大观霉素合用能产生协同作用的药物是林可霉素。

61．氨基糖苷类药物的抗菌作用机制是抑制细菌蛋白质的合成。

62．氨基糖苷类药物的不良反应是损害第八对脑神经、肾毒性及对神经肌肉的阻断作用。

63．与青霉素类或头孢菌素类合用有协同作用的是链霉素。

64．与四环素、红霉素、酰胺醇类等合用可能出现拮抗作用的药物是氨基糖苷类。

65．四环素类药物按其抗菌活性大小顺序：多西环素＞金霉素＞四环素＞土霉素。

66．四环素类药物的抗菌作用机制是抑制细菌蛋白质的合成。

67．用于治疗畜禽的支原体病的药物是四环素类（多西环素、金霉素、四环素、土霉素）、大环内酯类、林可胺类、截短侧耳素类。

68．低剂量常用作畜禽的促生长剂，改善饲料利用率的是金霉素。

69．酰胺醇类抗生素的抗菌作用机理是抑制细菌蛋白质的合成。

70．酰胺醇类包括氯霉素、氟苯尼考（氟甲砜霉素）及甲砜霉素。

71．氯霉素的不良反应是抑制骨髓造血机能；甲砜霉素、氟苯尼考不会引起骨髓抑制或再生障碍性贫血。

72．氟苯尼考（氟甲砜霉素）长期内服可引起消化功能紊乱，导致二重感染。

73. 多肽类抗生素包括多黏菌素类（多黏菌素B、黏菌素、多黏菌素M）、杆菌肽等。
74. 黏菌素的杀菌机理是破坏细菌细胞膜，使菌体内物质外漏，也能影响细菌核质和核糖体的功能，导致细菌死亡。
75. 杆菌肽的抗菌作用机理是抑制细菌细胞壁的合成。
76. 属于多糖类抗生素的是阿维拉霉素。
77. 兽医临床应用的抗真菌药有水杨酸、制霉菌素、克霉唑、酮康唑和氟康唑等。
78. 治疗深部真菌感染的首选药是两性霉素B。
79. 适用于体表真菌病（耳真菌感染和毛癣）的药物是克霉唑。
80. 适用于环境消毒的药物有苯酚、复合酚、甲醛、戊二醛、氢氧化钠、氧化钙、含氯石灰、二氯异氰尿酸钠、三氯异氰尿酸钠、二氧化氯、过氧乙酸等。
81. 适用于熏蒸消毒的药是甲醛溶液。
82. 畜禽舍熏蒸消毒时，需与高锰酸钾合用的药物是福尔马林。
83. 可用于饮水消毒的药物是含氯石灰、三氯异氰尿酸钠、二氯异氰尿酸钠、二氧化氯等。
84. 用于犬手术皮肤消毒的乙醇最佳浓度是75%。
85. 常用于犬术前或注射药物前皮肤消毒的碘酊浓度是2%。
86. 对奶牛乳头浸泡消毒时，聚维酮碘合适的浓度是0.5%～1%。
87. 季铵盐类消毒剂有苯扎溴铵（新洁尔灭）、癸甲溴铵、醋酸氯己定等。
88. 常用于皮肤、手术器械消毒的苯扎溴铵（新洁尔灭）浓度是0.1%。
89. 用于腐蚀动物新生角的氢氧化钠浓度是50%。
90. 染料中最有效的消毒防腐药是乳酸依沙吖啶。
91. 治疗蹄叉腐烂病时，局部用药起防腐、溶解角质、止痒、刺激肉芽生长作用的药物是松馏油。
92. 阿苯达唑（丙硫咪唑）的作用机理是与线虫的微管蛋白结合，阻止微管组装的聚合而发挥作用。
93. 用于畜禽胃肠道线虫病、肺丝虫病和猪冠尾线虫病，对犬、猫心丝虫病也有效的药物是左旋咪唑（左咪唑）。
94. 对囊尾蚴的作用强、毒副作用小，为治疗囊尾蚴的良好药物的是阿苯达唑（丙硫咪唑）。
95. 在动物体内转化为芬苯达唑（硫苯咪唑）、奥芬达唑而起到驱虫活性的药物是非班太尔。
96. 用于治疗猪的线虫病和疥螨等体外寄生虫病的药物是伊维菌素、阿维菌素、多拉菌素。
97. 禁用于柯利牧羊犬的药物是伊维菌素。

98. 对伊维菌素敏感的长毛牧羊犬，可使用的药物是莫昔克丁。

99. 苯并咪唑类中专用于抗片形吸虫的药物是三氯苯达唑，国外传统使用的杀片形吸虫药是硝碘酚腈。

100. 具有广谱抗血吸虫和抗绦虫作用的药物是吡喹酮。

101. 三嗪类抗球虫药物有地克珠利、妥曲珠利。

102. 聚醚离子载体类抗球虫药有拉沙洛西、盐霉素、甲基盐霉素、马度米星、莫能菌素、海南霉素。

103. 通过干扰球虫细胞内钠、钾离子的正常浸透而产生杀虫作用的抗球虫药是莫能菌素。

104. 既能用于预防鸡球虫病，又能作用于肉牛促生长使用的抗球虫药是莫能菌素。

105. 聚醚类抗生素中毒性最大的一种抗球虫药是海南霉素。

106. 使用氨丙啉治疗球虫病时，应适当减少饲料中维生素B_1的用量。

107. 使用氨丙啉治疗球虫病首选的增效剂是乙氧酰胺苯甲酯。

108. 盐酸氯苯胍的抗球虫作用机理是通过影响三磷酸腺苷，从而干扰球虫蛋白质代谢。

109. 用于预防球虫病的药物是地克珠利、莫能菌素、盐霉素、甲基盐霉素、拉沙洛西、马度米星、氯羟吡啶、尼卡巴嗪、氨丙啉等。

110. 用于治疗球虫病的药物是氨丙啉、妥曲珠利、尼卡巴嗪、磺胺类药物等。

111. 用于治疗锥虫、梨形虫、边虫（无形虫）的药物是三氮脒。

112. 对家畜的巴贝斯虫有特效的药物是硫酸喹啉脲。

113. 常用的有机磷杀虫药有蝇毒磷、马拉硫磷、倍硫磷、敌敌畏、甲基吡啶磷、巴胺磷、嗪农、辛硫磷等。

114. 有机磷杀虫剂中唯一可用于泌乳奶牛的杀虫剂是蝇毒磷。

115. 治疗牛皮蝇蛆感染的药物是马拉硫磷。

116. 通过干扰γ-氨基丁酸（GABA）调控的氯离子通道，导致昆虫和蜱虫中枢神经系统紊乱，直至死亡的药物是非泼罗尼。

117. 氨甲酰胆碱、新斯的明中毒时，有效的解毒药是阿托品。

118. 能使瞳孔缩小的药物是1%～3%毛果芸香碱、1%新斯的明。

119. 能使瞳孔扩大的药物是1%～2%阿托品。

120. 抗胆碱药（胆碱受体阻断药）包括阿托品、东莨菪碱等。

121. 拟胆碱药：凡作用与乙酰胆碱相似的药物，统称拟胆碱药。按其作用原理不同，可分为胆碱受体激动药和胆碱酯酶抑制药两类。拟胆碱药包括氨甲酰胆碱、氯化氨甲酰甲胆碱、毛果芸香碱、新斯的明等。

122. 胆碱受体激动药：能直接与胆碱受体结合，产生与乙酰胆碱相似的作用。乙酰胆碱是胆碱能神经递质，能激动M胆碱受体与N胆碱受体。M受体激动时，表现为心脏抑制、血管扩张、内脏平滑肌收缩、括约肌松弛及腺体分泌增加等，这些作用称为M样作用。N受体激动时，表现为神经节兴奋，骨骼肌收缩，这些作用称作N样作用。

123. 有机磷酸酯类中毒时，解毒药是阿托品、氯解磷定、碘解磷定。

124. 麻醉前给药，抑制腺体过多分泌，改善心脏活动的药物是阿托品。

125. 牛麻醉前给药东莨菪碱的主要目的是减少支气管分泌。

126. 用于解除胃肠道平滑肌痉挛、抑制腺体分泌过多和动物兴奋不安的药物是东莨菪碱。

127. 去甲肾上腺素的药理作用主要是激动α受体。

128. 治疗动物心搏骤停的急救药物是肾上腺素。

129. 既能用作平喘药治疗急性支气管痉挛，又能治疗心搏骤停、休克的药物是异丙肾上腺素。

130. 用于犬心脏早搏的药物是普萘洛尔（心得安）。

131. 常用局部麻醉的方式有表面麻醉（黏膜）、浸润麻醉（皮下）、传导麻醉（神经干）、硬膜外麻醉（硬膜外腔）和封闭疗法（组织内）。

132. 兽医上常用的局麻药有普鲁卡因、利多卡因、丁卡因。

133. 为了延长局部麻醉药的作用时间，宜配伍使用的药物是0.1%盐酸肾上腺素。

134. 属于大脑兴奋药是咖啡因；属于延髓兴奋药是尼可刹米、戊四氮、樟脑；属于脊髓兴奋药是士的宁。

135. 治疗牛的后躯麻痹时，应选用的中枢兴奋药是士的宁。

136. 能抑制下丘脑体温调节中枢，使体温显著降低的药物是氯丙嗪。

137. 内服无抗惊厥作用、静脉注射有抗惊厥作用的药物是硫酸镁注射液。

138. 苯巴比妥中毒时，解救药是安钠咖、戊四氮、尼可刹米等。

139. 对创伤、手术等引起的剧烈疼痛有良好镇痛效果的药物是哌替啶（度冷丁）。

140. 对犬进行诱导麻醉时，首选的药物是硫喷妥钠。

141. 用于犬、猫全身麻醉的诱导麻醉和维持的药物是丙泊酚。

142. 吸入性麻醉药有乙醚、氟烷、异氟醚（异氟烷）、七氟烷等。

143. 可引起葡萄糖反应的非吸入性麻醉药是戊巴比妥钠。

144. 异戊巴比妥钠中毒时，解救药是戊四氮。

145. 动物麻醉时会出现肌肉僵直（木僵样）的全身麻醉药是氯胺酮。

146. 赛拉嗪（隆朋）中毒时，解救药是阿托品。

147. 能作为骨骼肌松弛药使用的药物是琥珀胆碱。

148. 解热镇痛抗炎药的抗炎作用机理是抑制环氧化酶。

149. 能抑制凝血酶原合成，连续长期应用可发生出血倾向的药物是阿司匹林（乙酰水杨酸）。

150. 猫禁用的解热镇痛抗炎药物是对乙酰氨基酚（扑热息痛）。

151. 用于肌炎、软组织炎疼痛所致的跛行和关节炎等的药物是萘普生。

152. 新型动物专用的解热镇痛抗炎药是氟尼新葡甲胺。

153. 安乃近的不良反应是粒细胞减少。

154. 临床上用于控制犬肌肉骨骼病所致的疼痛和炎症的解热镇痛抗炎药是替泊沙林。

155. 非甾体类抗炎镇痛药有美洛昔康、托芬那酸、卡洛芬、维他昔布。

156. 非甾体类抗炎药中的选择性环氧酶-2抑制剂是维他昔布。

157. 抗生素治疗动物严重感染时，辅助应用糖皮质激素类药物的目的是控制机体过度的炎症反应。

158. 糖皮质激素停药和长期应用均可产生不良反应，急性肾上腺功能不全是糖皮质激素长期使用后突然停药的结果。

159. 糖皮质激素的保钠排钾作用，常致动物出现水肿和低钾血症；还可使动物出现骨质疏松等，幼年动物出现生长抑制等。

160. 多尿和饮欲亢进是糖皮质激素过量的经典症状。能够诱发和加重胃溃疡，出现出血、穿孔等并发症。

161. 糖皮质激素长期大剂量使用会引起糖代谢紊乱，血糖明显升高。糖皮质激素的分解代谢作用可引起蛋白质代谢的改变和成纤维细胞活性的抑制，导致肌无力、肌萎缩、皮肤变薄、皮肤钙质沉着及脱毛等。

162. 使用胃蛋白酶时，宜同时服用稀盐酸，忌与碱性药物、鞣酸、重金属盐等配合使用。

163. 用于胃肠道制酵，如瘤胃臌胀、前胃弛缓、胃肠臌气、急性胃扩张等的药物是鱼石脂。

164. 用于泡沫性臌气病的药物是二甲硅油。

165. 松节油内服可用于止酵健胃。

166. 具有增加肠内容积、软化粪便、加速粪便排泄作用的药物是硫酸钠。

167. 氨茶碱作用机制是抑制磷酸二酯酶，抑制组胺和慢性反应物质等过敏介质的释放，促进儿茶酚胺释放，使支气管平滑肌松弛，同时还有直接松弛支气管平滑肌作用，从而起到平喘作用，同时氨茶碱还具有继发性利尿作用。

168. 具有强心和兴奋呼吸中枢作用的药物是氨茶碱。

169. 对牛红细胞内疟原的裂殖体有强大杀灭作用的药物是青蒿琥脂。

170. 动物支气管感染初期，对症治疗应选择具有祛痰作用的药物是氯化铵。

171. 用于慢性支气管炎的治疗，以及防治碘缺乏症的药物是碘化钾。

172. 强心苷的药理作用是正性肌力、负性心率和负性频率、继发性利尿作用。

173. 洋地黄毒苷：用于治疗动物充血性心力衰竭的药物；能增强心肌收缩力，并使心率减慢的药物；用于治疗动物慢性心功能不全的慢作用强心苷类药物。

174. 肝素过量可导致出血，严重出血的特效解毒药是鱼精蛋白。用于输血及检查血液时体外血液样品的抗凝应选用的药物是肝素。

175. 枸橼酸钠含有的枸橼酸根离子能与血浆中钙离子形成难解离的可溶性络合物，使血中钙离子浓度迅速减少产生抗凝血作用。主要用于血液样品的抗凝。大量输血时，应另外注射适量钙剂，以预防低血钙。

176. 适用于各种出血，如手术前后出血、消化道出血等的药物是酚磺乙胺。

177. 用于毛细血管渗透性增加所致的出血应选用的药物是安络血。

178. 治疗仔猪缺铁性贫血的药物是右旋糖酐铁。

179. 对甲氧苄啶所致的巨幼红细胞性贫血无效的药物是叶酸。

180. 用于防治巨幼红细胞性贫血症的药物是维生素B_{12}。

181. 能引起低血钾症的药物是呋塞米（速尿）、氢氯噻嗪。

182. 为了纠正氢氯噻嗪常见的不良反应，应补充钾。

183. 用于脑水肿、脑炎的辅助治疗的药物是甘露醇、山梨醇。

184. 产道阻塞、胎位不正、骨盆狭窄及子宫颈尚未开放时禁用于催产的药物是缩宫素（催产素）。

185. 用于催产、产后子宫出血和胎衣不下等的药物是垂体后叶激素。

186. 能选择性地作用于子宫平滑肌，且用于产后子宫出血及加速子宫复原的药物是麦角新碱。

187. 成年公犬，因雄性激素缺乏出现隐睾症，应选用的治疗药物是丙酸睾酮。

188. 兽医临床诊断中用于慢性消耗性疾病的恢复期，也可以用于某些贫血性疾病辅助治疗的药物是苯丙酸诺龙。

189. 能促进雌性器官和副性腺特征的正常生长和发育的药物是雌二醇。

190. 用于预防习惯性或先兆性流产和控制母畜同期发情的药物是黄体酮。

191. 具有促卵泡素和促黄体素样作用的药物是绒促性素（绒膜激素）、血促性素。

192. 用于治疗干眼病，夜盲症的药物是维生素A。

193. 用于治疗佝偻病、骨软症的药物是维生素D。

194. 用于治疗白肌病和雏鸡渗出性素质的药物是维生素E。

195. 用于防治多发性神经炎的药物是维生素B_1，鸡缺少维生素B_1时，导致小脑液化性坏死，会引起观星状姿势。鸡缺少维生素B_2时，导致禽类趾爪内卷。

196. 可治疗成年动物软骨病的药物是氯化钙。

197. 亚硒酸钠可用于防治仔猪的白肌病。

198. 组胺受体阻断药有苯海拉明、异丙嗪、马来酸氯苯那敏（扑尔敏），其作用的机理是阻断H_1受体。H_2受体阻断药是西咪替丁（甲氰咪胍）。

199. 大剂量静脉注射苯海拉明时常出现中毒症状，以中枢神经系统过度兴奋为主。此时可静脉注射短效巴比妥类（如硫喷妥钠）进行解救，但不可使用长效或中效巴比妥。

200. H_1 受体主要分布在皮肤血管、支气管和胃肠平滑肌，被组胺激活后出现皮肤血管通透性增加导致的皮炎、呼吸道平滑肌痉挛引起的哮喘、胃肠道平滑肌痉挛出现的腹泻、腹痛。

201. H_2 受体阻断药有西咪替丁、雷尼替丁，其作用的机理是阻断 H_2 受体。

202. H_2 受体主要分布在胃壁腺细胞上，被组胺激活后能增加胃酸的分泌。

203. 用于治疗砷中毒、汞中毒的药物是二巯丙醇、二巯丙磺钠。

204. 解磷定用于解救动物严重有机磷中毒时，必须联合应用的药物是阿托品。

205. 用于解救亚硝酸盐中毒的药物是小剂量亚甲蓝。

206. 用于解救氰化物中毒的药物是大剂量亚甲蓝。

207. 能使血红蛋白的二价铁（Fe^{2+}）氧化成三价铁（Fe^{3+}）的药物是亚硝酸钠。

208. 与亚硝酸盐（亚硝酸钠）联合应用解救动物氰化物中毒的药物是硫代硫酸钠。

209. 用于解救有机氟中毒的药物是乙酰胺（解氟灵），其解毒机理是阻止氟乙酰胺转化成氟乙酸。

第七章
兽医微生物学与免疫学

1. 细菌是一类具有细胞壁和核质的单细胞原核生物。
2. 细菌的基本结构是细胞壁、细胞膜、细胞质和核体。
3. 细菌的特殊结构是鞭毛、菌毛、荚膜和芽孢。
4. 细菌的繁殖方式是二分裂增殖。
5. 肠杆菌科细菌鉴定的主要依据是生化特性。
6. 细菌的大小介于动物细胞与病毒之间,以微米(μm)为测量单位。
7. 细菌的个体形态可分为球状、杆状和螺旋状三种,分别称为球菌、杆菌和螺形菌。
8. 细菌在人工培养基中以菌落形式存在。
9. 在适宜的固体培养基中,适宜条件下经过一定时间培养,细菌在培养基表面或内部分裂增殖形成大量菌体细胞,形成肉眼可见的、有一定形态的独立群体,称为菌落,又称克隆。若菌落连成一片,称为菌苔。
10. 维持细菌固有形态的结构是细胞壁。
11. 革兰氏阳性菌和革兰氏阴性菌细胞壁均有的化学组成是肽聚糖。
12. 革兰氏阳性菌细胞壁特有的组分是磷壁酸。
13. 革兰氏阴性菌细胞壁特有的组分是脂多糖。
14. 革兰氏阴性菌内毒素发挥毒性作用的主要成分是类脂A。
15. L型细菌与其原型菌相比,差异的结构是细胞壁。
16. 细菌遗传变异的物质基础是核体。
17. 细菌染色体以外的遗传物质,为闭合环状双股DNA分子的是质粒。
18. 医学上重要的质粒有F质粒、R质粒和毒力质粒等,分别决定细菌的致育性、耐药性及致病性等。
19. 细菌抵御动物吞噬细胞吞噬的结构是荚膜。
20. 荚膜的化学成分随种而异,大多数细菌的荚膜为多糖,炭疽芽孢杆菌、鼠疫耶尔森菌等少数细菌的荚膜为多肽,还有一些细菌的荚膜为透明质酸。
21. 鞭毛的成分是蛋白质。
22. 半固体培养基可用于检测细菌的运动性,判定细菌的鞭毛形成能力。
23. 检测细菌运动性的半固体培养基常用的琼脂浓度是0.5%。

24. 细菌具有黏附作用的结构是菌毛。
25. 由致育因子（F质粒）编码产生的细菌特殊结构是性菌毛。
26. 可在细菌间传递遗传物质的结构是性菌毛。
27. 芽孢的形成不是细菌的繁殖方式，而是细菌的休眠状态，是细菌抵抗不良环境的特殊存活形式，具有完整核质与酶系统。
28. 杀灭芽孢的可靠方法是160℃干热灭菌或高压蒸汽灭菌，常以杀灭细菌芽孢作为灭菌或消毒是否彻底的标准。
29. 炭疽杆菌的菌落大而扁平，形状不规则，边缘呈卷发状，菌体粗大，两端平截或凹陷，排列似竹节状，无鞭毛，无动力，革兰氏染色阳性。炭疽杆菌的芽孢为卵圆形，位于菌体中央；破伤风梭菌的芽孢为圆形，比菌体大，位于菌体末端。
30. 革兰氏染色法：将标本固定后先用草酸铵结晶紫染色1min，水洗后加碘液染1min，然后用95%乙醇脱色30s，最后用稀释的石炭酸复红或沙黄复染1min后水洗。
31. 基于细胞壁结构与化学组成差异建立的细菌染色方法是革兰氏染色法。
32. 革兰氏阳性菌呈紫色，革兰氏阴性菌呈红色。
33. 细菌经瑞氏染色后的菌体颜色是蓝色，组织细胞的胞浆呈红色，细胞核呈蓝色。
34. 抗酸染色后，抗酸性细菌呈红色，非抗酸性细菌呈蓝色。
35. 结核分枝杆菌、副结核分枝杆菌、布鲁氏菌抗酸染色阳性（红色）是由于细胞壁中含有大量蜡质。
36. 菌体经荚膜染色后，有荚膜的细菌为蓝色，荚膜不着色，背景呈蓝紫色；无荚膜的细菌菌体为蓝色，背景呈蓝紫色。
37. 细菌生长繁殖的基本条件包括营养物质、酸碱度、温度、气体、渗透压。
38. 大多数细菌的最适pH为7.2～7.6；大多数病原菌的最适生长温度为37℃。
39. 必须在有氧条件下才能生长繁殖的细菌是结核分枝杆菌、铜绿假单胞菌。
40. 必须在无氧条件下才能生长繁殖的细菌是破伤风芽孢梭菌。
41. 根据形成的菌落数进行细菌计数，用菌落形成单位（CFU）表示。
42. 将一定数量的细菌接种于适宜的液体培养基后，连续定时取样检查活菌数，以培养时间为横坐标，培养物中活菌数的对数为纵坐标，可绘制出一条反映细菌增殖规律的曲线，称为生长曲线。
43. 细菌菌体增大，代谢活跃，但分裂迟缓，细菌数并不显著增加的生长时期是迟缓期。
44. 细菌的大小、形态、染色性、生物活性等都较典型，并对外界环境因素的作用较敏感的时期是对数期。
45. 细菌群体生长过程中，新繁殖的活菌数与死菌数量大致平衡的生长时期是稳定期。
46. 细菌的繁殖速度减慢或停止，死菌数量超过活菌数的生长时期是衰亡期。
47. 细菌的合成代谢产物包括热原质、毒素、侵袭性酶类、色素、细菌素、抗生素、维生素。

48．引起机体发热反应的热原质属于脂多糖。

49．革兰氏阴性菌的热原质是脂多糖，革兰氏阳性菌的热原质是多糖。

50．外毒素是由革兰氏阳性菌和少数革兰氏阴性菌产生的一类蛋白质，在代谢过程中分泌到菌体外，毒性极强。

51．内毒素是革兰氏阴性菌细胞壁中的脂多糖，菌体死亡或裂解后才能释放出来。

52．细菌在组织内扩散，与其相关的毒力因子是透明质酸酶、磷酸酯酶、链激酶等。

53．具有抗菌作用的细菌代谢产物是细菌素。

54．抗生素多由放线菌和真菌产生，少数由细菌产生。

55．大肠杆菌在肠道内能合成B族维生素和维生素K。

56．利用生物化学方法可以鉴别不同种细菌，即为生化反应试验。

57．大肠杆菌可分解葡萄糖和乳糖，产酸产气；而伤寒沙门氏菌仅分解葡萄糖，产酸不产气。

58．吲哚（I）、甲基红（M）、VP（Vi）、枸橼酸盐利用（C）4种试验，常用于鉴定肠道杆菌，统称为IMViC试验。大肠杆菌呈++－－，产气杆菌则为－－++。

59．液体培养基经常用于增菌及鉴定使用。

60．在液体培养基中加入0.5%的琼脂即成为半固体培养基，可用于观察细菌的动力及菌种的短期保存。

61．液体培养基中加入1.5%～2%琼脂，即为固体培养基，可供细菌分离培养、计数、药敏试验等使用。

62．基础培养基，最常用的是普通肉汤培养基，常用于糖发酵试验。

63．营养培养基，最常用的是血琼脂平板培养基。

64．选择培养基，常用的是麦康凯培养基。

65．麦康凯培养基属于选择培养基，其内含胆酸盐，能抑制革兰氏阳性菌的生长，有利于大肠杆菌和沙门氏菌的生长。

66．鉴别培养基常用的有各种糖发酵管、硫化氢管、伊红美蓝培养基等。

67．厌氧培养基，常用的是庖肉培养基。

68．在液体培养基中静置培养后，液体表面形成菌膜的细菌是牛分枝杆菌、枯草杆菌。

69．用接种针将细菌穿刺接种于半固体培养基中，如细菌无动力（无鞭毛），则沿此穿刺线生长，而周围培养基清澈透明；如细菌有鞭毛、能运动，可由穿刺线向四周扩散，呈放射状或云雾状生长。

70．正常动物无菌的部位是支气管和肺泡。

71．能使接种的实验动物在感染后一定时限内死亡一半所需的微生物量或毒素量，称为半数致死量。

72. 在一定时限内,能使接种的实验动物发生半数感染的微生物量或毒素量,称为**半数感染量**。
73. 病原菌突破动物体的防御系统,在体内定居、繁殖和扩散的能力称为**侵袭力**。
74. 黏附因子直接结合的部位是**糖残基**。
75. 细菌的毒力因子主要包括**侵袭力**和**毒素**。
76. 溶菌酶杀菌作用的机制是**裂解肽聚糖**。
77. 外毒素免疫原性强,经过0.3%~0.4%**甲醛**处理后成为**类毒素**,但仍保留抗原性。
78. 类毒素可用于**预防接种**,而抗毒素常用于**治疗**和**紧急预防**。
79. 内毒素的主要毒性成分是**类脂A**。
80. 与内毒素相比,细菌外毒素具有的特点是**免疫原性强**。
81. 能够中和细菌外毒素的物质是**抗毒素**。
82. 病原菌由原发部位一时性或间断性侵入血流,但并不在血液中生长繁殖,称为**菌血症**。
83. 病原菌侵入机体后,仅在局部生长繁殖而不入血,但其产生的外毒素入血,到达组织和细胞,引起特殊的毒性症状,称为**毒血症**。
84. 病原菌侵入血流,并在其中大量繁殖,产生毒性代谢产物,引起严重的全身中毒症状,称为**败血症**。
85. 化脓性细菌由病灶局部侵入血流,在其中大量繁殖,并随血流扩散至全身组织和器官,产生新的化脓性病灶,称为**脓毒血症**。
86. 用于分离细菌的粪便样本在运输中常加入的保存液是**无菌甘油缓冲盐水**。
87. 细菌纯培养物血清学鉴定最常用的方法是**玻片凝集试验**。
88. 可用于鉴定细菌血清型的方法是**玻片凝集试验**。
89. **聚合酶链式反应(PCR)**是一种选择性体外扩增DNA或RNA片段的方法。
90. 杀灭物体上病原微生物的方法,但并不一定能杀死含芽孢的细菌,称为**消毒**。
91. 杀灭物体上所有病原微生物和非病原微生物及其芽孢的方法,称为**灭菌**。
92. 阻止或抑制物品上微生物生长繁殖的方法,称为**防腐**;血清中加0.01%硫柳汞的目的是**防腐**。
93. 耐热橡胶制品、手术敷料最适的灭菌方法是**高压蒸汽灭菌**。
94. 高压蒸汽灭菌法杀灭芽孢常用的有效温度是**121℃**。
95. 低温维持巴氏消毒法,采用的温度是**63~65℃**。
96. 高温瞬时巴氏消毒法,采用的温度是**71~72℃**。
97. 超高温巴氏消毒法,采用的温度是**132℃**。
98. 适用于巴氏消毒法进行消毒的是**啤酒**、**果酒**及**牛奶**等食品的消毒。
99. 接种针(环)、金属器具、试管口等的灭菌方法是**火焰灭菌法**。

100. 玻璃器皿、瓷器或需干燥的注射器等的灭菌方法是热空气灭菌法。

101. 微生物实验室、无菌室、消毒室、手术室、传染病房、种蛋室、空气消毒等常用的灭菌方法是紫外线。

102. 采用0.22μm孔径滤膜过滤小牛血清的目的是除菌。

103. 适用于鸡舍带鸡喷雾消毒的过氧乙酸浓度是0.3%。

104. 常用于畜舍熏蒸消毒的消毒剂是福尔马林。

105. 乙醇消毒常用的浓度为75%。

106. 根据链球菌在血琼脂平板上的溶血现象将其分为α、β、γ三大类。

107. α溶血性链球菌的菌落周围有不透明溶血环，这类链球菌又称草绿色链球菌。

108. β溶血性链球菌的菌落周围形成一个界限分明、完全透明的溶血环，这类细菌又称溶血性链球菌，致病力强，引起多种疾病。

109. γ溶血性链球菌的菌落周围无溶血环，故又称不溶血性链球菌，一般不致病。

110. 猪链球菌2型在绵羊血平板呈α溶血，马血平板则为β溶血。

111. 可产生脂溶性色素的细菌是金黄色葡萄球菌。

112. 欧洲幼虫腐臭病的病原是蜂房蜜蜂球菌；美洲幼虫腐臭病的病原是拟幼虫芽孢杆菌。

113. 大肠杆菌在麦康凯琼脂培养基上生长可形成红色菌落，其原因是分解乳糖。沙门菌在麦康凯琼脂培养基上生长可形成无色菌落，其原因是不分解乳糖。支气管败血波氏菌在麦康凯平板上生长菌落呈蓝灰色，有狭窄的红色环，培养基着染琥珀色。

114. 大肠杆菌在伊红美蓝琼脂培养基上产生黑色带金属闪光的菌落。大麦红，沙麦无，黑大衣，海波蓝。

115. 引起仔猪黄痢、仔猪白痢的病原是产肠毒素大肠杆菌；引起仔猪水肿病的病原是产志贺毒素大肠杆菌。

116. 沙门氏菌在麦康凯琼脂培养基或远藤培养基上生长成无色透明、圆形、光滑、扁平的小菌落。

117. 鸡白痢检疫常用的方法是平板凝集试验。

118. 新分离的多杀性巴氏杆菌有微荚膜，在动物血液和脏器中的细菌经瑞氏染色或美蓝染色呈明显的两极着色。

119. 猪肺疫、禽霍乱、牛出血性败血症的病原是多杀性巴氏杆菌。

120. 雏鸭传染性浆膜炎的病原是鸭疫里氏杆菌，经瑞氏染色可见两极着色。

121. 副猪嗜血杆菌生长需供给X因子和V因子。

122. 胸膜肺炎放线杆菌生长需添加V因子。

123. 用于分离胸膜肺炎放线杆菌、副猪嗜血杆菌的培养基是巧克力琼脂培养基。

124. 胸膜肺炎放线杆菌在绵羊血平板上，可产生稳定的β溶血，金黄色葡萄球菌可增强其溶血圈（CAMP试验阳性）。

125. 副猪嗜血杆菌在兔血平板上可产生溶血，金黄色葡萄球菌可增强其溶血圈（CAMP试验阳性）。

126. 布鲁氏菌的细菌学检查是柯兹洛夫斯基染色（红色）。

127. 鼻疽诊断和检疫常用的方法是变态反应，所用反应原为鼻疽菌素。采用皮内注射。

128. 支气管败血波氏菌在麦康凯平板培养菌落呈蓝灰色，周边有狭窄的红色环，培养基着染琥珀色。

129. 产单核细胞李氏杆菌在45°斜射光线下观察，菌落可见淡蓝绿色荧光。

130. 菌体最大的细菌是炭疽杆菌。

131. 菌体排列成短链，相连菌端呈竹节状的细菌是炭疽芽孢杆菌。

132. 在固体培养基上可生长成大而扁平，边缘呈卷发状菌落的细菌是炭疽杆菌。

133. 在含青霉素的培养基中菌体形成串珠的细菌是炭疽杆菌。

134. 诊断炭疽的血清学方法是Ascoli沉淀反应（环状沉淀试验）。

135. 在牛乳培养基中生长出现汹涌发酵现象的细菌是产气荚膜梭菌。

136. 在血平板上形成双层溶血环，内环完全溶血，外环不完全溶血的细菌是产气荚膜梭菌。

137. 对动物有致病性的分枝杆菌主要是结核分枝杆菌、牛分枝杆菌、禽分枝杆菌和副结核分枝杆菌。

138. 分枝杆菌属于革兰氏阳性菌，能抵抗3%盐酸酒精的脱色作用，故称为抗酸菌。

139. 齐-尼二氏抗酸染色法染色后呈红色的细菌是结核分枝杆菌。

140. 可细胞内寄生的细菌是分枝杆菌。

141. 诊断牛结核病常用的方法是皮内变态反应法。

142. 引起奶牛间歇性腹泻和增生性肠炎的病原菌是副结核分枝杆菌。

143. 自然条件下，只能通过皮肤创口才能感染的细菌是破伤风梭菌。

144. 螺旋体是一类细长、柔软、弯曲呈螺旋状、能活泼运动的原核单细胞微生物，是介于细菌和原虫之间的一类微生物。

145. 猪痢短螺旋体所致疾病称为猪痢疾，又名血痢、黑痢、出血性痢疾、黏膜出血性痢疾等，最常发生于8~14周龄幼猪。

146. 支原体又称霉形体，是一类无细胞壁的原核单细胞微生物，呈高度多形性，能通过细菌滤过膜，能在人工培养基中生长繁殖，含有DNA和RNA，二分裂或芽生繁殖。

147. 鸡慢性呼吸道疾病的病原是鸡败血支原体。

148. 牛传染性胸膜肺炎的病原是丝状支原体。

149. 猪气喘病的病原是猪肺炎支原体。

150. 支原体在固体培养基上生长的菌落呈荷包蛋状，猪肺炎支原体在A26的液体培养基中，不呈煎荷包蛋状（特殊）。培养支原体的培养基有马血清马丁琼脂培养基、牛心浸出液培养基、A26培养基。

151. 病毒是最小的微生物，必须用电子显微镜才可观察到其结构简单，表现为无完整的细胞结构，仅有一种核酸（DNA或RNA）作为遗传物质，必须在活细胞内方可显示其生命活性。

152. 病毒的增殖方式是复制。

153. 测量病毒大小的常用计量单位是纳米（nm）。

154. 最大的病毒是痘病毒；最小的病毒是圆环病毒。

155. 完整的病毒颗粒主要由核酸和蛋白质组成。

156. 裸露病毒保护核酸免受环境中核酸酶破坏的结构是衣壳。

157. 病毒衣壳的成分是蛋白质；病毒囊膜的成分是脂质；病毒纤突的成分是糖类。

158. 最易破坏囊膜病毒感染活性的因素是脂溶剂。

159. 决定病毒遗传特性的物质是核酸；蛋白质是病毒的主要组成成分。

160. 病毒感染导致的细胞损伤称为细胞病变（CPE）。

161. 通常用CPE作为指标，计算病毒的半数细胞感染量（$TCID_{50}$）来判定病毒的毒力。

162. 用于空斑试验进行病毒定量时应选用细胞。

163. 可用于纯化病毒的试验是空斑试验。

164. 朊病毒对动物的感染过程属于慢发病毒感染。

165. 病毒的形态学鉴定方法是电子显微镜观察。

166. 可用于病毒血清型鉴定的方法是中和试验。

167. 测定病毒抗体水平最适用的方法是中和试验。

168. 用抗体检测转移至滤膜上病毒蛋白的方法是免疫转印技术。

169. PCR检测病毒，检测的靶标是核酸。

170. 鉴定病毒基因型的方法是核苷酸序列分析。

171. 绵羊痘病毒与山羊痘病毒存在共同抗原，呈交叉反应，但在自然条件下不会发生交叉感染。在自然条件下绵羊痘病毒仅感染绵羊，山羊痘病毒仅感染山羊。

172. 鸡痘病料接种鸡胚的部位是绒毛尿囊膜。

173. 兔感染黏液瘤病毒后呈现特征性的狮子头。

174. 非洲猪瘟病毒是唯一已知核酸为DNA的虫媒病毒，由软蜱传递。自然条件下仅家猪易感，以全身出血、呼吸障碍和神经症状为特征。

175. 伪狂犬病病毒最初定位于扁桃体。

176. 引起母猪繁殖障碍的疱疹病毒是伪狂犬病病毒。

177. 牛传染性鼻气管炎病毒学名为牛疱疹病毒1型，可引起牛的多系统感染。

178. 马立克氏病病毒学名禽疱疹病毒2型，是鸡的重要传染病病原，具有致肿瘤特性。

179. 可引起禽类肿瘤性疾病的双股DNA病毒是马立克氏病病毒。

180. 禽传染性喉气管炎病毒学名禽疱疹病毒1型，导致鸡传染性喉气管炎。

181. 鸭瘟病毒学名鸭疱疹病毒1型，导致鸭瘟（鸭病毒性肠炎）。

182. 鸭瘟病毒在分类上属于疱疹病毒科。

183. 目前鸭瘟病毒的血清型有1个。

184. 能致犬肠炎，属腺病毒科的病毒是犬传染性肝炎病毒。

185. 产蛋下降综合征是由腺病毒引起的一种以产蛋率下降为特征的传染病。

186. 产蛋下降综合征病毒属于腺病毒科。

187. 产蛋下降综合征病毒，确诊可通过病毒分离、HA-HI或中和试验检测抗体。

188. 无血凝素纤突但有血凝性的病毒是猪细小病毒。

189. 猪细小病毒主要特征是初产母猪发生流产、死产、胚胎死亡、胎儿木乃伊化和病毒血症，而母猪本身并不表现临床症状，其他猪感染后也无明显临床症状。

190. 能致犬肠炎，具有血凝性的单股DNA病毒是犬细小病毒。

191. 犬细小病毒的诊断最简便的方法是血凝及血凝抑制试验（HA-HI试验）。

192. 鹅细小病毒又名小鹅瘟病毒，主要侵害3～20日龄小鹅，以传染快、高发病率、高死亡率、严重下痢以及渗出性肠炎为特征。

193. 引起小鹅瘟的病原属于细小病毒科。

194. 猫泛白细胞减少症病毒的诊断可用HA-HI试验、病毒分离、酶联免疫吸附（ELISA）或免疫荧光技术、PCR等。

195. 貂肠炎病毒常用的诊断方法是HA-HI试验。

196. 猪圆环病毒的病原分离鉴定常用的细胞是PK-15细胞。

197. 禽白血病病毒在分类上属于反转录病毒科。

198. 山羊关节炎/脑脊髓炎病毒的诊断方法是琼脂凝胶免疫扩散试验。

199. 马传染性贫血病毒的诊断方法是补体结合反应和琼脂扩散试验。

200. 蓝舌病毒在分类上属于呼肠孤病毒科。

201. 蓝舌病毒通过吸血昆虫主要是库蠓传播。

202. 传染性法氏囊病病毒，在感染细胞内，病毒常呈晶格状排列。

203. 传染性法氏囊病病毒在分类上属于双RNA病毒科。

204. 传染性法氏囊病病毒的诊断方法是琼脂扩散试验。

205. 新城疫病毒在分类上属于副黏病毒科。

206. 新城疫病毒纤突具有两种糖蛋白，分别是血凝素神经氨酸酶（HN）及融合蛋白（F）。

207. 具有血凝素神经氨酸酶纤突的病毒是新城疫病毒。

208. SPF鸡胚分离新城疫病毒最适宜的接种部位是尿囊腔。

209. 检测雏鸡新城疫母源抗体效价最常用的方法是血凝抑制试验。

210. 小反刍兽疫病毒在分类上属于副黏病毒科，是麻疹病毒属中最长的病毒。

211. 与牛瘟病毒存在明显抗原交叉反应的病毒是小反刍兽疫病毒。

212. 能致犬肠炎，属副黏病毒科、可引起双相热病征的病毒是犬瘟热病毒。

213. 狂犬病病毒在分类上属于弹状病毒科。

214. 牛暂时热病毒属于弹状病毒科，传播媒介是库蠓、疟蚊等节肢动物。

215. 禽流感病毒在分类上属于正黏病毒科，核酸类型为分节段负链RNA。

216. 基因组有8个节段的病毒是禽流感病毒。

217. 禽流感病毒H亚型分型的物质基础是血凝素。

218. 用鸡胚增殖禽流感病毒的最适接种部位是尿囊腔。

219. 确诊禽流感最可靠的方法是病毒分离鉴定。

220. 病毒接种鸡胚尿囊腔，绒毛尿囊血管肿胀，鸡胚蜷缩并矮小化的病毒是禽传染性支气管炎病毒。

221. 病毒复制过程中可直接作为mRNA的核酸类型是单股正链RNA。

222. 禽传染性支气管炎病毒、猪传染性胃肠炎病毒、猪流行性腹泻病毒、猫冠状病毒、犬冠状病毒在分类上属于冠状病毒科。

223. 猪繁殖与呼吸综合征病毒在分类上属于动脉炎病毒科。

224. 猪繁殖与呼吸综合征病毒的病原分离鉴定常用的细胞是MARC-145细胞、猪肺泡巨噬细胞（PAM）、MA-104细胞。其中病原分离时，亲嗜性最高的细胞是PAM细胞。

225. 口蹄疫病毒、猪水疱病病毒、雏鸭肝炎病毒、囊状幼虫病毒、蜜蜂慢性麻痹病毒、家蚕软化病病毒在分类上属于微RNA病毒科。

226. 口蹄疫病毒有7个血清型，分别命名为O、A、C、SAT1、SAT2、SAT3及亚洲1型。

227. 口蹄疫病毒的病原分离鉴定常用的细胞是BHK-21细胞。

228. 能够区分口蹄疫病毒自然感染与疫苗免疫的抗体是3ABC抗体。

229. 猪水疱病病毒的血清型只有一个。

230. 导致幼虫背部出现棕色斑点，逐渐变成暗灰色，皮下渗出液增多，略带黄色，形似水袋的病毒是蜜蜂囊状幼虫病病毒。

231. 兔出血症病毒在分类上属于嵌杯病毒科。兔出血症病毒做血凝试验时，需使用人红细胞。

232. 猪瘟病毒、牛病毒性腹泻病毒、日本脑炎病毒、鸭坦布苏病毒在分类上属于黄病毒科。

233. 剖检可见猪脾脏边缘梗死，盲肠纽扣状溃疡，最可能引起本病的病原是猪瘟病毒。

234. 牛病毒性腹泻病毒基因Ⅱ型与猪瘟病毒抗原性无交叉，牛病毒性腹泻病毒基因Ⅰ型则有，后者还可自然感染猪。

235. 日本脑炎病毒在分类上属于黄病毒科。

236. 日本脑炎病毒主要通过蚊虫叮咬传播。

237. 猪是乙型脑炎主要的储存宿主和扩散宿主，可造成孕猪流产或死产。

238. 朊病毒的主要组成成分是蛋白质。

239. 疯牛病、痒病的病原是朊病毒。

240. 噬菌体在分类上归属于尾病毒目。

241. 抗原分子本身的特性是影响免疫原性的关键因素。

242. 决定抗原特异性的物质基础是表面特殊的化学基团。

243. 抗原抗体反应的特异性主要取决于抗原表位和抗体可变区构型。

244. 抗原表位的大小主要受淋巴细胞膜受体和抗体分子的抗原结合点的制约。

245. 既具有免疫原性又有反应原性的物质为完全抗原。

246. 只具有反应原性而缺乏免疫原性的物质为半抗原，大多数多糖、类脂、药物分子（青霉素）等属于半抗原。

247. 异嗜性抗原：指存在于人、动物及微生物等不同种属之间的共同抗原。

248. 异种抗原：指来自于另一物种的抗原，如病原微生物及其产物、植物蛋白、治疗用动物抗血清（抗体）及异种器官移植物等，对人而言均为异种抗原。

249. 同种异型抗原：指同一种属不同个体间所存在的不同抗原，亦称同种抗原或同种异体抗原。

250. 自身抗原：正常情况下，机体对自身组织细胞成分不会产生免疫应答，即自身耐受。但是在感染、理化因素、某些药物等影响下，自身组织细胞成分发生改变和修饰，或者外伤导致免疫隔离的自身物质释放，均可使自身来源物质成为自身抗原，诱导特异性自身免疫应答。

251. 极低浓度即激活多克隆T细胞免疫效应的物质，该抗原的类型是超抗原。

252. 细菌抗原结构复杂，是多种抗原的复合体，有菌体抗原、鞭毛抗原、荚膜抗原和菌毛抗原；病毒抗原有囊膜抗原、衣壳抗原、核蛋白抗原等。

253. 一种物质先于抗原或与抗原混合同时注入动物体内，能非特异性地改变或增强机体对该抗原的特异性免疫应答，发挥辅佐作用，这类物质称为佐剂。

254. 属于铝盐类佐剂的是氢氧化铝胶、明矾（钾明矾、铵明矾）和磷酸三钙等。

255. 属于油乳佐剂的是液体石蜡、Span-80、Tween-80、羊毛脂、弗氏完全佐剂、弗氏不完全佐剂、硬脂酸铝等。

256. 属于微生物及其代谢产物佐剂的是革兰氏阳性菌的脂磷壁酸、革兰氏阴性菌的脂多糖等。

257. 属于核酸及其类似物佐剂的是一些微生物中的核酸成分等。

258. 属于细胞因子佐剂的是白细胞介素-1、白细胞介素-2、γ干扰素等。

259. 属于免疫刺激复合物的是脂质小体。

260. 属于蜂胶佐剂的是蜂胶。

261. 介导体液免疫应答的免疫分子是抗体。

262. 依据化学结构和抗原性差异，免疫球蛋白可分为IgG、IgM、IgA、IgE和IgD。

263. IgG、IgE、血清型IgA、IgD均以单体分子形式存在，IgM是以5个单体分子构成的五聚体，由2个单体分子聚合而成并存在于分泌液中的抗体是sIgA（分泌型IgA）。

264. IgM分子中将免疫球蛋白单体连接为五聚体的结构是连接链。

265. 抗体与抗原结合的部位是V_H-V_L。

266. 免疫球蛋白同种异型差异（遗传标志）的区域是CH_1-CL。

267. CH_2是抗体分子的补体结合位点，与补体的活化有关。

268. CH_3/CH_4与抗体的亲细胞性有关。

269. CH_3是IgG与一些免疫细胞的Fc受体的结合部位，CH_4是IgE与肥大细胞和嗜碱性粒细胞Fc受体的结合部位。

270. IgG是动物血清中含量最高的免疫球蛋白，是动物自然感染和人工主动免疫后所产生的主要抗体。

271. 动物机体抗病毒感染免疫中，在特异性免疫阶段具有中和病毒和调理作用，同时也是动物机体抗感染免疫的主力、血清学诊断和疫苗免疫后监测的主要抗体的免疫分子是IgG。

272. IgM是动物机体初次体液免疫反应最早产生的免疫球蛋白，在抗感染免疫的早期起着重要的作用。

273. 动物机体局部黏膜免疫中发挥主要作用的抗体是IgA。

274. 传染病的预防接种，经滴鼻、点眼、饮水及喷雾途径接种疫苗，均可产生分泌型IgA而建立相应的黏膜免疫力。

275. 消化道黏膜抗病毒免疫的主要抗体是sIgA。

276. 与肥大细胞或嗜碱性粒细胞结合，并介导Ⅰ型变态反应的抗体类型是IgE。

277. IgE在抗寄生虫感染中具有重要的作用。

278. 马的免疫球蛋白分为IgG、IgM、IgA、IgE和IgD。

279. 牛的免疫球蛋白分为IgG、IgM、IgA、IgE和IgD。

280. 猪的免疫球蛋白分为IgG、IgM、IgA、IgE和IgD。

281. 绵羊的免疫球蛋白分为IgG、IgM、IgE和IgD。

282. 犬的免疫球蛋白分为IgA、IgM、IgE和IgD。IgE有2个亚类（IgE1和IgE2），是其独特之处。

283. 猫的免疫球蛋白分为IgG、IgM和IgA，有一种热敏抗体可能是IgE，猫的IgD尚未确定。

284. 小鼠的免疫球蛋白分为IgG、IgM、IgA、IgE和IgD。

285. 兔的免疫球蛋白有IgG、IgM、IgA和IgE，无IgD。

286. 鸡的免疫球蛋白有IgG、IgM、IgA，无IgE；鸡IgG性质独特，因而称其为IgY。

287. 鸭的IgG和IgE均来自IgY，胆汁中含有IgA，鸭血清中含有IgM，尚未发现鸭有IgD。

288. 单克隆抗体是指由一个B细胞分化增殖的子代细胞（浆细胞）产生的针对单一抗原决定簇的抗体。

289. 与多克隆抗体相比，单克隆抗体的优点是特异性强。

290. 制备单克隆抗体最常用的动物是小鼠。

291. 中枢免疫器官包括骨髓、胸腺、法氏囊（禽类特有）。

292. 骨髓是动物体最重要的造血器官，骨髓产生抗体的免疫球蛋白类别主要是IgG，其次为IgA，因此，骨髓也是再次免疫应答发生的主要场所。

293. 胸腺是T细胞分化成熟的中枢免疫器官。

294. 哺乳动物新生期，切除后会影响T淋巴细胞分化成熟的免疫器官是胸腺。

295. 法氏囊是诱导B细胞分化和成熟的场所。

296. 禽类特有的免疫器官是法氏囊。

297. 存在于禽类眼窝内的腺体是哈德氏腺。

298. 负责抗原呈递的细胞表面分子是MHC分子。

299. T淋巴细胞参与细胞免疫；B淋巴细胞参与体液免疫。

300. 能分泌抗体的免疫细胞是浆细胞。

301. 抗原刺激后能增殖分化为浆细胞、具有免疫记忆功能的免疫细胞是B细胞。

302. 可呈递抗原，活化后又可分泌抗体的免疫细胞是B细胞。

303. 在先天性免疫应答中能直接杀伤病毒感染细胞的免疫细胞是NK细胞。

304. 抗原呈递细胞消化降解外源性抗原的部位是吞噬溶酶体。

305. 具有专职抗原呈递功能的免疫细胞是树突状细胞（DC）、巨噬细胞、B细胞。DC的主要功能是处理和呈递抗原，是体内呈递抗原功能最强的细胞。

306. 在先天性免疫和获得性免疫中均担负重要功能的免疫细胞是巨噬细胞。

307. 兼有吞噬和抗原呈递功能的免疫细胞是巨噬细胞。

308. 抗原呈递细胞在免疫应答中将抗原呈递给T细胞，专职抗原呈递细胞包括树突状细胞、巨噬细胞和B细胞。

309. 补体是存在于正常动物和人血清中的一组不耐热具有酶活性的球蛋白。新鲜血清中含有能引起细菌溶解的、对热不稳定的成分，称为补体。参与补体激活的各种成分以及调控补体成分的各种灭活或抑制因子及补体受体，称为补体系统，是机体天然免疫的重要成分之一。

310. 在白细胞间起免疫调节作用的细胞因子是白细胞介素。

311. 最早发现的细胞因子是干扰素。

312. 干扰素（IFN）：分为Ⅰ型干扰素和Ⅱ型干扰素，Ⅰ型干扰素包括IFN-α、IFN-β、IFN-τ、IFN-ω，Ⅱ型干扰素即IFN-γ。IFN-α来源于病毒感染的白细胞，IFN-β由病毒感染的成纤维细胞产生，IFN-τ来自反刍动物滋养层；IFN-γ由抗原刺激T细胞产生，IFN-ω来自胚胎滋养层，IFN-γ和IFN-β具有抗病毒作用，IFN-ω和IFN-τ与胎儿保护有关；IFN-γ主要发挥免疫调节功能。

313. 能够作用于正常细胞使之产生抗病毒蛋白的免疫分子是干扰素。

314. 动物机体抗病毒感染免疫中，在病毒感染初期起主要的非特异性抗病毒作用的免疫分子是干扰素。

315. 干扰素抗病毒的特点是作用于受感染细胞后，使细胞产生抗病毒作用。

316. 促红细胞生成素（EPO）主要由肾脏的肾小管内皮细胞产生。

317. 干细胞因子（SCF）可促进肥大细胞增殖分化。

318. 在1975年从免疫动物血清中发现的分子是肿瘤坏死因子（TNF）。

319. 参与机体防御反应，是重要的促炎因子和免疫调节分子的是肿瘤坏死因子。

320. 一组促进造血细胞，尤其是造血干细胞增殖、分化和成熟的因子是集落刺激因子（CSF）。

321. 在专业的抗原呈递细胞中，树突状细胞（DC）是最有效的抗原呈递细胞。

322. 参与特异性细胞免疫应答的主要效应细胞是细胞毒性T细胞和迟发型变态反应T细胞。

323. 可产生颗粒酶的细胞是细胞毒性T细胞。

324. 与初次应答相比，机体再次应答时产生抗体的特点是产生的IgG水平高。

325. 由细胞毒性T细胞释放，能够溶解靶细胞的免疫分子是穿孔素。

326. 过敏反应型、细胞毒型、免疫复合物型变态反应是由抗体免疫介导的；迟发型变态反应是细胞免疫介导的。

327. 参与速发型过敏反应的抗体类型是IgE。

328. 与IgE结合，参与Ⅰ型变态反应的细胞是肥大细胞。

329. 青霉素引起全身性休克的变态反应类型是过敏反应型（Ⅰ型）变态反应。

330. 属于细胞毒型（Ⅱ型）变态反应的是输血反应、新生畜溶血性贫血、自身免疫溶血性贫血。

331. 因亲代血型抗原差异较大，而易出现新生畜溶血性贫血的动物是骡。

332. 属于免疫复合物型（Ⅲ型）变态反应的是血清病、自身免疫复合物病、Arthus反应。

333. 介导迟发型（Ⅳ型）变态反应的免疫细胞是迟发型超敏性T细胞（TDTH细胞）。

334. 属于迟发型（Ⅳ型）变态反应的是Jones-Mote反应、结核菌素变态反应、接触性变态反应、肉芽肿变态反应。

335. 先天性免疫具有的特点是个体生下来就有的，具有遗传性，只能识别自身和非自身，对异物无特异性区别作用，对病原微生物和一切外来抗原物质起着第一道防线的防御作用。

336. 体液免疫的抗感染作用主要是通过抗体来实现的；参与机体获得性免疫应答的核心细胞是T淋巴细胞、B淋巴细胞。

337. 抗细胞内细菌感染以细胞免疫为主。细胞内细菌感染多为慢性细菌性感染，如结核杆菌、布鲁氏菌、李氏杆菌等细胞内寄生菌所引起的感染。

338. 在抗真菌特异性免疫中发挥主要介导作用的物质是致敏淋巴细胞释放的细胞因子。

339. 在局部免疫中，分泌型IgA发挥抗病毒作用的方式是阻止病毒从黏膜入侵机体。

340. 循环抗体阻断病毒通过血液扩散的方式是中和病毒与调理作用。

341. 可用于人工被动免疫的是抗毒素，机体自然感染病毒后产生的免疫力属于天然主动免疫。

342. 给动物接种疫苗，刺激机体免疫系统发生应答反应，产生特异性免疫力，属于人工主动免疫。

343. 可用于人工主动免疫的免疫原是类毒素。

344. 新生动物通过母源抗体而获得对某种病原的免疫力属于天然被动免疫。

345. 将免疫血清或自然发病后康复动物的血清人工输入未免疫的动物，使获得对某种病原微生物的抵抗力属于人工被动免疫。

346. 与弱毒疫苗相比，灭活疫苗的特点是使用安全。

347. 病原微生物经理化方法灭活后，仍然保持免疫原性，接种后使动物产生特异性抵抗力，这种疫苗称为灭活疫苗。

348. 用具有共同保护性抗原的不同病毒制备成的疫苗属于异源疫苗。

349. 从细菌或病毒中提取蛋白成分制备的疫苗属于亚单位疫苗。

350. 用基因工程技术将强毒株毒力相关基因切除构建的活疫苗是基因缺失疫苗。

351. 目前最成功且应用最广的基因缺失疫苗是伪狂犬病病毒基因缺失疫苗。

352. 肌肉注射免疫后，动物体内抗体滴度最高的是血液。

353. 规模化鸡场禽流感灭活疫苗免疫首选途径是注射。

354. 接种鸡痘疫苗最常用的方法是刺种。

355. 监测免疫效果最常用测定的是特异性抗体水平。

356. 湿苗应低温冷冻保存，弱毒冻干苗、灭活疫苗应保存于2~8℃，马立克氏病细胞结合毒疫苗应在液氮中保存。

357. 影响免疫血清学反应的因素主要有电解质、温度、pH等。

358. 参与凝集试验的抗体主要是IgG和IgM。

359. 玻片凝集试验一般用于新分离细菌的鉴定，为一种定性试验。

360. 试管凝集试验为一种定量试验，用以检测待测血清中是否存在相应抗体和测定血清的抗体效价（滴度），可用于临床诊断或流行病学调查。

361. 参与沉淀反应的抗体主要是IgG和IgM。

362. 最简单、最古老的一种沉淀试验是环状沉淀试验。

363. 环状沉淀试验主要用于抗原的定性检测，如诊断炭疽的Ascoli试验、链球菌血清型鉴定、血迹鉴定和沉淀素的效价滴定等。

364. 可用于标记的荧光素有异硫氰酸荧光素（FITC）、四乙基罗丹明和四甲基异硫氰酸罗丹明，其中应用最广的是FITC。

365. 可用于检测细菌的抗体，用于细菌病的流行病学调查和早期诊断的是免疫荧光抗体间接染色法。

366. 最适于对混合抗原组分进行鉴定的方法是免疫电泳。

367. 根据抗原抗体反应的特异性和酶催化反应的高敏感性建立起来的免疫检测技术是免疫酶标记技术。常用的有辣根过氧化物酶（HRP）、碱性磷酸酶、葡萄糖氧化酶等。其中，以辣根过氧化物酶应用最广。

368. 将放射性同位素测量的高度敏感性和抗原抗体反应的高度特异性结合起来建立的一种免疫分析技术是放射免疫分析。

369. 放射免疫分析检测敏感度可达到皮克（pg）级。

370. 根据抗体能否中和病毒的感染性而建立的免疫学试验称为中和试验。

371. 可用于体外抗原或抗体检测的免疫学技术是补体结合反应。

372. 免疫胶体金标记技术是以胶体金颗粒为示踪标记物或显色剂，应用于抗原抗体反应的一种新型免疫标记技术，主要应用于组织化学染色分析和动物疫病诊断。

第八章
兽医传染病学

1. 根据动物疫病对养殖业生产和人体健康的危害程度，《动物疫病法》规定动物疫病分为**三类**。

2. 动物传染病的特征包括在一定环境条件下由病原微生物与机体相互作用所引起的、具有**传染性**和**流行性**、被感染的动物机体发生特异性反应、耐过动物能获得**特异性免疫**，大多数传染病具有特征性的发病表现、具有一定的流行规律。

3. 传染病的病程分为**潜伏期**、**前驱期**、**明显期**和**转归期**。

4. 对人和动物危害严重、需采取紧急、严厉的强制性预防、控制和扑灭措施的疾病是**一类疫病**。

5. 可造成重大经济损失、需要采取严格控制、扑灭措施的疾病是**二类疫病**。

6. 常见多发、可造成重大经济损失、需要控制和净化的动物疫病是**三类疫病**。

7. 若病原体从外界侵入动物机体引起的感染过程，称为**外源性感染**。

8. 一些条件性致病微生物已经存在于动物机体，当受不良因素影响，动物机体抵抗力减弱时，可导致病原微生物大量繁殖和毒力增强，最终引起机体发病的感染过程，称为**内源性感染**。

9. 由一种病原微生物所引起的感染，称为**单纯感染**；由两种以上的病原微生物同时参与的感染，称为**混合感染**。

10. 动物感染了一种病原微生物之后，在机体抵抗力减弱的情况下，又由新侵入的或原来存在于体内的另一种病原微生物引起感染，称为**继发感染**。

11. 将出现该病所特有的明显发病症状的感染称为**显性感染**；在感染后无明显发病症状而呈隐蔽经过的称为**隐性感染**。

12. 一开始症状就较轻，特征症状尚未出现即行恢复者，称为**一过型（或消散型）感染**。

13. 初始症状较重，与急性病例相似，但特征症状尚未出现即迅速康复者，称为**顿挫型感染**。这是一种病程缩短而没有表现出该病主要症状的轻症病例，常见于疾病的流行后期。还有一种临床表现比较轻缓、病程稍长的类型，称为**温和型感染**。

14. 动物机体的抵抗力较强、病原微生物毒力较弱或数量较少、病原微生物被局限在一定部位生长繁殖并引起一定病变的感染称为**局部感染**。

15. 如果动物机体抵抗力较弱，病原微生物突破了机体的各种防御屏障侵入血液向全身扩散，称为全身感染。

16. 在感染过程中动物表现出该病的特征性发病症状的，称为典型感染。

17. 由于入侵的病毒不能杀死宿主细胞而使两者之间形成共生平衡，感染动物可长期或终生携带有病原体，并经常不定期地向体外排出病原体，但常缺乏或出现与免疫病理反应有关的症状，称为持续性感染。

18. 潜伏期长，发病呈进行性经过，最后常以死亡为转归的病毒感染，称为慢病毒感染。慢病毒可分为两类，一类是反转录病毒科慢病毒属的成员，又称为寻常病毒，如维斯纳-梅迪病毒（MVV）、马传染性贫血病毒、人免疫缺陷性病毒Ⅰ型等。另一类是亚病毒中的朊病毒，又称非寻常病毒，如绵羊痒病、人的库鲁病、牛海绵状脑病等疾病的病原，都可引起中枢神经退化性疾病。

19. 传染源是指有某种病原体在其中寄居、生长、繁殖，并能排出体外的动物机体。

20. 狂犬病的传播方式属于直接接触传播。

21. 垂直传播的途径包括经胎盘传播、经卵传播、产道传播。

22. 传染病流行过程的要素包括传染源、传播途径、易感动物。

23. 病原携带者包括潜伏期病原携带者、恢复期病原携带者和健康病原携带者。

24. 有传染源及其排出的病原体存在的地区，称为疫源地。

25. 通常将范围小的疫源地或单个传染源所构成的疫源地，称为疫点。

26. 若干个疫源地连成片且范围较大时，称为疫区。

27. 自然疫源性人兽共患传染病有狂犬病、伪狂犬病、流行性乙型脑炎、口蹄疫、布鲁氏菌病、李氏杆菌病、钩端螺旋体病等。

28. 传染病流行过程的表现形式包括散发性、地方流行性、流行性、大流行。

29. 发病率是指发病动物群体中，在一定时间内，具有发病症状的动物数占该群体总动物数的百分比。

30. 死亡率是指发病动物群体中，在一定时间内，发病死亡的动物数占该群体总动物数的百分比。

31. 病死率是指发病动物群体中，在一定时间内，发病死亡的动物数占该群体中发病动物总数的百分比。

32. 动物传染病的综合防控措施有疫情报告和诊断、检疫、隔离和封锁、消毒、杀虫、灭鼠、防鸟。

33. 传染病治疗原则是早期治疗、标本兼治、特异与非特异性结合、药物治疗与综合措施相配合。

34. 防疫工作的原则是建立健全各级特别是基层兽医防疫机构，以保证兽医防疫措施的贯彻落实、建立健全并严格执行兽医法规、贯彻预防为主的方针。

35. 牛海绵状脑病俗称疯牛病，潜伏期长，以脑组织发生慢性海绵状（空泡）变性，功能退化，精神紊乱，死亡率高为特征。角质细胞肿大，神经元消失，无任何炎症反应。目前的定性诊断以大脑组织病理学检查为主。

36. 防制疯牛病最关键、最根本的措施是杜绝疯牛病的传入。

37. 高致病性禽流感的临床症状是头部肿胀、鸡冠肉髯发绀、拉稀、神经症状、皮肤鳞片出血等。

38. 高致病性禽流感的病毒分离与鉴定是病料悬液经0.2μm滤膜接种9～11日龄鸡胚尿囊腔或羊膜腔内。高致病性禽流感的分子生物学诊断方法是反转录-聚合酶链反应（RT-PCR）。取鸡胚尿囊液做血凝试验和血凝抑制试验。

39. 禽流感病毒分离鉴定时首先应测定分离的病毒是否有血凝性；其次用血凝抑制试验以排除其他血凝性病毒的可能性，然后对特异性的NP或M蛋白琼脂扩散试验等方法确定是否为A型流感病毒；最后确定HA和NA的亚型。

40. 狂犬病又称恐水病，由狂犬病病毒（弹状病毒科）引起的一种接触性传染病。狂犬病的临床特征是患病动物出现极度的神经兴奋、狂暴和意识障碍，最后全身麻痹而死亡。唾液中也有大量病毒。

41. 狂犬病的组织学检查是在大脑海马角及小脑和延脑的神经细胞的胞浆内发现特殊的内基小体。一旦发现本病，应该扑杀。

42. 狂犬病的疫苗是狂犬病弱毒苗或与其他疫苗联合制成的多联苗。

43. 猪乙型脑炎又称日本乙型脑炎，是由黄病毒科乙型脑炎病毒引起的，经蚊媒传播的猪繁殖障碍性疾病，尤以三带喙库蚊为本病主要媒介。表现为母猪流产、产死胎、木乃伊胎，公猪出现一侧睾丸炎。

44. 猪是乙型脑炎病毒的主要增殖宿主和传染源。

45. 乙脑检测最为经典的诊断方法是病原的分离鉴定。

46. 血凝抑制试验（HI）可用于乙型脑炎病毒早期的诊断。

47. 猪乙型脑炎的疫苗是乙脑活疫苗。

48. 炭疽的特征是突然高热、呼吸困难、发绀、天然孔出血、尸僵不全、血液凝固不良、脾脏高度肿大、皮下出血性胶样浸润。在考试的时候，一看题干描述有洪水、地震或放牧突然死亡，首先怀疑炭疽病。

49. 急性炭疽的病变主要为败血症变化。禁止剖解，确需解剖，需专业的工作人员进行。

50. 诊断炭疽简便而快速的方法是Ascoli反应（环状沉淀试验）。

51. 布鲁氏菌病是由布鲁氏菌引起的人兽共患传染病。动物发生流产、不育、生殖器官和胎膜发炎，人感染后引起波浪热。牛流产最常见于妊娠第6～8个月，羊流产最常见于妊娠第3～4个月，猪流产最常见于妊娠第1～3个月。

52. 布鲁氏菌病细菌涂片检查时可使用柯兹洛夫斯基染色。

53. PCR方法可以用于检测牛乳中的布鲁氏菌以及不同种型菌株的鉴定。

54. 国际贸易指定用于牛、羊、绵羊附睾种布鲁氏菌病诊断的确诊试验是补体结合试验。

55. 我国牛布鲁氏菌病监测的法定试验，作为早期诊断的是玻片凝集和试管凝集试验。

56. 目前国内外常用的疫苗主要有猪布鲁氏菌S2株疫苗、羊型5号（M5）弱毒活菌苗、牛布鲁氏菌19号疫苗、羊种布鲁氏菌Rev.1株疫苗和牛种布鲁氏菌RB51株疫苗。

57. 沙门氏菌病在动物中主要引起败血症和肠炎，也可使怀孕动物发生流产。

58. 鸡白痢可根据感染日龄和临床表现分为雏鸡白痢、育成鸡白痢和成年鸡白痢，其中雏鸡白痢是经卵垂直传播的，成年鸡白痢考试中不常出现。

59. 猪沙门氏菌病又称猪副伤寒，剖检可见脾肿大，色暗带蓝，坚硬似橡皮。

60. 沙门氏菌病的诊断常用的方法是全血平板凝集反应。

61. 死于禽伤寒的雏鸡（鸭）病理变化与鸡白痢相似。成年鸡的特征病理变化是肝肿大呈青铜色，肝和心肌有灰白色粟粒大坏死灶，卵子及腹腔病理变化与鸡白痢相同。育成鸡，突出的变化是肝肿大，呈暗红色至深紫色，略带土黄色，表面可见散在或弥漫性的小红点或黄白色大小不一的坏死灶。

62. 牛结核病是由结核分枝杆菌引起，其病理特征是在多种组织器官形成结核性肉芽肿（结核结节），继而结节中心干酪样坏死或钙化。

63. 目前诊断结核病最常用，最有诊断意义的方法是结核菌素试验。

64. 牛结核病分为肠结核、淋巴结结核、肺结核、皮肤结核、生殖道结核。肺结核即所谓的珍珠病，生殖器官结核可见性机能紊乱，发情频繁，性欲亢进，慕雄狂与不孕。肠道结核多见于犊牛，表现顽固性下痢。

65. 结核分支杆菌抗酸染色呈红色，染色后发现形态平直或微弯的红色细菌即可确诊。以结核菌素皮内试验和点眼法同时进行，链霉素是结核病首选药。

66. 猪链球菌病是由多种不同群的链球菌引起的不同临床类型传染病的总称，特征为急性病例常表现败血症和脑膜炎，慢性病例常表现关节炎、心内膜炎及组织化脓性炎。取关节液、脑脊髓液等病料，进行涂片、染色、镜检，可见大量革兰氏染色阳性菌，接种血液琼脂培养基，37℃培养24h后，可见菌落周围有β溶血环。

67. 猪Ⅱ型链球菌病的疫苗是猪链球菌病灭活苗。

68. 马鼻疽的临床特征是鼻腔、喉头和气管黏膜以及皮肤上形成鼻疽结节、溃疡和瘢痕，在肺脏，淋巴结或其他实质脏器中形成特异性的鼻疽结节。本病主要由病马与健马同槽饲喂而经消化道传染，结节破溃后，形成深陷的溃疡，边缘不整，如火山口状，不易愈合。结节常沿淋巴管径路向附近蔓延，形成念珠状肿。病肢常在发生结节的同时出现浮肿，使患肢变粗形成所谓象皮腿。

69. 渗出性为主的鼻疽病变见于急性鼻疽或慢性鼻疽的恶化过程中；增生性为主的鼻疽病变见于慢性鼻疽。

70. 马鼻疽的变态反应诊断方法常用鼻疽菌素点眼法。补体结合试验为较常用的辅助诊断方法。

71．猪感染致病性大肠杆菌时，根据发病日龄及临床表现的差异可分为仔猪黄痢、仔猪白痢、猪水肿病。仔猪黄痢常发于1~3日龄者；仔猪白痢多发于10~30日龄，10~20日龄者居多；猪水肿病和断奶仔猪腹泻主要见于断奶仔猪。鸡以气囊炎、心包炎、肝周炎为特征，常发生于3~6周龄。

72．仔猪黄痢，主要发生于1~3日龄仔猪，短期内突然有1~2头表现全身衰弱，迅速死亡，其他仔猪相继发病，排出黄色浆状稀粪，内含凝乳小片。

73．仔猪白痢，主要为2~4周龄仔猪，多发于10~20日龄。病猪突然发生腹泻，排出乳白色或灰白色的浆状、糊状粪便，味腥臭。

74．仔猪水肿病，是断奶后1~2周仔猪的一种肠毒血症，其特征为神经症状、胃壁和其他某些部位发生水肿。

75．禽大肠杆菌病包括急性败血症、气囊炎、肝周炎、心包炎、卵黄性腹膜炎、输卵管炎、滑膜炎、眼炎、关节炎、脐炎、肉芽肿以及肺炎等，最常见的是急性败血症和卵黄性腹膜炎。

76．犊牛大肠杆菌病按临床表现分为败血症型、肠毒血症型和肠炎型。

77．羔羊大肠杆菌病的临床表现分为败血型和肠炎型。

78．李氏杆菌病是由产单核细胞李氏杆菌引起的，主要表现为脑膜炎、败血症、妊娠流产、坏死性肝炎和心肌炎。

79．李氏杆菌病镜检脑组织时，可见以单核细胞浸润为主的血管套和微细的化脓灶等病变。患病动物如表现特殊神经临诊症状、妊畜流产、血液中单核细胞增多，可疑为本病。血清学试验可用凝集试验和补体结合反应。取病料染色镜检，发现呈V形排列或并列的革兰氏阳性细小杆菌，即可初步确诊；接种于葡萄糖琼脂平板或亚硝酸钠胰蛋白胨琼脂平板进行分离培养鉴定，培养平板的细菌菌落呈典型的中央黑色而周围为绿色的特征。

80．口蹄疫的临床特征是成年动物的口腔黏膜、蹄部和乳房等处皮肤发生水疱和溃烂，幼龄动物多因心肌炎（虎斑心）使其死亡率升高。偶蹄目动物易感性最高，马对口蹄疫具有极强的抵抗力，因此不感染口蹄疫病毒。

81．口蹄疫被检材料送检时，除血清外可将其他病料浸入50%的甘油磷酸盐缓冲液中。

82．感染口蹄疫的反刍动物真胃和大、小肠黏膜可见出血性炎症。心包膜有弥漫性及点状出血，心肌有灰白色或淡黄色斑点或条纹，称虎斑心，心肌松软似煮过的肉。口蹄疫的疫苗是口蹄疫灭活疫苗。

83．伪狂犬病的特征是成年猪常为隐性感染，妊娠母猪感染后可引起流产、死胎及呼吸系统临诊症状，无奇痒，但是其他动物感染以后表现奇痒，比如家兔。怀孕母猪表现咳嗽、发热，随之发生流产、木乃伊胎、死胎和弱仔，其中以死胎为主。

84．针对缺失的糖蛋白建立的鉴别诊断方法是gE-ELISA等。

85. 伪狂犬病的病变是眼观主要见肾脏有针尖状出血点，如有神经临诊症状，脑膜明显充血出血和水肿，脑脊髓液增多。流产胎儿的脑和臀部皮肤有出血点，肾和心肌出血，肝和脾有灰白色坏死灶。接种家兔分离病毒，接种的兔常出现奇痒临诊症状后死亡。

86. 伪狂犬病常用的疫苗是伪狂犬病基因缺失苗。

87. 产气荚膜梭菌病原培养特性是在牛乳培养基中形成汹涌发酵。血平板上形成双层溶血环，内环完全溶血，外环不完全溶血。

88. 仔猪红痢是由C型或A型产气荚膜梭菌引起。主要侵害1~3日龄仔猪，以血性下痢，病程短，病死率高，小肠后段的弥漫性出血或坏死性变化为特性。

89. 羊快疫是由腐败梭菌引起，其症状特点是突然发病和急性死亡，主要病变是皱胃出血性炎症。

90. 羊猝疽是由C型产气荚膜梭菌的毒素引起，以急性死亡，腹膜炎和溃疡性肠炎为特征。

91. 羊肠毒血症是由D型产气荚膜梭菌引起，其特点是发病急、死亡快，死后肾组织迅速软化。

92. 羊黑疫是由B型诺维氏梭菌引起，其特征是急性死亡和肝实质出现坏死灶。

93. 羔羊痢疾是由B型产气荚膜梭菌引起，以剧烈腹泻、小肠溃疡和羔羊大批死亡为特征。

94. 副结核病是由副结核分枝杆菌引起，体温不升高、顽固性腹泻、高度消瘦为临床特征，感染后主要存在于肠绒毛，剖检可见肠黏膜增厚并形成皱襞。实验室诊断方法有补体结合试验、迟缓型过敏试验和酶联免疫吸附试验。

95. 抗酸染色呈现出红色的3种病原：布鲁氏菌、结核分枝杆菌、副结核分枝杆菌。

96. 多杀性巴氏杆菌病可引起猪肺疫、禽霍乱、牛羊兔的出血性败血症等疾病。

97. 猪肺疫俗称锁喉风，病猪颈下咽喉部发热、红肿坚硬，严重者向上延至耳根，向后可达胸前。常犬坐姿势，伸长头颈呼吸，发出喘鸣声，口、鼻流出泡沫，可视黏膜发绀，腹侧、耳根和四肢内侧皮肤出现红斑。多呈纤维素性胸膜肺炎症状。

98. 兔的巴氏杆菌病中耳炎型又称斜颈病。

99. 鸭的巴氏杆菌病表现两脚发生瘫痪，不能行走，不愿下水，主要表现为一侧或两侧的跗以及肩关节发生肿胀、发热和疼痛，脚麻痹、起立和行动困难。

100. 发生多杀性巴氏杆菌病时，可用弱毒菌苗接种。

101. 猪瘟是由黄病毒科瘟病毒属的猪瘟病毒引起的猪的高度致死性烈性传染病，特征是高热稽留、全身广泛性出血，呈现败血症状或者母猪发生繁殖障碍。

102. 最具有猪瘟诊断意义的是脾脏表面及边缘出血性梗死。

103. 急性猪瘟引起的败血症典型病理变化是血液凝固不良；慢性型猪瘟的病理变化是在回盲瓣口、盲肠及结肠黏膜上形成同心轮状的纽扣状溃疡。

104. **病毒的分离培养**是目前检测猪瘟病毒最确切的方法。猪瘟病毒对其他动物无致病性，能一过性地在小鼠、豚鼠、绵羊、山羊、黄牛体内增殖，病毒在血液中可存活**2～4周**，有传染性，但无临床症状，被接种动物能产生中和抗体。

105. **扁桃体**是分离猪瘟病毒的首选样品。

106. 常用**PK-15细胞**来分离猪瘟病毒，接种24～72h后用**荧光抗体法**检测病原。

107. 防治猪瘟病毒的常见疫苗是**猪瘟兔化弱毒疫苗**；用兔体交互试验诊断的传染病是**猪瘟**。

108. 非洲猪瘟的特征是高热、皮肤发绀及淋巴结和全身内脏器官**严重出血**。急性型非洲猪瘟在发病后期最可能发生**出血性肠炎**。还可经**钝缘软蜱**、**猪虱**等叮咬生猪传播。消化道和呼吸道是最主要的感染途径。

109. 非洲猪瘟特征性病理变化是肝脏、心、肺、肾等实质器官**严重出血**，淋巴结肿大出血、呈血瘤样，**脾脏显著肿大**，脾髓呈紫黑色。

110. 猪水疱病主要临床特征是在猪的蹄部、鼻端、口腔黏膜、乳房皮肤发生**水疱**。

111. 将病料分别接种1～2日龄和7～9日龄乳鼠，如2组乳鼠**均死亡者**为**口蹄疫**；1～2日龄乳鼠死亡，而7～9日龄乳鼠不死者，为**猪水疱病**。

112. 猪水疱病**只引起**猪发病，对其他家畜无致病性；口蹄疫是对多种**偶蹄**动物都具有感染性。

113. 猪繁殖与呼吸综合征又称**蓝耳病**，是由猪繁殖与呼吸综合征病毒引起，以**母猪发生流产产死胎**、**弱胎**、**木乃伊胎**以及**仔猪呼吸困难**、**高死亡率**等为主要特征。

114. 猪繁殖与呼吸综合征的特征病理变化是**弥漫性间质性肺炎**。

115. 猪繁殖与呼吸综合征病毒的分离常用**Marc-145细胞**。实验室一般采用反转录（RT）-PCR检测病毒的方法进行确诊。

116. 猪细小病毒病主要发生于**初产母猪**，以流产，产死胎、木乃伊胎及病弱仔猪为特征，但母猪通常**不表现**其他临床症状。猪细小病毒病预防措施是**注射灭活疫苗**。

117. **病毒的分离鉴定**是猪细小病毒病诊断的主要方法，从死胎肝脏中可以分离出具有**血凝活性**的病毒。豚鼠红细胞**血凝试验和血凝抑制试验**是常用的血清学诊断方法。采取流产或死产胎儿的脏器，研磨冻融后，取上清接种PK-15细胞，进行**红细胞凝集试验（HA）**进行确诊。

118. 猪传染性胃肠炎特征是**呕吐**、**发热**、**腹泻**、**脱水**，**10日龄以内仔猪**，病死率可达100%。一般用PBS稀释病猪粪便样品，取上清，电镜观察，发现病毒表面具有**放射状纤突的冠状**结构，即可确诊。**免疫荧光试验**也可诊断，**此法快速**，可在2～3h完成。

119. 猪流行性腹泻特征是**呕吐**、**腹泻**、**食欲下降**、**脱水**。**免疫接种**是预防猪流行性腹泻的主要手段。

120. 轮状病毒感染主要特征是**呕吐**、**腹泻**和**脱水**。病毒粒子的形态为**车轮状**。

121. 猪流行性腹泻的眼观变化仅限于**小肠**，组织学变化，见绒毛长度与肠腺隐窝深度的比值可由正常的7∶1降到3∶1。

122．预防猪传染性胃肠炎、猪流行性腹泻、轮状病毒感染的疫苗是猪轮状病毒感染、猪流行性腹泻和猪传染性胃肠炎三联弱毒疫苗。

123．猪丹毒俗称打火印或红热病，是由红斑丹毒丝菌引起，特征为败血症、皮肤疹块、慢性疣状心内膜炎、皮肤坏死及多发性非化脓性关节炎等。

124．急性型猪丹毒的特征病理变化是大紫肾、败血脾。脾肿大呈樱桃红色，呈典型的败血脾；肾脏肿大，呈花斑状，有大紫肾之称。

125．猪丹毒的疫苗是猪丹毒灭活苗。

126．猪传染性胸膜肺炎的病原是胸膜肺炎放线杆菌。表现为呼吸困难，呈腹式呼吸，并伴有阵发性咳嗽，濒死前口鼻流出带血的泡沫样分泌物，耳、鼻及四肢皮肤呈紫蓝色。

127．猪传染性胸膜肺炎的病理特征是纤维素性胸膜炎和出血性坏死性肺炎。纤维素性胸膜炎蔓延至整个肺脏，使肺和胸膜粘连以致难以将肺脏与胸膜分离。

128．猪传染性胸膜肺炎的疫苗是灭活疫苗、亚单位疫苗。

129．取病死猪肺坏死组织无菌接种于巧克力琼脂或含绵羊血和金黄色葡萄球菌的琼脂培养基，置5%CO_2 37℃过夜培养发现溶血小菌落生长，呈现CAMP及卫星生长现象，尿素酶试验阳性，可以鉴定为胸膜肺炎放线杆菌生物Ⅰ型菌株。

130．猪胸膜肺炎放线杆菌对四环素、链霉素、卡那霉素、氟苯尼考、替米考星和环丙沙星等敏感。

131．猪传染性萎缩性鼻炎是由支气管败血波氏杆菌和产毒多杀性巴氏杆菌引起的。由于泪液黏附尘土而在眼角出现斑纹，俗称泪斑。特征病变是鼻中隔软骨和鼻甲骨的软化和萎缩导致鼻腔和面部变形，严重者表现为鼻甲骨结构消失，形成空洞。

132．猪传染性萎缩性鼻炎的特征是鼻炎、鼻中隔弯曲、鼻甲骨萎缩、生长缓慢。

133．猪传染性萎缩性鼻炎的早期诊断可使用X射线检查。常用平板凝集试验、试管凝集试验法，具有特异、简便、快速的特点。

134．猪支原体肺炎（猪气喘病）的病理特征是双侧肺的心叶、尖叶、中间叶的腹面和膈叶呈实变外观，颜色多为灰红半透明，像鲜嫩的肌肉样俗称肉变、胰变、虾变。

135．猪支原体肺炎的诊断可使用X射线检查。ELISA和间接血凝试验最常用。防治药物主要有替米考星、泰妙菌素、红霉素、克林霉素和壮观霉素以及喹诺酮等，青霉素类和磺胺类药物对本病原无效。

136．猪圆环病毒病引起仔猪断奶衰竭综合征、猪皮炎与肾炎、繁殖障碍性疾病、增生性坏死性间质性肺炎、新生仔猪先天性震颤等。主要表现为双侧肾肿大，苍白，表面有白色斑点，皮质红色点状坏死，脾脏肿大出现梗死。特征为全身性坏死性脉管炎和坏死性肾小球肾炎。

137．猪圆环病毒常用PK-15细胞来分离。

138. 副猪嗜血杆菌病又称猪多发性浆膜炎与关节炎或革拉瑟氏病，以体温升高、呼吸困难、关节肿大和运动障碍为特征，少数猪表现神经症状。多部位出现淡黄色的纤维素性渗出物，严重病例心包与心脏、肺与胸膜粘连，整个腹腔脏器包括肝脏和脾脏与肠道粘连。

139. 副猪嗜血杆菌对氟苯尼考、替米考星、阿莫西林、头孢类、四环素和庆大霉素等药物敏感。一般采集病猪肺脏、气管黏液、脑组织、关节液等病料，分别接种普通琼脂、兔血琼脂和巧克力琼脂平板，将病料无菌接种于巧克力琼脂平板或含辅酶Ⅰ（NAD）和血清的胰酪大豆胨琼脂（TSA）培养基，37℃培养48h后，可观察到针尖大小、无色透明、光滑湿润的菌落；该菌落接种兔血平板再用金黄色葡萄球菌点种，呈现卫星现象。副猪嗜血杆菌病的疫苗是灭活疫苗。

140. 猪痢疾（猪血痢）的病原是猪痢疾短螺旋体。

141. 猪痢疾的特征为黏液性或黏液性出血性下痢，大肠黏膜发生卡他性出血性炎症，有的发展为纤维性坏死性炎症。

142. 猪痢疾病理变化局限于大肠、回盲结合处，一般取急性病例的猪粪便和肠黏膜制成涂片染色，用暗视野显微镜检查每个视野发现有3～5条短螺旋体，即可做定性诊断依据。考试时题中一说粪便上有条状黏液优先怀疑本病。

143. 胞内劳森菌病是由专性胞内劳森菌引起的主要发生于生长猪和育肥猪的一类肠道疾病，又称猪增生性肠炎。临诊以食欲低下、腹泻为特征。病理变化的特点是小肠及大肠的黏膜增生、单核细胞浸润。

144. 猪增生性肠炎的尸体剖检时对黏膜涂片用改良的Ziehl-Neelsen染色法来检查细胞细菌，是一种简单的证实该病原的手段。

145. 牛、羊传染性胸膜肺炎（牛、羊肺疫）的病原是丝状支原体。一般取鼻腔拭子，接种于10%的马血清马丁琼脂，为防止杂菌生长，需要添加青霉素或醋酸铊等抑制剂，可见圆形煎蛋状形态，边缘整齐，中间突起的菌落。补体结合试验是世界动物卫生组织推荐使用的血清学诊断方法。

146. 急性牛传染性胸膜肺炎病例常见的临床症状是浆液性鼻液。初期病变以小叶性支气管肺炎为特征，肺脏呈现特有的大理石样外观，肺脏和胸壁粘连，肺脏表面有干酪样沉积物，关节黏液囊炎。

147. 蓝舌病绵羊最易感，主要通过库蠓传播。

148. 蓝舌病的特征为羊发热、白细胞减少、消瘦、口鼻胃黏膜溃疡，常出现蹄叶炎症状。肺动脉基部可见明显出血，具有一定的诊断意义。在新发地区可用疫苗进行紧急接种，目前疫苗有弱毒疫苗、灭活疫苗和亚单位疫苗等，其中以弱毒疫苗最为常用。

149. 牛传染性鼻气管炎又称红鼻病，临床表现包括呼吸道型、生殖道型、脑膜脑炎型、眼炎型，流产型。RT-PCR技术也可以用于检测病毒。间接血凝试验或ELISA可用于本病诊断或血清流行病学调查。采用敏感的检测方法（如PCR技术）检出阳性牛并扑杀应该是目前根除本病的有效途径。

150．牛流行热又称三日热或暂时热，临床特征为高热，流泪，有泡沫样流涎，鼻漏和呼吸急迫，后躯僵硬、跛行。临床表现包括呼吸型、胃肠型、瘫痪型。呼吸困难时及时输氧，治疗时切忌灌药，因病牛咽肌麻痹，药物容易进入气管和肺，引起异物性肺炎。

151．牛病毒性腹泻/黏膜病的特征是黏膜发炎、糜烂、坏死和腹泻。

152．牛病毒性腹泻/黏膜病与猪瘟病毒、鸭坦布苏病毒、日本乙型脑炎病毒在分类上同为黄病毒科，有共同的抗原关系。

153．牛病毒性腹泻/黏膜病的特征性损害是患病动物食道黏膜糜烂呈大小不等形状与直线排列。瘤胃黏膜偶见出血和糜烂，第四胃炎性水肿和糜烂，肠壁因水肿增厚，肠系膜淋巴结肿大。

154．小反刍兽疫多发生于绵羊，特征是突然发病、高热稽留、眼鼻分泌物增加、口腔糜烂、腹泻和肺炎。结肠和直肠结合处常常能发现特征性的线状出血或斑马样条纹，形成含有嗜酸性胞浆包涵体的多核巨细胞。一旦发生，必须立即扑杀销毁处理。

155．绵羊痘和山羊痘的临床特征是先在皮肤和黏膜出现丘疹，后为水疱，再变为脓疱，最后结痂。检查绵羊痘丘疹组织中原生小体时常用的染色方法是莫洛佐夫镀银染色。发病后对病羊及其同群羊及时扑杀销毁，污染场所进行严格消毒，周围受威胁羊群用羊痘鸡胚化弱毒疫苗进行紧急接种。一般在尾部或股内侧皮内注射疫苗。

156．山羊关节炎-脑炎的临床特征是成年羊呈关节炎间或伴发间质性乳房炎，羔羊呈脑脊髓炎。

157．山羊关节炎-脑炎的临床表现包括脑脊髓炎型、关节炎型和间质性肺炎型。典型临床症状是腕关节肿大和跛行。对检出的阳性羊一律扑杀、淘汰并做无害化处理。

158．羊传染性脓疱的临床特征是口唇等处皮肤和黏膜形成丘疹、脓疱、溃疡和结成疣状厚痂。口角形成增生性桑葚状痂垢（花椰菜状），不断地干燥。用羊传染性脓疱活疫苗进行免疫接种。

159．坏死杆菌病的特征是口腔黏膜、体表皮肤、皮下组织发生坏死性炎症，常可转移到内脏器官形成转移性坏死灶。

160．犊牛感染坏死杆菌常发生坏死性口炎，亦称犊白喉；成年牛、绵羊和山羊感染本菌则常发生坏死性蹄炎，又称腐蹄病。

161．牛出血性败血病的临床表现包括急性败血型、肺炎型、水肿型，其中肺炎型的主要病变为纤维素性胸膜肺炎。

162．牛结节性皮肤病是由结节性皮肤病病毒引起，以发热、消瘦、皮肤水肿、局部形成坚硬的结节或溃疡、淋巴结肿大为主要特征的传染病。

163．疫苗免疫是控制牛结节性皮肤病传播的主要措施，我国主要通过接种山羊痘疫苗来防控。

164. 牛空肠弯曲菌性腹泻主要由空肠弯曲菌引起的急性肠炎,该病以突然发病、传播迅速、排棕色稀便和出血性腹泻为主要特征,多发生于秋冬季,故又名冬痢。

165. 放线菌病又称大颌病,是由致病性放线菌引起的动物和人的一种非接触性、慢性传染病,以头、颈、颌下和舌出现放线菌肿为特征。

166. 马传染性贫血(马传贫)的临床特征是发热、贫血、出血、黄疸、心脏衰弱、浮肿和消瘦等,并反复发作,发热期(有热期)临床症状明显,血液学变化主要表现为红细胞数减少,血红蛋白量降低、血沉速度加快;全身败血症变化、贫血、网状内皮细胞增生反应和铁代谢障碍。肝脏具有特征性组织病理变化,肝细胞变性,星状细胞肿大、增生及脱落,肝细胞索紊乱有多量吞铁细胞和淋巴样细胞浸润。

167. 马传染性贫血病主要通过吸血昆虫(虻、蚊、蠓等)的叮咬而机械性传染。

168. 预防马传染性贫血的疫苗是马传染性贫血驴白细胞活疫苗。

169. 马腺疫的病原是C群链球菌。特征症状是发热,呼吸道黏膜发炎、颌下淋巴结肿胀化脓。确诊需进行实验室诊断,需取病马的脓汁或鼻液做涂片染色镜检,如见弯曲的长链、革兰氏阳性球菌,在鲜血平板上培养出现典型的β溶血,则可确诊。

170. 马流行性感冒的主要特征是发热、结膜潮红、咳嗽、流浆液性或脓性鼻液、母马流产等,分离病毒应取病程早期的鼻液或鼻咽部分泌物,接种9~11日龄鸡胚羊膜腔或尿囊腔,收集羊水和尿囊液,进行血凝试验(HA)及血凝抑制试验(HI)。

171. 马流感的主要病理变化发生在下呼吸道。

172. 非洲马瘟的临床特征是发热,肺和皮下组织水肿及部分脏器出血。病马结膜潮红,羞明流泪。传播媒介是库蠓,其中拟蚊库蠓是最重要的传播媒介。

173. 新城疫也称亚洲鸡瘟,俗称鸡瘟,其主要特征是呼吸困难、下痢、神经机能紊乱以及浆膜和黏膜显著出血。张口呼吸,并发出咯咯的喘鸣声或尖叫声。嗉囊积液,倒提时常有大量酸臭液体从口内流出。

174. 典型鸡新城疫的特征性病理变化是嗉囊内充满黄色酸臭液体及气体,腺胃乳头出血。

175. 新城疫病毒的病毒分离和鉴定是接种9~11日龄SPF鸡胚尿囊腔,取尿囊液进行血凝试验(HA)和血凝抑制试验(HI)。

176. 新城疫病毒强化试验可用于诊断的动物传染病是猪瘟。

177. 鸡传染性喉气管炎主要发生于成年鸡,特征是呼吸困难、咳出含有血液的渗出物,喉部和气管黏膜肿胀、出血并形成糜烂。在疾病早期,感染细胞的胞核内见有包涵体。

178. 鸡传染性支气管炎主要发生于雏鸡,特征是病鸡咳嗽、喷嚏和气管发出啰音。在雏鸡可出现流涕,产蛋鸡产蛋减少和产劣质蛋。肾型传支表现为肾炎综合征和尿酸盐沉积。

179. 鸡传染性支气管炎病毒经尿囊腔接种于10~11日龄的鸡胚或气管组织培养物中。在鸡胚中连续传几代,则可使鸡胚呈现规律性死亡,并能引起蜷曲胚、僵化胚、侏儒胚等一系列典型变化。

180. 预防鸡传染性支气管炎病毒的疫苗是雏鸡使用H120，20日龄以上的鸡使用H52，肾型使用Ma-5。

181. 传染性法氏囊病又称传染性腔上囊炎，特征性的病理变化是法氏囊、肾脏的病理变化、腿肌和胸肌出血、腺胃和肌胃交界处条状出血。还会呈现出特征性死亡和迅速康复的曲线（死亡高峰曲线）。

182. 幼鸡感染传染性法氏囊病后，可导致免疫抑制，并可诱发多种疫病或使多种疫苗免疫失败。

183. 传染性法氏囊病病毒的诊断常用琼脂扩散试验。

184. 马立克氏病根据症状和病变的部位，包括神经型、内脏型、眼型、皮肤型4种类型。

185. 临床表现为虹膜褪色，呈同心环状或斑点状以至弥漫的灰白色，俗称鱼眼的疾病是马立克氏病。神经型呈大劈叉的特征性姿势，剖检可见坐骨神经丛肿胀增粗，变成灰白色或黄白色，神经横纹消失。

186. 患内脏型马立克氏病时，内脏器官最常被侵害的是卵巢，病料采集多从羽囊皮屑进行。

187. 产蛋下降综合征（EDS-76）是禽腺病毒Ⅲ群引起的一种以产蛋下降为特征的传染病，其主要表现为鸡群产蛋急剧下降，软壳蛋、畸形蛋增加，褐色蛋壳颜色变浅。

188. 产蛋下降综合征的传播方式主要是垂直传播。

189. 产蛋下降综合征最常用的诊断方法是HA-HI。

190. 产蛋下降综合征（EDS-76）病毒能凝集鸡、鸭、火鸡、鹅、鸽的红细胞，但不能凝集家兔、绵羊、马、猪、牛的红细胞。

191. 禽白血病的特征是性成熟前后发生肿瘤死亡。

192. 禽白血病的主要传播方式是垂直传播，检疫淘汰阳性种鸡，减少种鸡群的感染率和建立无白血病的种鸡群是防治本病最有效的措施。

193. 禽白血病病毒的病毒分离的最好材料是病鸡的血浆、血清、肿瘤、新下蛋的蛋清、10日龄鸡胚以及病鸡的粪便。鸡冠苍白、皱缩。体表出现血管瘤，血管一旦破裂流血不止。最常见的特征性变化主要为肝、脾肿大或布满无数的针尖、针头大小的白色增生性肿瘤结节。

194. 病毒性关节炎又称病毒性腱鞘炎，是一种由禽呼肠孤病毒引起的鸡和火鸡的病毒性传染病。以发生关节炎、腱鞘炎及腓肠肌腱断裂为主要特征。结合琼脂扩散和病毒中和试验进行病毒鉴定。用鸡胚液经脚垫接种1日龄无特定病原体（SPF）雏鸡应出现病毒性关节炎的典型病变。

195. 鸡传染性鼻炎的病原是副鸡嗜血杆菌，主要表现是鼻腔与鼻窦发炎、流涕、面部肿胀、打喷嚏和结膜炎等。免疫接种可用鸡传染性鼻炎油佐剂灭活苗，本菌对磺胺类药物敏感性较高。

196. 鸡败血支原体感染又称鸡毒支原体感染或鸡慢性呼吸道病，感染的特征是气管炎和气囊炎，咳嗽、气喘、流鼻液和呼吸啰音。气囊壁变厚和混浊，严重的有干酪样渗出物。一般取气管或气囊渗出物经0.45μm滤膜过滤后，接种牛心浸出液琼脂培养基，为了抑制杂菌需加入醋酸铊和青霉素，在液体培养基中可呈现轻度混浊；在固体培养基上可形成圆形露滴样小菌落。一般使用血清平板凝集试验进行血清学诊断。

197. 鸡败血支原体感染以4～8周龄鸡最易感。

198. 鸭瘟又称鸭病毒性肠炎，临床特点是体温升高、流泪和部分病鸭头颈部肿大，触之有波动感，俗称大头瘟或肿头瘟。两腿麻痹和排出绿色稀粪。

199. 鸭瘟的病理特征是食道和泄殖腔黏膜出血、水肿和坏死，并有黄褐色伪膜覆盖或溃疡，肝可见灰白色坏死点。

200. 鸭瘟自然感染情况下的传播途径主要是消化道。对于鸭瘟的诊断，一般采取急性发病期或死亡后的病鸭血液、肝、脾等病料，尿囊膜接种9～14日龄鸭胚，用PCR或中和试验鉴定分离到的病毒。

201. 2月龄以下鸭发生鸭瘟时，肠道浆膜面常见4条环状出血带。

202. 鸭瘟的疫苗是弱毒疫苗，在发病初期肌肉注射抗鸭瘟高免血清也是一种有效的措施。

203. 鸭病毒性肝炎是由不同型鸭肝炎病毒引起雏鸭的一种以肝脏肿大和出血斑点为病理特征的病毒性传染病。1周龄以内的易感雏鸭病死率常在95%以上。出现神经症状，运动失调，身体倒向一侧两脚痉挛性后蹬全身抽搐，仰脖，头弯向背部，地上旋转。肝细胞的核变形、浓缩，经尿囊腔接种8～10日龄鸡胚或10～14日龄鸭胚观察死亡情况。

204. 鸭病毒性肝炎的疫苗是弱毒疫苗。

205. 鸭传染性浆膜炎的病原是鸭疫里默氏杆菌。多发于1～8周龄的小鸭，呈急性或慢性败血症，雏鸭常出现眼和鼻分泌物增多、腹泻、共济失调、头颈震颤等症状。病理变化是纤维素性心包炎、肝周炎、气囊炎、脑膜炎以及部分病例出现干酪性输卵管炎、结膜炎、关节炎。进行平板凝集试验或试管凝集试验鉴定血清型，目前我国有批准文号的疫苗是灭活苗。

206. 鸭坦布苏病毒病又称鸭黄病毒病、鸭出血性卵巢炎，特征是发病鸭表现发热，食欲下降，产蛋量急剧减少，蛋质量下降，卵泡膜出血，卵泡变性等。

207. 鸭坦布苏病毒病的病料接种鸭胚的日龄多在11d。接种疫苗（灭活油乳苗、基因工程苗）是控制鸭坦布苏病毒病最有效的方法。

208. 小鹅瘟是由小鹅瘟病毒引起的雏鹅和雏番鸭的一种急性或亚急性败血性的传染病，主要侵害3～20日龄小鹅，引起急性死亡，其临床特征为传染快、高发病率、高死亡率、严重下痢。其特征性病理变化为出血性、纤维素性渗出性、坏死性肠炎。病鹅小肠出现凝固性栓子，肠内纤维素性渗出物增多，这些肠段膨大增粗。

209. 小鹅瘟的疫苗是鸭胚化弱毒疫苗。

210. 犬瘟热是由犬瘟热病毒引起的主要发生于犬的一种急性、接触传染性传染病。临床特征为双相热、急性鼻（支气管、肺、胃肠）卡他性炎和神经症状。少数患病犬可在皮肤上形成湿疹样病变，足底皮肤过度角化而增厚，故该病也称厚足底病。

211. 犬瘟热的主要传播途径是消化道和呼吸道。

212. 诊断犬瘟热常用的实验动物是雪貂。

213. 免疫接种是预防犬瘟热最为有效的方法，一般2月龄进行首次免疫。

214. 母犬接种犬细小病毒病疫苗的时机宜在产前3~4周。

215. 犬细小病毒病又称犬传染性出血性肠炎，是由犬细小病毒引起犬的一种急性传染病。临床表现为肠炎型和心肌炎型，肠炎型以剧烈呕吐、血水样腹泻、脱水、白细胞显著减少和小肠出血性坏死性肠炎为特征，排番茄汁样稀粪，有难闻的恶臭味；心肌炎型以急性非化脓性心肌炎为特征。

216. 免疫接种是预防犬细小病毒病最为有效的方法，一般2~3月龄进行首次免疫。

217. 犬传染性肝炎，是由犬腺病毒感染犬引起的一种急性、高度接触传染性、败血性的传染病，其病理特征为血液循环障碍、肝小叶中心坏死以及肝实质和内皮细胞出现核内包涵体。

218. 部分患病犬在康复期可出现角膜浑浊，呈白色或蓝白色，此为白内障的表现，经过2~3d可自然恢复的疾病是犬传染性肝炎，触压腹部肝区有痛感而出现呻吟。预防犬传染性肝炎最为有效的方法是免疫接种，2月龄进行首次免疫。

219. 犬冠状病毒性腹泻是由犬冠状病毒引起的一种临床上以呕吐、腹泻、脱水及易复发为特征的高度接触性传染病。采集病犬新鲜腹泻粪便，离心取上清液，负染后电镜观察可发现典型的冠状结构病毒。PCR可作为准确快速的病原诊断方法应用于该病临床检测。

220. 猫泛白细胞减少症是由猫细小病毒感染猫导致的一种急性、高度接触性传染病。其特征是突发双相热，腹泻、呕吐、脱水，白细胞显著减少和出血性肠炎。其中以1岁以内的幼猫多见，特别是2~5月龄猫最易感，白细胞数减少是本病的一个重要特征。

221. 预防猫泛白细胞减少症最为有效的方法是免疫接种，1月龄进行首次免疫。

222. 猫传染性腹膜炎是由猫传染性腹膜炎病毒引起的一种慢性、渐进性、致死性传染病，以发生腹膜炎和出现腹水为特征。血液白细胞总数增加，持续1~6周后腹部膨大，触诊无痛感有波动。

223. 猫艾滋病是由猫免疫缺陷病毒引起的危害猫类的慢性病毒性传染病，以严重的口腔炎、牙龈炎、鼻炎、腹泻以及神经系统紊乱和免疫机能障碍为特征。

224. 确诊猫艾滋病的最佳方法是病毒分离鉴定。

225. 兔病毒性出血病俗称兔瘟，是由兔病毒性出血症病毒感染兔引起的一种急性、高度接触性传染病，以呼吸系统出血、肝坏死、实质脏器水肿，淤血及出血性变化为特征。死前出现挣扎、咬笼架等兴奋症状，四肢乱蹬，惨叫而死。气管和支气管有泡沫状血液，鼻腔、喉头和气管黏膜淤血和出血，肺充血和出血。

226. 应用血凝和血凝抑制试验诊断兔病毒性出血症时可选用人红细胞。

227. 兔黏液瘤病俗称狮子头，是由兔黏液瘤病毒引起的一种高度接触传染病，由吸血昆虫（蚊子、跳蚤等）传播，以全身皮肤，尤其是面部和天然孔周围发生黏液瘤样肿胀为特征。

228. 水貂阿留申病的特征是终生性持续性病毒血症、淋巴细胞增生、丙种球蛋白异常增加、肾小球肾炎、血管炎和肝炎。

229. 水貂阿留申病的主要传播途径是消化道和呼吸道，病理变化是肾脏比正常肿大2～3倍，灰色或淡黄色，有出血斑点或灰黄色斑点。

230. 水貂病毒性肠炎的特征是急性肠炎和白细胞减少。慢性型貂阿留申病的主要临床症状为进行性消瘦。

231. 水貂病毒性肠炎的主要传播途径是消化道和呼吸道。免疫接种是预防貂病毒性肠炎最为有效的方法。

232. 家蚕核型多角体病又称家蚕血液型脓病，其特征是体壁紧张，体色乳白，体躯肿胀，爬行不止。

233. 家蚕质型多角体病又称中肠型脓病，是由病毒寄生在家蚕中肠圆筒形细胞中，在细胞质内形成多角体。

234. 家蚕核型多角体病具有食下传染和创伤传染两种传染途径。

235. 家蚕质型多角体病具有食下传染途径，也可垂直传播。

236. 白僵病是白僵菌属中不同种类的白僵菌寄生蚕体引起的，病蚕尸体被覆白色或类白色分生孢子粉被。白僵菌的主要侵入途径是接触感染。发病初期，体色稍暗，反应迟钝，行动稍见呆滞。发病后期，蚕体上常出现油渍状或细小针点病斑。刚死的蚕，头胸部向前伸出，肌肉松弛，身体柔软，略有弹性，有的体色略带淡红色或桃红色以后逐渐硬化。

237. 家蚕微粒子病的病原是家蚕微粒子，可通过胚种传染和食下传染感染家蚕。大蚕期发病体壁缩皱、呈锈色，有微细不规则的黑褐色病斑（胡椒蚕）。前、中和后部丝腺都可以被微粒子虫寄生，寄生后在丝腺出现肉眼可见的乳白色脓包状的斑块，这是该病害的典型病变。

238. 孢子是家蚕微粒子的休眠体，有较强的抵抗性，制造无毒蚕种是防控该病的根本措施。

239. 美洲幼虫腐臭病为发生于蜜蜂幼虫的细菌性病害，主要是7日龄后的大幼虫或前蛹期表现症状。目前仅见于西方蜜蜂。被感染的蜜蜂幼虫平均在卵孵化后12.5d表现出症状。根据典型的症状，特别是烂虫能拉丝来进行诊断。

240. 美洲幼虫腐臭病病原为拟幼虫芽孢杆菌，尚未见发生美洲幼虫腐臭病的蜜蜂是中华蜜蜂。

241. 欧洲幼虫腐臭病的病原是蜂房球菌，主要发生于2～4日龄的小幼虫。

242. 欧洲幼虫腐臭病危害最严重的是中华蜜蜂。

243. 蜜蜂白垩病为蜜蜂幼虫真菌性病害，其病原为蜜蜂球囊菌，主要发生于7日龄后的幼虫或前蛹。降低蜂箱内的湿度是预防白垩病发生的要点。

244. 猪轮状病毒病是由轮状病毒感染多种幼龄动物而引起的一种消化道传染病。临床上以厌食、呕吐、腹泻、脱水和体重减轻为特征。各种日龄的猪均可感染，但发病多见于5日龄至3周龄的仔猪，或断奶后的仔猪。电镜检查可观察到形态上酷似车轮的病毒粒子。

245. 塞内卡病是由A型塞内卡病毒感染引起临床上与口蹄疫极为相似的一种新发传染病，临床上以猪鼻吻部、蹄部发生水疱、蹄部冠状带周围皮肤损伤为主要特征。

246. 猪痘是由痘病毒引起的人和多种动物的一种急性、热性、接触性传染病。猪痘可由两种病毒（猪痘病毒和痘苗病毒）引起，其特点是在皮肤和黏膜上形成痘疹或水疱，本病多为局部性反应，通常取良性经过。主要通过病健猪直接接触传播，与吸血昆虫（如血虱）的出没相关。

247. 猪捷申病，又称猪传染性脑脊髓炎，是由猪捷申病毒引起的临床症状多样化的猪传染病，包括脑脊髓灰质炎、繁殖障碍、肺炎、腹泻、心包炎和心肌炎等多种症候群。

248. 衣原体病是由衣原体感染引起的一种人兽共患病。衣原体感染猪在临床上表现为从不明显发病到慢性感染甚至急性发病等多种病型，特征性临床症状主要是流产、肺炎、肠炎等。流产胎儿均有不同程度的水肿，腹腔积液。胎儿皮肤上有淤血斑，心内膜有出血点，肝脾肿大。取病料制片，用Gimenez染色，病理组织切片中能观察到组织细胞胞质中衣原体包涵体，呈圆形或不规则形。我国有猪鹦鹉热衣原体病灭活疫苗，可用于预防猪衣原体病引起的流产。

249. 皮肤真菌病，简称皮霉病，俗称钱癣、秃毛癣、毛癣，是由皮肤癣菌引起的人和畜、禽等多种动物共患的一类慢性皮肤传染病。引起猪的皮肤真菌病的病原通常为矮小孢子菌，主要特征是患部皮肤呈圆形或不规则形状的脱毛、脱屑、上皮渗出、结痂及痒感。

250. 禽传染性脑脊髓炎也称流行性震颤，是由禽传染性脑脊髓炎病毒引起的一种主要侵害雏鸡的传染病，以共济失调和头颈震颤为主要特征。

251. 网状内皮组织增殖病是由网状内皮组织增殖病病毒引起的传染性肿瘤性疾病，可形成急性网状细胞肿瘤、矮小综合征、淋巴组织与其他组织形成的慢性肿瘤等表型，易造成免疫抑制和继发感染。

252. 弯曲菌病是由弯曲菌引起的家禽、野禽及哺乳动物共患的一种人兽共患病，以感染症状不明显，幼鸡发育不良，肝脾肿大，腹水增多，肠炎和红色腹泻为主要特征。

253. 溃疡性肠炎，也称鹌鹑病，是由鹌鹑梭菌引起的一种急性传染病，以发病突然，死亡迅速增多，肝表面有大小不一的黄白色坏死灶，肠黏膜出血且有黄白色溃疡灶为特征。

254. 坏疽性皮炎，也称为坏死性皮炎、坏疽性蜂窝组织炎，是一种由腐败梭菌、A型产气荚膜梭菌及金黄色葡萄球菌单独或混合感染而引起的一种细菌性传染病，以主要侵害3~7周龄雏鸡，皮肤或皮下组织坏死为主要特征。

255. 禽曲霉菌病是由多种曲霉菌引起的发生于鸡、火鸡、鹅、鸭和鸽等的真菌性传染病，可使幼禽急性暴发、呈高发病率和高死亡率，以肺及气囊等部位发生炎症和霉菌小结节为主要特征。

256. 禽念珠菌病，也称为鹅口疮、消化道真菌病、念珠菌口炎及酸臭嗉囊病，是由白色念珠菌引起的一种霉菌性传染病，以口腔、咽喉、食管和嗉囊黏膜形成白色假膜或溃疡为主要特征。

257. 牛结节皮肤病又称牛结节疹、牛疙瘩皮肤病、牛结节性皮炎，是由牛结节性皮肤病毒引起牛的一种急性、亚急性或慢性传染病。主要特征是发热、消瘦、淋巴结肿大、皮肤水肿局部形成坚硬的结节或溃疡。

258. 放线菌病是由牛放线菌等致病性放线菌引起的一种慢性传染病，主要特征是局部组织增生与化脓，形成放线菌肿。青霉素和链霉素对放线菌有效，可用于治疗。四环素、林可霉素、红霉素等都可用于本病的治疗。

259. 气肿疽又称为黑腿病、鸣疽，是由气肿疽梭菌引起的反刍动物的急性、热性、败血性传染病，主要特征是组织坏死、产气和水肿。

260. 恶性水肿是由腐败梭菌引起的一种急性、创伤性传染病，主要特征是局部发生急性炎性水肿和全身毒血症。

261. 牛空肠弯曲杆菌性腹泻又称牛冬痢，是由空肠弯曲杆菌引起牛的一种急性肠炎，主要特征是突然发病、传播迅速、排棕色稀便和出血性腹泻。

262. 羊弯曲杆菌病又称弧菌病，是由胎儿弯曲杆菌肠道亚种引起妊娠母羊流产的一种高度接触性传染病，主要特征是暂时性不孕、发情期延长及流产。

263. 犬疱疹病毒病是由犬疱疹病毒引起的一种急性、全身出血性、坏死性传染病，主要特征为幼犬呼吸困难、全身脏器出血坏死、急性致死以及母犬流产和繁殖障碍。

264. 猫疱疹病毒病又称猫病毒性鼻气管炎，是由猫疱疹病毒1型（FHV-1）引起猫的一种急性、高度接触性上呼吸道传染病，临床上以打喷嚏、流泪、结膜炎和鼻炎为主要特征。

265. 支气管败血波氏菌病由支气管败血波氏菌引起犬的一种急性高度接触性的呼吸道传染病。支气管败血波氏菌也是引起犬传染性支气管炎（又称犬窝咳）的病原体之一。X射线检查，混合感染严重的犬可见病变肺部纹理增粗。

266. 水貂出血性肺炎，又称假单胞菌病或绿脓杆菌病，是由铜绿假单胞菌（绿脓杆菌）引起貂的一种高度致死性传染病。主要临床特征是急性死亡、呼吸困难、鼻孔出血、肺部弥漫性出血和肝样变。

267. 狐貉阴道加德纳氏菌病，是由阴道加德纳氏菌感染引起的一种繁殖障碍性疾病。主要临床特征是泌尿生殖系统感染、空怀或流产。

268. 狐貉脑炎，是由犬1型腺病毒引起的急性病毒性传染病。主要临床特征是肝炎、单侧或两侧眼睛颜色变为蓝色及有神经症状。

269. 鹿恶性卡他热是由疱疹病毒科恶性卡他热病毒引起的鹿等偶蹄动物的一种急性、热性、高度致死性传染病，以持续性发热、呼吸道和消化道上皮发生卡他性-黏脓性炎症、角膜混浊、神经机能紊乱、淋巴结肿大，全身性单核细胞浸润和脉管炎为特征。

270. 鹿慢性消耗病又称疯鹿病，也称朊病毒病，是鹿发生的一种传染性海绵状脑病，其临床特征和病理变化是进行性消瘦、中枢神经细胞退行性变化和脑干灰质空泡化。

271. 流行性出血热是由流行性出血热病毒引起的鹿、牛等动物的一种热性传染病，以全身各器官组织广泛充血、出血和水肿为特征。

第九章
兽医寄生虫学

1. 寄生在宿主体内的寄生虫称之为内寄生虫，如线虫、绦虫、吸虫等；寄生在宿主体表的寄生虫称之为外寄生虫，如蜱、螨和虱子等。

2. 从寄生虫的发育过程来分，凡是发育过程中仅需要一个宿主的寄生虫称作单宿主寄生虫（土源性寄生虫），如蛔虫、钩虫等。如发育过程中需要多个宿主，就称作多宿主寄生虫（生物源性寄生虫），如绦虫、吸虫等。

3. 长久性寄生虫有蛔虫、绦虫；暂时性寄生虫（间歇性寄生虫）有蚊子等。

4. 专一宿主寄生虫有鸡球虫等；非专一宿主寄生虫有肝片形吸虫、日本血吸虫、弓形虫、旋毛虫等。

5. 寄生虫幼虫期或无性繁殖阶段所寄生的宿主是中间宿主。

6. 寄生虫成虫（性成熟阶段）或有性生殖阶段虫体所寄生的宿主是终末宿主。

7. 猪带绦虫（成虫）寄生于人的小肠内，人是猪带绦虫的终末宿主，猪是猪带绦虫的中间宿主；弓形虫的有性生殖阶段（配子生殖）寄生于猫的小肠内，弓形虫的终末宿主是猫及猫科动物，弓形虫的中间宿主是猪、羊等动物。

8. 补充宿主（第二中间宿主）：某些寄生虫在发育过程中需要两个中间宿主，后一个中间宿主有时就称作补充宿主。如双腔吸虫的补充宿主是蚂蚁。

9. 贮藏宿主（转续宿主）或称转运宿主：即宿主体内有寄生虫虫卵或幼虫存在虽不发育繁殖，但保持着对易感动物的感染力，这种宿主称作贮藏宿主或转续宿主。如蚯蚓是鸡异刺线虫的贮藏宿主。

10. 保虫宿主：某些惯常寄生于某种宿主的寄生虫，有时也寄生于其他一些宿主但寄生不普遍，无明显危害，通常把这种不惯常被寄生的宿主称为保虫宿主。如耕牛是日本血吸虫的保虫宿主。

11. 带虫宿主（带虫者）：被寄生虫感染后，随着机体抵抗力增强或药物治疗，处于隐性感染状态，体内仍存留有一定数量的虫体，这种宿主即为带虫宿主。它在临床上不表现症状，对同种寄生虫再感染具有一定的免疫力，如牛的巴贝斯虫。

12. 超寄生宿主：许多寄生虫是其他寄生虫的宿主，称为超寄生。例如疟原虫在蚊子体内，绦虫幼虫在跳蚤体内。

13. 传播媒介：通常是指在脊椎动物宿主间传播寄生虫病的一类动物，多指吸血的节肢动物。例如蚊子在人之间传播疟原虫，蜱在牛之间传播梨形虫等。

14．猪蛔虫、鸡球虫的感染方式是经口感染。

15．钩虫、血吸虫的感染方式是经皮肤感染。

16．蜱、螨、虱的感染方式是接触感染。

17．弓形虫的感染方式是经胎盘感染。

18．寄生虫通过节肢动物的叮咬、吸血，传给易感动物的方式经节肢动物感染。这类寄生虫主要是一些血液原虫和丝虫。

19．寄生虫对宿主的影响（致病机理）包括掠夺宿主营养、机械性损伤、虫体毒素和免疫损伤作用、继发感染。

20．由寄生虫身体结构成分组成的抗原称为体抗原，也称为内抗原。体抗原作为一种潜在的抗原能引起宿主产生大量的抗体。如猪蛔虫和犬弓首蛔虫就有许多共同的体抗原。

21．寄生虫生理活性产物抗原称为代谢性抗原，这些物质大多数是酶。

22．可溶性抗原：存在于宿主组织或体液中游离的抗原物质。它们可能是寄生虫的代谢产物；或死亡虫体释放的体内物质；或由于寄生生活所改变的宿主物质。

23．弓形虫、利什曼原虫、巴贝斯虫、旋毛虫、囊尾蚴、棘球蚴的免疫逃避机制主要是组织学隔离。

24．锥虫的免疫逃避机制主要是抗原变异。

25．分体吸虫的免疫逃避机制主要是分子模拟与伪装。

26．抑制宿主的免疫应答：有些寄生虫抗原可以直接诱导宿主的免疫抑制，如利什曼原虫、锥虫和日本血吸虫。

27．蠕虫的免疫逃避机制主要是表膜脱落与更新。

28．寄生虫的免疫逃避机制一般分为组织学隔离、表面抗原的改变、抑制宿主的免疫应答以及产生可溶性抗原和代谢抑制等。

29．病原体检查是寄生虫病最可靠的诊断方法，无论是粪便中的虫卵，还是组织内不同阶段的虫体，只要能够发现其一，便可确诊。

30．常用饱和盐水进行漂浮，主要用于检查线虫卵、绦虫卵及球虫卵囊等，以建立生前诊断。

31．检查比重较大的虫卵，如棘头虫虫卵、猪肺丝虫虫卵及吸虫卵时，需用硫酸镁、硫代硫酸钠以及硫酸锌等饱和溶液。

32．虫卵计数法常用的有麦克马斯特氏法。

33．幼虫分离法又称为贝尔曼氏法。

34．线虫卵：光学显微镜下可以看见卵壳由两层组成，壳内有卵细胞。卵壳表面多数光滑，有的凸凹不平，色泽可从无色到黑褐色，蛔虫卵卵壳最厚。

35．吸虫卵：卵壳由数层膜组成，比较厚而坚实。大部分吸虫卵的一端有卵盖，也有的没有；有的吸虫卵卵壳表面光滑，有的有一些突出物（如结节或小刺、丝等）。新排出的吸虫卵内一般含有较多的卵黄细胞及其所包围的胚细胞；有的则含有成形的毛蚴。吸虫卵常呈黄色、黄褐色或灰色，内容物较充满。

36. 绦虫卵：虫卵呈圆形、方形或三角形。虫卵中央有一椭圆形具有三对胚钩的六钩蚴（胚胎），它被包在内胚膜内，内胚膜外是外胚膜，内外胚膜呈分离状态，中间含有或多或少的液体并有颗粒状内含物。有的绦虫卵内胚膜上形成突起，称之为梨形器（灯泡样结构）。

37. 外寄生虫的诊断采集病料一般在宿主皮肤患部与健康部交界处，反复刮取表皮，直至稍微出血为止，采取皮屑。

38. 驱虫药的选择原则是高效、低毒、广谱、廉价、使用方便。

39. 动物驱虫期间，对其粪便最适宜的处理方法是生物热发酵。

40. 鸡球虫的疫苗是弱毒苗。

41. 虫卵转阴率 = $\dfrac{\text{虫卵转阴动物数}}{\text{试验动物数}} \times 100\%$

42. 虫卵减少率 = $\dfrac{\text{驱虫前EPG} - \text{驱虫后EPG}}{\text{驱虫前EPG}} \times 100\%$（EPG=每克粪便中的虫卵数）

43. 精计驱虫率 = $\dfrac{\text{排出虫体数}}{\text{排出虫体数} + \text{残留虫体数}} \times 100\%$

44. 粗计驱虫率 = $\dfrac{\text{对照组平均残留虫体数} - \text{试验组平均残留虫体数}}{\text{对照组平均残留虫体数}} \times 100\%$

45. 驱净率 = $\dfrac{\text{驱净虫体的动物数}}{\text{全部试验动物数}} \times 100\%$

46. 滋养体主要出现于弓形虫病的急性期，常散在于血液、脑脊液和病理渗出液中。弓形虫一般经口感染，滋养体可通过黏膜、皮肤侵入中间宿主体内；怀孕动物和人体内的弓形虫通过胎盘传给胎儿。

47. 从猫粪中排出的弓形虫发育阶段是卵囊。

48. 猪急性弓形虫病剖检病变主要见于肺脏、淋巴结、肝脏、肾脏等。通过猫粪便适量用饱和盐水漂浮法或蔗糖溶液（30%）漂浮法检测。酶联免疫吸附试验主要用于检测宿主的特异性循环抗体。

49. 弓形虫病呈急性经过，临床上表现为食欲废绝高热稽留，呕吐，呼吸困难咳嗽，肌肉强直，体表淋巴结肿大，耳部和腹下有淤血斑或较大面积发绀，孕猪发生流产或死产。

50. 治疗弓形虫病的药物有氯林可霉素、磺胺甲氧吡嗪、磺胺六甲氧嘧啶、磺胺嘧啶等。磺胺类药物对急性弓形虫病有很好的治疗效果，与抗菌增效剂联合使用的疗效更好。

51. 利什曼原虫病又称为黑热病。内脏型利什曼原虫病常见，开始由于眼睛周围脱毛形成特殊的"眼镜"然后体毛大量脱落形成湿疹，利什曼原虫存在于皮肤中。尸体剖检利什曼原虫病病犬时，可见显著肿胀的器官是脾脏和淋巴结。在病变皮肤涂片或刮片中，或通过淋巴结、脊髓穿刺可以检出利什曼原虫的无鞭毛体即可确诊。本病为人兽共患且基本消灭，一旦发现新病犬以扑杀为宜。前鞭毛体寄生于白蛉消化道内。成熟的虫体呈梭形，长11.3～15.9μm，核位于虫体中部，动基体在前部。基体在动基体之前，由此发出一根鞭毛游离于虫体外。前鞭毛体运动活泼，鞭毛不停地摆动。在培养基内常以虫体前端聚集成团，排列成菊花状。有时也可见到粗短形前鞭毛体，这与发育程度有关。经染色后，着色特性与无鞭毛体相同。利什曼原虫的形态分无鞭毛体和前鞭毛体两种。

52. 利什曼原虫寄生于犬的网状内皮细胞内，由吸血昆虫白蛉传播。治疗利什曼原虫病的药物是锑制剂（葡萄糖酸锑钠）。

53. 日本分体吸虫病也称血吸虫病，寄生于门静脉和肠系膜静脉内。

54. 日本分体吸虫雌雄异体，寄生时呈雌雄合抱状态。雌虫常位于雄虫的抱雌沟内；成对寄生。

55. 日本分体吸虫的中间宿主是湖北钉螺。尾蚴主要经过皮肤侵入终末宿主。病变主要出现于肠道、肝脏、脾脏等脏器，基本病变是由虫卵沉着在肝脏中所引起的虫卵结节，结节中央为虫卵，周围聚积大量嗜酸性粒细胞，外围围绕上皮细胞、巨细胞和淋巴细胞。

56. 日本分体吸虫侵入人和牛、羊等终末宿主皮肤的发育阶段是尾蚴。

57. 日本分体吸虫病的诊断，推荐方法为病原学诊断（粪便毛蚴孵化法）和血清学诊断（间接血凝试验）。血清学诊断方法有环卵沉淀试验（COPT）和间接血凝试验（IHA）。其中环卵沉淀实验具有早期诊断价值。

58. 目前在人群的病原学检查方法是粪便检查法，主要有尼龙袋集卵孵化法和改良加藤厚涂片法。

59. 治疗日本分体吸虫病的药物为吡喹酮。

60. 猪囊尾蚴病是由寄生在人体内的猪带绦虫（寄生在人的小肠）的幼虫猪囊尾蚴寄生于猪的肌肉和其他脏器中引起的一种人兽共患的寄生虫病。成熟的猪囊虫，外形椭圆，约黄豆大，为半透明的包囊，囊内充满液体，囊壁是一层薄膜，膜内见粟粒大的乳白色结节。

61. 在心肌、咬肌、舌肌及四肢肌肉中发现囊尾蚴即可确诊。推荐治疗药物为吡喹酮、阿苯达唑（丙硫咪唑）。

62. 棘球蚴病又称包虫病，是由寄生于犬、狼、狐狸等动物小肠的细粒棘球绦虫的中绦期幼虫细粒棘球蚴感染中间宿主而引起人兽共患寄生虫病。

63. 细粒棘球绦虫的终末宿主是犬或犬科动物，寄生于小肠。我国细粒棘蚴感染率最高的动物是绵羊。只有对动物尸体进行剖检时，在肝、肺等处发现棘球蚴方可确诊。

64. 治疗猪囊尾蚴病、绵羊棘球蚴病的药物是丙硫咪唑、吡喹酮。

65. 预防棘球蚴病，给犬驱虫可选的驱虫药是吡喹酮。

66. 旋毛虫成虫与幼虫寄生同一宿主，宿主先是终末宿主后变为中间宿主，宿主由于摄食了含有包囊的幼虫的动物肌肉而感染。成虫寄生于肠道称为肠型旋毛虫，幼虫寄生于肌肉称为肌型旋毛虫。

67. 其中猪是人类旋毛虫病的主要传染源；猪感染旋毛虫主要是由于吞食了老鼠，老鼠是猪旋毛虫病的主要传染源。防控猪旋毛虫病应采取的关键措施是消灭猪场周围的鼠类。

68. 肉眼检查结合压片镜检法是检验肌肉旋毛虫的主要方法，一般从横膈肌角上剪取麦粒大小的膈肌肉样24粒，均匀排列在玻片上，用旋毛虫压片器压片或载玻片压薄置于显微镜下检查。肉眼检查发现猪膈肌中有针尖大小的白色小点，低倍镜检查发现椭圆形包囊，囊内有卷曲的虫体，即可确诊。

69. 治疗旋毛虫病的药物是阿苯达唑、甲苯达唑、噻苯达唑、氟苯达唑等。

70. 伊氏锥虫病又称为苏拉病，是由伊氏锥虫寄生于马属动物、牛、水牛、骆驼的血液和淋巴液以及造血器官中引起的寄生虫病。马属动物感染后急性经过，死亡率高。

71. 伊氏锥虫虫体呈细长柳叶形，以纵分裂法进行繁殖。

72. 伊氏锥虫病的传播媒介是虻、吸血蝇类。

73. 伊氏锥虫病的病理变化主要特征是皮下水肿、尿色深黄、黏稠，反刍兽第二、第四胃黏膜上有出血斑；血液学检查红细胞数量急剧下降。

74. 伊氏锥虫病最可靠的诊断依据是血液中查出虫体。

75. 预防伊氏锥虫病最实用的措施为药物预防。治疗伊氏锥虫病的药物是喹嘧胺、萘磺苯酰脲、三氮脒等。

76. 新孢子虫病主要危害是引起孕畜流产或死胎，以及新生儿运动神经障碍，对牛的危害尤为严重，是牛流产的主要原因。

77. 新孢子虫孢子化卵囊内含2个孢子囊，每个孢子囊内含有4个子孢子。

78. 犬和狐狸是新孢子中的终末宿主；其他多种动物如牛、绵羊和山羊、马、鹿、猪、兔及犬等均是其中间宿主。包囊即组织囊，只存在于中间宿主，主要存在于中枢神经系统。淘汰病牛和抗体阳性牛是防治该病的有效方法；禁止用流产胎儿饲喂犬。复方新诺明和莫能菌素具有一定的治疗作用。

79. 隐孢子虫卵囊呈圆形或椭圆形，在宿主体内孢子化，内含4个裸露子孢子和1个大残体。

80. 贝氏隐孢子虫主要寄生于禽类法氏囊、泄殖腔等器官；火鸡隐孢子虫可以感染鸡鸭和鹌鹑、火鸡等，引起腹泻；奶牛感染以安氏隐孢子虫最为常见。

81. 剖检贝氏隐孢子虫感染的病鸡，病原检查可采集的病料是呼吸道黏膜。

82. 检查隐孢子虫的最佳染色方法是齐－尼氏染色法，可以在绿色的背景下观察到多量的圆形或椭圆形的红色虫体。另外也可以收集粪便或痰液中的卵囊，油镜下隐孢子虫卵囊在饱和蔗糖溶液中往往呈玫瑰红色。

83. 肉孢子虫终末宿主是犬、狐狸和狼等肉食动物，寄生于小肠上皮细胞内；中间宿主是草食动物、禽类、啮齿类和爬行类等，寄生于中间宿主的肌肉内。

84. 肉孢子虫卵囊在体内孢子化后形成孢子化卵囊，孢子化卵囊内含2个孢子囊，每个孢子囊内含4个子孢子。终末宿主粪便中含的是孢子化卵囊释放出的孢子囊。

85. 肉孢子虫病在肉检过程中肉眼可见肌肉中有大小不一的黄白色或灰白色线状与肌纤维平行的包囊，若压破包囊在显微镜下观察，则可见大量香蕉形慢殖子。

86. 预防动物和人肉孢子虫病的关键措施是切断传播途径。严禁犬猫等终末宿主接近家畜家禽，使用常山酮、土霉素治疗绵羊急性肉孢子虫病。

87. 华支睾吸虫病是由华支睾吸虫寄生于人、犬、猫、猪等肝脏胆囊及胆管内引起的人兽共患寄生虫病，导致肝脏肿大和其他肝病变（华支睾吸虫一般对应的宿主是犬、猫，而肝片吸虫对应的是牛羊等反刍动物；此外，日本血吸虫与肝片吸虫的一个重要区别点在于日本血吸虫会导致特征性的肝脏虫卵结节，而肝片吸虫往往描述反刍动物颌下、皮下水肿的现象）。

88. 华支睾吸虫虫体特点是呈叶状，口吸盘大于腹吸盘。

89. 华支睾吸虫的第一中间宿主是淡水螺，第二中间宿主是淡水鱼和虾。

90. 华支睾吸虫感染终末宿主的发育阶段是囊蚴。虫卵形似电灯泡，上端有卵盖，后端有一小突起，内含毛蚴。

91. 人吃生鱼片和醉虾最可能感染的寄生虫是华支睾吸虫。

92. 犬食入生虾后可能感染的寄生虫是华支睾吸虫。

93. 治疗华支睾吸虫病的药物是吡喹酮、丙硫咪唑和六氯对二甲苯等。

94. 类圆线虫病又称为杆虫病。主要有兰氏类圆线虫、韦氏类圆线虫、乳突类圆线虫和粪类圆线虫，虫卵呈卵圆形，透明，壳薄，内含折刀样幼虫。幼虫侵入皮肤处引起局部红斑、丘疹、浮肿及痒感，并常伴有线状或带状的荨麻疹。

95. 类圆线虫病寄生于动物体内的虫体均为寄生性雌虫，通过有丝分裂型孤雌生殖而产出虫卵。

96. 兰氏类圆线虫寄生于猪的小肠，特别是十二指肠的黏膜内；韦氏类圆线虫寄生于马属动物的十二指肠的黏膜内；乳突类圆线虫寄生于牛羊的小肠黏膜内；粪类圆线虫寄生于人、其他灵长类、犬、狐和猫的小肠内。

97. 治疗类圆线虫病的首选药物是噻苯达唑，也可用阿苯达唑（丙硫咪唑）和左旋咪唑等。

98. 毛尾线虫病是由毛尾线虫寄生于家畜大肠（主要是盲肠）引起的寄生虫病。由于虫体一端细，一端粗，整个外形像鞭子又称毛首线虫病或鞭虫病。虫卵呈棕黄色，腰鼓形，卵壳厚，两端有塞。

99. 治疗毛尾线虫病的药物是左咪唑、苯硫咪唑等。

100. 疥疮是由疥螨寄生在动物表皮内而引起的寄生性皮肤病。本病特征为剧痒，湿疹性皮炎，脱毛，患部逐渐向周围扩展和具有高度传染性。

101. 疥螨成虫特点是有肢四对，两对伸向前方，另两对伸向后方，均粗短，向后的两对短小，不超过体缘。

102. 疥螨、软蜱发育呈不完全变态，发育过程为卵、幼虫、若虫、成虫4个阶段。一般选择口服或注射伊维菌素或阿维菌素类药物进行治疗。

103. 痒螨病是由痒螨寄生于多种动物皮肤表面引起的寄生虫病。

104. 痒螨成虫特点是第1和第2对足伸向侧前方，第3和第4对足伸向侧后方，均露出于体缘外侧。

105. 蠕形螨寄生部位是毛囊深部或皮脂腺内。

106. 诊断疥螨病，通常采取的病料组织是健康组织与病变交界处的皮屑。

107. 治疗疥螨、痒螨、蠕形螨病的首选药物是伊维菌素。

108. 硬蜱属于硬蜱科，有六个属，即硬蜱属、扇头蜱属、牛蜱属、血蜱属、革蜱属、璃眼蜱属；软蜱属于软蜱科，有两个属，即锐缘蜱属和钝缘蜱属。

109. 第1对足跗节末端背缘有哈氏器，为蜱的嗅觉器官。

110. 常用杀蜱药物有伊维菌素、阿维菌素、拟除虫菊酯类杀虫剂、有机磷类杀虫剂等。

111. 猪等孢球虫的孢子生殖寄生于外界环境。

112. 猪等孢属球虫的卵囊内含2个孢子囊，每个孢子囊内含4个子孢子。猪艾美耳属球虫卵囊内有4个孢子囊，每个孢子囊内含2个子孢子。

113. 猪等孢球虫病的主要发病日龄是7～21天。

114. 对猪致病性较强的球虫是猪等孢球虫、蒂氏艾美耳球虫和粗糙艾美耳球虫。

115. 猪球虫感染的途径是经口感染。

116. 仔猪球虫病的病理变化主要是急性肠炎，局限于空肠和回肠。

117. 仔猪球虫病的特征性病变是空肠和回肠黏膜出现黄色纤维素性、坏死性伪膜。

118. 确诊猪球虫病通过在粪便中利用饱和盐水漂浮法找到卵囊。

119. 发生仔猪球虫病时，可采用百球清、氨丙啉等治疗。

120. 猪小袋纤毛虫病是结肠小袋纤毛虫寄生于猪大肠内所引起的一种原虫病，虫体全身覆有纤毛，能旋转前进运动，表现为结肠和直肠的深层发生溃疡。粪便查到结肠小袋纤毛虫滋养体或包囊即可确诊。可用甲硝唑、土霉素、金霉素、四环素进行治疗。

121. 布氏姜片吸虫新鲜虫体呈肉红色，固定后为灰白色，姜片吸虫寄生部位是十二指肠。

122. 姜片吸虫的中间宿主是扁卷螺。水生植物生长茂密的池塘为中间宿主扁卷螺生长的最佳环境。患猪出现身体消瘦且腹部膨大，腹泻与便秘交替，确诊姜片吸虫病时，应采集新鲜粪便用水洗沉淀法查虫卵。治疗姜片吸虫病的药物是吡喹酮、硫双二氯酚、敌百虫。

123. 猪蛔虫不需要中间宿主参与，成虫寄生于猪的小肠。猪蛔虫的特征病理变化是乳斑肝。

124. 食道口线虫寄生在猪的大肠，主要是结肠，食道口线虫幼虫可钻入宿主肠黏膜使肠壁形成结节病变，引起的疾病又称结节虫病。

125. 猪蛔虫和食道口线虫粪便检查可采用直接涂片法或饱和盐水漂浮法。

126. 治疗猪蛔虫和食道口线虫的药物是左咪唑、阿苯达唑、伊维菌素或阿维菌素。

127. 猪蛔虫和食道口线虫均属于土源性寄生虫。

128. 猪肺线虫病是由后圆科后圆属的线虫寄生于猪的支气管和细支气管引起的一种呼吸系统寄生虫病。

129. 猪肺线虫病的中间宿主是蚯蚓。

130. 猪肺线虫病的诊断方法是粪便检查虫卵，用饱和硫酸镁（或硫代硫酸钠）溶液浮集为佳。

131. 猪肾虫的寄生部位是猪的肾盂、肾周围脂肪和输尿管壁等处。

132. 有齿冠尾线虫俗称猪肾虫，虫体粗壮，形似火柴杆。

133. 有齿冠尾线虫的感染性阶段是第三期幼虫。

134. 猪患病初期表现为皮肤炎症，有丘疹和红色小结节，引起病猪尿液中出现白色黏稠絮状物或脓液的寄生虫是有齿冠尾线虫。

135. 怀疑肾虫病时，可采集晨尿，静置后镜检沉淀，检查虫卵。

136. 猪冠尾线虫的主要感染途径是经口和皮肤感染。

137. 治疗猪肾虫病的药物是左咪唑、阿苯达唑、氟苯咪唑等。

138. 蛭形巨吻棘头虫的中间宿主是金龟子，寄生部位是猪的小肠，以空肠为最多。临床可见出现刨地、互相对咬或匍匐爬行，不断哼哼等腹痛症状，下痢粪便带血。虫卵检查可采用直接涂片法或水洗沉淀法检查。

139. 治疗猪棘头虫的药物是左咪唑和丙硫咪唑等。

140. 牛巴贝斯虫病（焦虫病）又称红尿热、塔城热，寄生部位是牛的红细胞。

141. 双芽巴贝斯虫、卵形巴贝斯虫为大型虫体，长度大于红细胞半径，呈锐角；牛巴贝斯虫为小型虫体，长度小于红细胞半径，呈钝角。

142. 双芽巴贝斯虫和牛巴贝氏虫的传播者是微小牛蜱，卵形巴贝斯虫的传播媒介为长角血蜱。

143. 牛巴贝斯虫病最明显的症状是出现血红蛋白尿，尿的颜色由淡红色变为棕红色乃至黑红色。常用的药物主要有三氮脒，即贝尼尔或血虫净；硫酸喹啉脲，即阿卡普林或抗焦虫药；吖啶黄、青蒿素等。

144. 莫氏巴贝斯虫为大型虫体，虫体大于红细胞半径，双梨籽形虫体，以尖端相连；羊巴贝斯虫为小型虫体，长度小于红细胞半径，双梨籽形虫体，大部分虫体两尖端相连。

145. 莫氏巴贝斯虫在我国主要的传播媒介是长角血蜱和青海血蜱。

146. 羊巴贝斯虫的传播媒介是囊形扇头蜱。

147. 牛、羊泰勒虫寄生于单核巨噬细胞内的虫体称为石榴体,寄生于血液红细胞中的虫体称为血液型虫体。

148. 环形泰勒虫病在我国的传播者主要是残缘璃眼蜱、小亚璃眼蜱;瑟氏泰勒虫病在我国的传播者主要是长角血蜱。

149. 确诊泰勒虫病的主要依据是血液涂片检出虫体。

150. 治疗牛泰勒虫病的药物是三氮脒、硫酸喹啉脲、青蒿琥酯等。

151. 我国羊泰勒虫病(尤氏泰勒虫、吕氏泰勒虫)的传播者为青海血蜱。

152. 绵羊泰勒虫目前仅在我国新疆南疆地区发现,小亚璃眼蜱为其传播媒介。

153. 治疗羊泰勒虫病的药物是三氮脒、咪唑苯脲、硫酸喹啉脲等。

154. 牛球虫中邱氏艾美耳球虫和牛艾美耳球虫致病力最强,牛球虫病多发生于犊牛,以出血性肠炎为特征,临床上主要表现为渐进性贫血、消瘦和血痢。

155. 邱氏艾关耳球虫寄生于直肠,有时在盲肠和结肠下段;牛艾美耳球虫寄生于小肠、盲肠和结肠。

156. 牛球虫病生前诊断可用饱和盐水漂浮法检查粪便中的卵囊。

157. 阿氏艾美耳球虫对绵羊致病力最强,雅氏艾美耳球虫对山羊致病力最强。

158. 阿氏艾美耳球虫寄生于宿主小肠,雅氏艾美耳球虫寄生于宿主小肠后段、盲肠和结肠。

159. 牛胎儿毛滴虫存在于病母牛阴道、子宫分泌物、流产胎儿羊水、羊膜或其第四胃内容物中,也存在于公牛包皮鞘内。虫体伸出4根鞭毛,3根向前游离,1根向后以波动膜与虫体相连,以纵分裂方式繁殖。治疗可以使用吖啶黄或三氮脒冲洗生殖道。

160. 肝片形吸虫寄生于牛、羊、骆驼和鹿等各种反刍动物的肝脏胆管中。中间宿主为淡水螺,我国内蒙古地区主要为土蜗螺。可视黏膜苍白,贫血和低蛋白血症,眼睑、颌下和胸腹下部水肿,腹水。

161. 大片形吸虫的主要中间宿主是耳萝卜螺。

162. 肝片形吸虫对牛羊等动物的感染性阶段是囊蚴。

163. 片形吸虫虫卵检查可用沉淀法和锦纶筛集卵法。

164. 治疗肝片形吸虫病药物有三氯苯唑、阿苯达唑、氯氰碘柳胺、溴酚磷、硝碘酚腈等。

165. 歧腔吸虫病的寄生部位是牛、羊、猪、骆驼、马等动物的胆管和胆囊。

166. 中华歧腔吸虫与矛形歧腔吸虫最主要的区别是两个睾丸左右并列。

167. 歧腔吸虫的第一中间宿主为陆地螺(蜗牛);第二中间宿主为蚂蚁。

168. 可用水洗沉淀法进行粪便虫卵检查;死后剖检可在胆管中发现大量虫体即可确诊。治疗歧腔吸虫病的药物有阿苯达唑、吡喹酮。

169. 阔盘吸虫病虫体主要寄生在牛、羊、骆驼等反刍动物胰脏的胰管内,有时也可寄生在胆管和十二指肠。

170. 阔盘吸虫形态为成虫扁平，长卵圆形，吸盘发达，口吸盘大于腹吸盘。虫卵黄褐色，椭圆形，具有卵盖，内含一个椭圆形毛蚴。

171. 阔盘吸虫的第一中间宿主是陆地螺（蜗牛），第二中间宿主是草螽或针蟀。

172. 可用水洗沉淀法进行粪便虫卵检查，治疗阔盘吸虫病的药物有吡喹酮。

173. 前后盘吸虫病成虫主要寄生于牛、羊等反刍兽的瘤胃壁上，幼虫移行寄生于真胃、小肠、胆管、胆囊。虫卵呈淡灰色、椭圆形。可用水洗沉淀法进行粪便虫卵检查。

174. 前后盘吸虫病的中间宿主是扁卷螺，治疗该病的药物有氯硝柳胺、硫双二氯酚。

175. 确诊歧腔吸虫病、阔盘吸虫病、前后盘吸虫病，可用水洗沉淀法进行粪便虫卵检查。

176. 东毕吸虫病的成虫寄生于牛羊及其他哺乳动物门脉血管系统中。

177. 东毕吸虫呈线状，C形弯曲，雌雄异体，但雌雄经常呈抱合状态。虫卵无卵盖，两端各有一个附属物，一端较尖另一端钝圆。中间宿主是淡水螺。

178. 东毕吸虫病生前诊断可采用毛蚴孵化法。

179. 治疗东毕吸虫病的药物有硝硫氰胺、吡喹酮。

180. 牛、羊绦虫的寄生部位是小肠。扩展莫尼茨绦虫主要寄生于羔羊，贝氏莫尼茨绦虫多寄生于犊牛，中间宿主是甲螨。

181. 莫尼茨绦虫卵内有灯泡样的梨形器，内含六钩蚴。

182. 扩展莫尼茨绦虫和贝氏莫尼茨绦虫的主要区别是虫体节间腺的形态不同。扩展莫尼茨绦虫节间腺为一排小的圆形囊状物；贝氏莫尼茨绦虫的节间腺呈密集的小点组成的带状。贝氏莫尼茨绦虫虫卵为四角形，而扩展尼茨绦虫虫卵为三角形。

183. 曲子宫绦虫的虫卵无梨形器。无卵黄腺绦虫子宫位于节片中央，无卵黄腺。

184. 贝氏莫尼茨绦虫虫卵的鉴别特征是近似四角形，内有梨形器，内含六钩蚴。

185. 中点无卵黄腺绦虫孕卵节片中的虫卵被包裹在副子宫器内。

186. 治疗牛、羊消化道绦虫的药物有吡喹酮、阿苯达唑、氯硝柳胺、甲苯咪唑。

187. 脑多头蚴病又称为脑包虫病。是由带科、多头属的多头绦虫的中绦期幼虫脑多头蚴寄生于牛羊脑及脊髓中所引起的一种寄生虫病。脑多头蚴为乳白色半透明的囊泡。头节上有顶突，上有排列成两圈的小钩。

188. 多头带绦虫成虫寄生在犬、狼、狐狸的小肠。

189. 多头蚴的终末宿主是犬、狼、狐狸。

190. 牛弓首蛔虫的寄生部位是犊牛小肠内。虫体粗大，淡黄色。头端具有3片唇。

191. 治疗牛蛔虫病的药物有左旋咪唑、阿苯达唑、阿维菌素、伊维菌素、哌嗪、精制敌百虫等。

192. 捻转血矛线虫也称捻转胃虫，寄生于宿主的真胃，虫体淡红色，矛状。镜检见部分虫体有交合伞，交合伞具有倒Y形或呈人字形背肋。雌虫肠管呈红色（吸血所致），生殖器官呈白色，两者相互捻转，形成红白相间的麻花状外观。生殖孔处多数有一舌状阴道盖。

193. 毛圆科各属线虫的生前诊断可采用饱和食盐水漂浮法检查虫卵。

194. 治疗毛圆科线虫病的药物有阿苯达唑、左旋咪唑、伊维菌素、甲苯咪唑等。

195. 食道口线虫寄生于牛羊的大肠，主要是结肠。使肠壁形成结节病变，故又称为结节虫病。

196. 牛、羊仰口线虫病也称钩虫病，成虫寄生于牛、羊小肠。头部向背侧弯曲（仰口）。口囊大呈漏斗状。

197. 采集粪便检查虫卵，新鲜钩虫卵具有一定特征性，色彩深、发黑，虫卵两端钝圆，两侧平直，内有8～16个卵细胞。

198. 治疗仰口线虫病的药物有阿苯达唑、左旋咪唑、伊维菌素、甲苯咪唑等。

199. 牛、羊肺线虫寄生部位是肺部。

200. 胎生网尾线虫寄生于牛，丝状网尾线虫寄生于羊。主要寄生于宿主的气管和支气管内。丝状网尾线虫交合伞中后侧肋仅在末端分开，第一期幼虫头端较粗，有一个特殊的扣状突出；胎生网尾线虫中后侧肋则完全融合，第一期幼虫头端钝圆，无扣状突。

201. 治疗牛、羊肺线虫病的药物有氯乙酰肼、阿苯达唑、乙胺嗪、伊维菌素等。

202. 牛吸吮线虫病，俗称牛眼虫病，虫体寄生于牛的结膜囊、第三眼睑和泪管。

203. 吸吮线虫的中间宿主是蝇类（胎生蝇、秋蝇）。

204. 牛皮蝇的第三期幼虫主要寄生在背部皮下。

205. 牛被牛皮蝇幼虫寄生后，常继发皮肤化脓感染的病原是细菌。

206. 治疗牛皮蝇蛆病常用的药物有伊维菌素、阿维菌素、倍硫磷、蝇毒磷、皮蝇磷、敌百虫等。

207. 羊狂蝇蛆病的寄生部位是鼻腔及其附近的腔窦内。

208. 羊狂蝇的发育过程经幼虫、蛹和成虫3个阶段。

209. 治疗羊狂蝇蛆病的药物有敌百虫、伊维菌素、阿维菌素、氯氰碘柳胺等。

210. 驽巴贝斯虫为大型虫体，虫体长度大于红细胞半径，呈锐角；马巴贝斯虫为小型虫体，虫体长度不超过红细胞半径，呈十字形。

211. 我国已查明的传播驽巴贝斯虫的蜱有草原革蜱、森林革蜱、银盾革蜱、中华革蜱；传播马巴贝斯虫的蜱有草原革蜱、森林革蜱、银盾革蜱、镰形扇头蜱。病马血液稀薄色淡，红细胞急剧减少，血红蛋白量相应减少，血沉快。静脉血液中出现吞铁细胞。

212. 马媾疫，又称交配疹，感染途径是经交配感染。

213. 马媾疫的特征症状是两侧肩部的皮肤出现扁平丘疹，圆形或椭圆形，中间凹陷，周边隆起，称银元疹。面神经麻痹时嘴唇歪斜，耳及眼睑下垂；咽麻痹时吞咽困难。一旦发现病畜，一般应淘汰处理。

214. 马绦虫病中间宿主是地螨，其成虫寄生部位是小肠，偶见盲肠。

215. 叶状裸头绦虫头节小，每个吸盘后方各有一个特征性的耳垂状附属物。粪便中发现孕卵节片或用饱和盐水浮集法发现大量虫卵即可确诊。

216. 治疗马绦虫病的药物有氯硝柳胺等。

217. 马副蛔虫虫体近似圆柱形，两端较细，黄白色。口孔周围有3片唇，背唇稍大。成虫寄生于马属动物的小肠，幼虫移行期引起的主要症状是咳嗽。

218. 马圆线虫、无齿圆线虫、普通圆线虫寄生于马属动物的盲肠和结肠；普通圆线虫常在肠系膜动脉根部引起动脉瘤，并在此发育为童虫，在盲肠及结肠壁上常见到含有童虫的结节。

219. 圆线虫病的首选驱虫药为丙硫咪唑。

220. 马胃线虫成虫寄生于马属动物的胃内，可致马匹全身性慢性中毒、慢性胃肠炎、营养不良及贫血，有时发生寄生性皮肤炎及肺炎。

221. 马大口德拉西线虫（大口胃虫）和蝇柔线虫（蝇胃虫）的中间宿主为家蝇和厩螫蝇，小口柔线虫（小口胃虫）的中间宿主为厩螫蝇。

222. 马脑脊髓丝虫病又称腰萎病，中间宿主是中华按蚊、雷氏按蚊等吸血性昆虫。

223. 治疗马脑脊髓丝虫病的药物是海群生。

224. 马浑睛虫病是由指形丝状线虫、马丝状线虫和鹿丝状线虫的童虫寄生于马、骡的眼前房中引起的。

225. 我国北方马的胃蝇成蝇活动时间主要在5~9月；幼虫叮咬部位呈火山口状。

226. 组织滴虫病又称盲肠肝炎或黑头病，病变主要发生在盲肠与肝脏。蚯蚓、蚱蜢等节肢动物能充当组织滴虫病的机械性传播媒介。病鸡鸡冠、肉垂发绀，呈暗黑色，称为黑头病。肝脏肿大出现呈圆形或不规则形状，淡黄色或淡绿色的坏死病灶。

227. 组织滴虫传播主要依靠鸡异刺线虫。

228. 鸡感染组织滴虫的最易感年龄是4~6周龄，治疗的药物是二甲硝咪唑。

229. 卡氏住白细胞虫寄生于鸡的内脏器官组织细胞内，沙氏住白细胞虫寄生于鸡的白细胞（主要是单核细胞）和红细胞内。

230. 沙氏住白细胞虫的传播者为蚋，卡氏住白细胞虫的传播者为蠓。

231. 鸡住白细胞虫病的特征性症状是死前口流鲜血，鸡冠与肉垂苍白。胸肌、腿肌、心肌和肝脏等器官上出现针尖至粟粒大小白色小结节。

232. 治疗鸡住白细胞虫病的药物有复方泰灭净、磺胺-2-甲氧嘧啶、磺胺喹噁啉、氯羟吡啶、氯苯胍等。

233. 鸡柔嫩艾美耳球虫又称为盲肠球虫，其寄生部位是盲肠。其余球虫寄生于小肠称为小肠球虫。鸡是唯一天然宿主。球虫的发育中不需中间宿主。毒害艾美尔球虫病主要表现为小肠浆膜面可见有小的白斑和红斑点病灶，为特征性病变。可用饱和盐水漂浮法或直接涂片法检查粪便中的球虫卵。

234. 毒害艾美耳球虫寄生部位是小肠中1/3段。

235. 布氏艾美耳球虫寄生部位是小肠下段、直肠。

236. 堆型艾美耳球虫寄生部位是十二指肠、小肠前段。

237. 巨型艾美耳球虫寄生部位是小肠中段。

238. 和缓艾美耳球虫寄生部位是小肠前段。

239. 早熟艾美耳球虫寄生部位是小肠前1/3段。

240. 堆型艾美耳球虫、柔嫩艾美耳球虫和巨型艾美耳球虫的感染常发生在21～50日龄的鸡，而毒害艾美耳球虫的感染常见于8～18周龄的鸡。

241. 治疗鸡球虫病的药物有氨丙啉、妥曲珠利、磺胺类药物等。

242. 用于预防鸡球虫病药物有氨丙啉、尼卡巴嗪、地克珠利、氯羟吡啶、马杜霉素、拉沙菌素、盐霉素、那拉菌素等。

243. 毁灭泰泽球虫和菲莱氏温扬球虫，寄生于鸭的小肠上皮细胞。

244. 截形艾美耳球虫的寄生部位是肾小管。病鹅腹泻、颈扭转贴于背上。肾脏体积肿大，可见出血斑或灰白色病灶和条纹，病灶内有大量尿酸盐沉积物和大量卵囊。

245. 毁灭泰泽球虫孢子化卵囊内无孢子囊，有8个裸露的子孢子游离于卵囊内。有1个大的卵囊残体。

246. 菲莱氏温扬球虫孢子化卵囊内有4个孢子囊，每个孢子囊内有4个小孢子。无卵囊残体。

247. 前殖吸虫寄生部位是输卵管、法氏囊、泄殖腔及直肠。

248. 前殖吸虫的第一中间宿主为淡水螺类，第二中间宿主为各种蜻蜓的稚虫和成虫。主要特征是产软壳蛋和无壳蛋；剖检可见的主要病变是输卵管炎和泄殖腔炎，黏膜增厚、充血和出血。

249. 治疗前殖吸虫病的药物有丙硫咪唑、硫双二氯酚、吡喹酮等。

250. 后睾吸虫寄生部位是肝脏胆管或胆囊。

251. 后睾吸虫的第一中间宿主为纹沼螺，第二中间宿主为麦穗鱼及爬虎鱼等。囊蚴主要寄生于鱼类的肌肉和皮层，禽类吞食含囊蚴的鱼类而感染。患禽表现食欲减退，在水中游走无力，缩颈闭眼，两腿发软而卧伏不起。

252. 治疗后睾吸虫病的药物有丙硫咪唑、吡喹酮等。

253. 四角赖利绦虫和棘沟赖利绦虫的中间宿主为蚂蚁。棘沟赖利绦虫是鸡体内最大的绦虫，有轮赖利绦虫头节大，顶突宽厚形似轮状。棘沟赖利绦虫寄生时在十二指肠壁上有结核样结节。

254. 有轮赖利绦虫的中间宿主为蝇类和甲虫。

255. 节片戴文绦虫虫体外观呈舌形，中间宿主为蛞蝓和蜗牛；终末宿主是鸡。

256. 鸡膜壳绦虫的中间宿主为食粪的甲虫和刺蝇。

257. 治疗鸡绦虫病的药物有硫双二氯酚、丙硫咪唑、氯硝柳胺、吡喹酮等。
258. 冠状膜壳绦虫的中间宿主为甲壳类和蝇类。
259. 片形皱褶绦虫的中间宿主为剑水蚤和镖水蚤。
260. 矛形剑带绦虫的中间宿主为剑水蚤。
261. 寄生于鸡体内最大的一种线虫是鸡蛔虫。棘沟赖利绦虫是鸡体内最大的绦虫。
262. 禽胃线虫虫体的寄生部位是禽类的食道、腺胃、肌胃和肠道内。
263. 小钩锐形线虫寄生于鸡、火鸡等肌胃角质膜下。
264. 旋锐形线虫寄生于鸡、火鸡、鸽等腺胃和食道。
265. 美洲四棱线虫寄生于鸡、火鸡、鸭、鸽、鹌鹑的腺胃。
266. 分棘四棱线虫寄生于鸭、鸡、火鸡、鸽、鹌鹑等的腺胃黏膜中,偶见于食道。
267. 鹅裂口线虫寄生于鹅、鸭和野鸭的肌胃角质膜下。
268. 治疗禽胃线虫病的药物有左旋咪唑、甲苯咪唑、丙硫咪唑等。
269. 气管比翼线虫和斯氏比翼线虫寄生于鸡、鹅及火鸡、鹌鹑等禽类的气管、支气管和细支气管。
270. 禽比翼线虫病(开口病)的贮藏宿主是蛞蝓、螺蛳、蚯蚓等。
271. 禽皮刺螨、禽虱寄生于禽类的体表。
272. 鸡皮刺螨的发育过程包括卵、幼虫、若虫、成虫四个阶段。
273. 新棒恙螨寄生于鸡、火鸡、鸽等禽类的翅内侧、胸肌及腿内侧皮肤上。
274. 虱的发育过程包括卵、若虫和成虫三个阶段。
275. 犬巴贝斯虫的传播媒介是蜱,寄生于犬的红细胞。蜱是巴贝斯虫的终末宿主,也是传播者。病犬尿呈黄色至暗褐色,少数有血红蛋白尿。
276. 复孔绦虫的中间宿主主要是蚤类。犬复孔绦虫形似黄瓜籽故又称瓜籽绦虫。
277. 犬复孔绦虫孕节内子宫分为许多卵袋;犬复孔绦虫成虫的寄生部位是肠。诊断时检查犬、猫肛门周围被毛上是否有犬复孔绦虫孕节。
278. 治疗犬复孔绦虫病的药物有吡喹酮、丙硫咪唑等。
279. 犬、猫蛔虫病虫体寄生于小肠;犬、猫钩虫病虫体寄生于小肠内,以十二指肠为多。
280. 犬钩口线虫在宿主体内移行并进行蜕皮的器官是肺。猫弓首蛔虫外形与犬弓首蛔虫近似,颈翼前窄后宽,雄虫尾部有指状突起。
281. 哺乳期幼犬患钩虫更为严重,常伴有血性或黏液性腹泻,粪便呈柏油状。血液检查可见白细胞总数增多、嗜酸性粒细胞比例增大,血红蛋白含量下降,病畜营养不良,严重感染者可引起死亡。
282. 犬恶丝虫的中间宿主是蚊,其寄生于犬的右心房和肺动脉,感染后,最常见的临床症状是咳嗽,主要表现为咳嗽,运动时加重,训练耐力下降。患犬常伴有结节性皮肤病,以瘙痒和倾向破溃的多发性结节为特征。

283. 生前诊断犬心丝虫病时，血液中检查到的是微丝蚴。

284. 治疗犬心丝虫病的药物有硫乙砷胺钠、枸橼酸乙胺嗪（海群生）、左旋咪唑、伊维菌素等。

285. 蚤的发育过程包括卵、幼虫、蛹、成虫4个阶段。第3对足特别发达，具有很强的跳跃能力。

286. 兔的斯氏艾美耳球虫的寄生部位是肝脏。其余各种均寄生于肠黏膜上皮细胞称为肠球虫。肝球虫病患兔肝脏高度肿大，肝表面和实质内有白色或淡黄色粟粒大至豌豆大的结节性病灶，胆管周围和小叶间部分结缔组织增生，肠球虫病病变表现肠黏膜有化脓性坏死灶或许多白色小结节。

287. 兔球虫病预防药物主要有地克珠利、拉沙菌素、盐霉素等。治疗药物主要有磺胺间甲氧嘧啶、磺胺二甲基嘧啶、磺胺二甲氧嘧啶和氯苯胍。

288. 兔的大型艾美耳球虫的寄生部位是空肠、回肠。

289. 兔的肠艾美耳球虫的寄生部位是小肠（十二指肠除外）。

290. 兔的黄艾美耳球虫的寄生部位是空肠、回肠、盲结肠。

291. 兔的松林艾美耳球虫的寄生部位是回肠。

292. 兔的中型艾美耳球虫的寄生部位是空肠、十二指肠。

293. 兔的无残艾美耳球虫的寄生部位是小肠中部。

294. 兔的梨形艾美耳球虫的寄生部位是小肠和大肠。

295. 兔的中型艾美耳球虫卵囊含有的孢子囊数为4个。

296. 家蚕微粒子病可通过胚种传染和食下传染。家蚕微粒子病的典型病变是病蚕的丝腺出现肉眼可见的乳白色脓包状斑块。

297. 蚕蝇蛆是完全变态的昆虫，一个世代经卵、幼虫（蛆）、蛹、成虫（蝇）4个阶段，最明显的病症是在寄生部位形成黑褐色喇叭状的病斑。解剖病斑处，发现体壁下存在黑褐色鞘套和淡黄色蝇蛆，即可确诊。

298. 蒲螨病的病症是病蚕皮肤上常有粗糙的凹凸不平的黑斑。如怀疑为本病时，可将蚕连同蚕沙或蚕蛹、蛾等放在深色的光面纸上，轻轻抖动数次，如有淡黄色针尖大小的螨在爬动，再用小滴清水固定，用放大镜观察，若看到雌成螨可确诊为本病。

299. 蜜蜂孢子虫病主要发生于成年蜂，发病高峰是春季，解剖病蜂中肠灰白、环纹消失、失去弹性、易破裂。

300. 孢子虫感染严重时，可使用烟曲霉素防治蜜蜂微孢子虫病。

301. 蜜蜂马氏管变形虫病病原为蜜蜂马氏管变形虫。

302. 剖检马氏管变形虫病病蜂，可见马氏管出现肿胀、透明，中肠颜色为红褐色，后肠积满黄色粪便。

303. 确诊蜜蜂马氏管变形虫病的方法是镜检病原。

304. 狄斯蜂螨病在我国，主要发生于西方蜜蜂。狄斯蜂螨属于不完全变态的昆虫。生活史包括卵、前期若螨、后期若螨和成螨，狄斯蜂螨的发育过程中无蛹。

305. 小蜂螨的个体发育分4个阶段，卵、幼虫、若螨和成螨，主要寄生在子脾上。

306. 蜂螨的治疗药物是硫萘合剂。

307. 横川后殖吸虫成虫寄生在人、猫、犬、猪、狐等动物体内。虫体前半部有很密的小刺。猪感染后，横川后殖吸虫寄生在小肠，表现为不定位腹痛、间歇性腹泻等，少量寄生无明显症状。治疗可用吡喹酮。

308. 猪伪裸头绦虫病是由克氏伪裸头绦虫寄生于猪小肠引起的一种绦虫病。患病仔猪生长发育受阻、消瘦、腹痛和腹泻甚至死亡，治疗可用硫双二氯酚、吡喹酮、硝硫氰醚。

309. 猪双叶槽绦虫病是由假叶目双叶槽科的绦虫引起的一类寄生虫病。阔节双槽头绦虫的成虫寄生于犬、猫、狐、熊、狼、狮、虎、豹、水獭、水貂、猪以及人类的小肠。可采用吡喹酮对病猪进行治疗。

310. 似蛔线虫寄生于猪胃内引起以胃炎症状为特征的寄生虫病。

311. 似西蒙线虫病是由奇异西蒙线虫寄生于猪胃黏膜内引起的寄生虫病。

312. 猪的鲍杰线虫病是由毛圆科、鲍杰属的双管鲍杰线虫寄生于猪的大肠内所引起的一种寄生虫病。

313. 猪浆膜丝虫主要寄生于家猪的心脏、肝、胆囊、膈肌、子宫及肺动脉基部的浆膜淋巴管内。

314. 猪伊蝇蛆病是由三色伊蝇幼虫在猪舍里夜间钻进猪皮肤吸吮血液引起的一种蝇蛆病。

315. 背孔吸虫病是由背孔吸虫寄生于家禽盲肠和直肠内所引起的一种吸虫病，中间宿主为圆扁螺。

316. 坏肠吸虫病是一类寄生于禽类肠道并引起肠道损伤为主的寄生虫引起疾病的总称，包括禽棘口吸虫病、背孔吸虫病、卷棘口吸虫病及球口吸虫病。卷棘口吸虫病是由棘口科、棘口属的卷棘口吸虫寄生于家禽和一些野生禽类直肠、盲肠中引起的疾病。球口吸虫病是由球形球孔吸虫、单睾球孔吸虫引起，宿主发生严重溃疡性肠炎，致使幼禽成群死亡，主要寄生于宿主小肠和盲肠。卷棘口吸虫的中间宿主是多种淡水螺，主要有折叠萝卜螺、小土窝螺和凸旋螺。

317. 枭形吸虫主要寄生于鸭小肠，波阳枭形吸虫寄生于鸭直肠。

318. 嗜眼吸虫病的终末宿主为鸡、火鸡、鸭和鹅。主要寄生部位为瞬膜和结膜囊。中间宿主为瘤拟黑螺。

319. 禽六鞭原虫病是火鸡、雉、鹌鹑、鹧鸪、孔雀、鸵鸟、鸽及鸡、鸭等的一种急性卡他性肠炎疾病，以严重下痢为特征。由火鸡六鞭原虫寄生于禽类小肠所引起。

第十章
兽医公共卫生学

1. 生态系统是指在一定时间和空间内，生物和非生物的成分之间，通过不断的物质循环和能量流动而形成的统一整体。一个生物物种在一定地域内所有个体的总和在生态学中称为种群；在一定自然区域中许多不同的生物总和称为群落；任何一个群落与其周围环境的统一体就是生态系统。

2. 在一定时间内，生态系统的结构和功能相对稳定，生态系统中生物与环境之间，生物各种群之间，通过能流、物流、信息流的传递，达到了互相适应、协调和统一的状态，处于动态平衡之中，这种动态平衡称为生态平衡。

3. 影响生态平衡的因素是物种改变、环境因子改变、资源利用不合理。

4. 生态金字塔包括能量金字塔、数量金字塔和生物量金字塔。

5. 紫外线对皮肤癌的诱发起到主要作用。

6. 酸雨通常是指pH小于5.65的酸性降水，包括雨、雪、雹和雾。

7. 脑是甲基汞和汞的靶器官，甲状腺是碘化物和钴的靶器官，神经系统是有机磷农药的靶器官等。靶器官不一定是效应器官。有机磷农药的靶器官是神经系统，而效应器官是瞳孔、唾液腺等。

8. 滴滴涕（DDT）在脂肪（蓄积的主要部位）中可达到很高浓度，靶器官却是中枢神经系统和肝脏。

9. 绝大多数的环境污染物对人群健康的影响是低毒性的。

10. 处于同一营养级上的许多生物群体，从周围环境中蓄积某种化合物，使生物体内该物质的浓度超过周围环境中的浓度现象，这种作用称为生物浓缩作用。

11. 随着生物的生长发育，生物从周围环境和食物链摄入的某种难降解化合物的浓度不断增加，这种作用称为生物积累作用。

12. 环境有害物质通过食物链在生物体内随着营养级的提高，其浓度不断增高，这种作用称为生物放大作用。

13. 在水生态系统的水生食物链中，对重金属和有机卤代类化合物积累得最多的通常是单细胞植物，其次是植食性动物。

14. 两种或两种以上化学污染物同时或数分钟内先后与机体接触，对机体产生的生物学作用强度远远超过它们分别单独与机体接触时所产生的生物学作用的总和，称为协同作用。

15. 多种化学污染物混合所产生的生物学作用强度等于其中各化学污染物分别产生的生物学作用强度的总和，称为相加作用。

16. 多种化学污染物各自对机体产生毒性作用的机理不同，互不影响，称为独立作用。

17. 两种化学污染物相互干扰，使混合物的生物学作用或毒性作用的强度低于两种化学污染物任何一种单独的强度，称为拮抗作用。

18. 按环境要素分类，污染类型包括大气污染、水体污染和土壤污染等。

19. 按污染物的性质分类，污染类型包括生物性污染、化学性污染和物理性污染。

20. 按污染物的形态分类，污染类型包括废气污染、废水污染和固体废弃物污染。

21. 生物性污染物主要指微生物、寄生虫及其虫卵。

22. 一次污染物是指直接从污染源排放到大气中的污染物质，常见的有二氧化硫、一氧化碳、一氧化氮、颗粒物等。

23. 二次污染物是由一次污染物在大气中经物理或化学反应而形成的污染物，毒性比一次污染物强，常见的有硫酸与硫酸盐气溶胶、硝酸与硝酸盐气溶胶、臭氧、光化学氧化剂及多种自由基。

24. 环境污染对人体健康影响的特点包括广泛性、多样性、复杂性、长期性。

25. 可诱发人或哺乳动物皮肤癌的物质是煤焦油。

26. 目前已经确认的致畸动物的致畸物是甲基汞。

27. 对人和动物有致突变作用的环境污染物是亚硝胺类、甲醛、苯和敌敌畏等。

28. 环境中的天然雌激素是从动物和人尿中排出的一些性激素，主要有17-β雌二醇、孕酮、睾酮。

29. 我国《职业病分类和目录》规定的职业病包括职业性尘肺病及其他呼吸系统疾病（尘肺病、其他呼吸系统疾病）、职业性皮肤病、职业性眼病、职业性耳鼻喉口腔疾病、职业性化学中毒、物理因素所致职业病、职业性放射性疾病、职业性传染病（炭疽、森林脑炎、布鲁氏菌病、艾滋病、莱姆病）、职业性肿瘤和其他职业病。

30. 地方性克汀病的发病原因主要是缺乏碘。

31. 大骨节病的发病原因主要是缺乏硒。

32. 食物中原来含有或者加工时人为添加的生物性或化学性物质是指食品污染。

33. 在食品动物养殖，动物性食品加工、贮存、运输等过程中，有害物质进入动物体内或动物性食品之内，可能对人体健康产生危害的现象是指动物性食品污染。

34. 食品在按照预期用途进行制备或食用时，不会对消费者造成伤害是指食品安全。

35. 确保食品生产和供应过程的安全，防止食品因不当逐利、恶性竞争、社会矛盾等原因影响而受到生物、化学、物理等方面因素的故意污染或蓄意破坏是指食品防护。

36. 为确保动物性食品安全和卫生，在生产、加工、贮存、运输和销售动物产品时必须要求的条件和措施是指兽医食品卫生。

37. 给猪食用克仑特罗（瘦肉精），引起猪肉和内脏中瘦肉精残留，属于化学性污染。

38. 为增加蛋黄的橙黄或橙红色泽，一些养殖户在蛋禽饲料中非法添加的掺假物最可能是苏丹红。

39. 熏肉、羊肉串等肉类在熏、烤过程中，因与明火和烟接触，温度高，会产生对人具有致癌作用的物质，这种有害物质最可能是多环芳烃。

40. 肉品发生腐败变质时，由于蛋白质分解，会产生有不良气味且对人体健康有不良影响的物质。这种有害的物质最可能是胺类化合物。

41. 为了使肉制品成色良好，加工中添加一种护色剂。但添加过量或混合不均匀时，食入较多的该种物质可引起食用者出现全身皮肤、黏膜发紫等缺氧症状。肉品中这种有害物质最可能是亚硝酸盐。

42. 肉制品中的亚硝酸盐主要来源于食品加工中添加剂使用。

43. 肉制品中的多氯联苯主要来源于工业三废污染。

44. 猪肉中的盐酸克伦特罗主要来源于畜禽养殖中兽药残留。

45. 由人工辐射源或开采、冶炼放射性物质时引起的食品污染是食品放射性污染。

46. 人类食物中毒的主要特点包括有病因食物、发病急剧、有类似症状、无传染性。

47. 动物肉品中不得检出沙门氏菌、志贺氏菌、致泻大肠埃希氏菌、副溶血性弧菌、小肠结肠炎耶尔森菌、空肠弯曲菌、金黄色葡萄球菌、溶血性链球菌、肉毒梭菌及其肉毒毒素、产气荚膜梭菌、蜡样芽孢杆菌、单核细胞增生李斯特菌等致病菌。

48. 必需的微量元素有铜、锌、锡、铬、钴、镍、钡、锑等。

49. 农药残留的主要来源包括用药后直接污染、从环境中吸收、通过食物链富集、意外污染。

50. 动物性食品中法定允许的兽药最大浓度是最高残留限量。

51. 有机氯农药中毒后，表现四肢无力、头痛、头晕、食欲不振、抽搐、肌肉震颤和麻痹等神经症状。

52. 氯丹和林丹是人类癌症的诱发剂，艾氏剂、狄氏剂和异狄氏剂可引起食管癌、胃癌和肠癌。

53. 人食用了具有较高残留浓度瘦肉精的动物产品后，会出现头痛、头晕、心悸、心律失常、呼吸困难、肌肉震颤和疼痛等中毒症状。

54. 水俣病是指汞中毒。痛痛病是指镉中毒。黑脚病是指砷中毒。氟斑牙、氟骨症是指无机氟中毒。

55. 化学性污染评价指标如下：

（1）每日允许摄入量指人类终生每日随同食物、饮水和空气摄入某种外源化学物而对健康不引起任何可观察到的损害作用的剂量。

（2）限量指人类终生每日随同食物、饮水和空气摄入某种外源化学物而对健康不引起任何可观察到的损害作用的最大剂量。

（3）**最高残留限量**即对食品动物用药后产生的允许存在于食品表面或内部的该兽药残留的最高量。

（4）**再残留限量**指一些持久性农药虽已禁用，但还长期存在环境中；从而再次在食品中形成残留，为控制这类农药残留物对食品的污染而制定其在食品中的残留限量，以每千克食品或农产品中农药残留的量（毫克）表示（mg/kg）。

56. 引起沙门氏菌食物中毒最常见的食品是**肉与肉制品**。

57. 小肠结肠炎耶尔森食物中毒的腹痛特征是**右下腹部疼痛**。

58. 葡萄球菌食物中毒的症状是**呕吐、上腹部疼**。

59. 产单核细胞李氏杆菌食物中毒的主要症状是发热、**败血症**、**脑膜炎**、脑脊髓炎，有时可引起心内膜炎。

60. 肉毒梭菌毒素食物中毒的特征为**肌肉麻痹**。

61. 评定食品被细菌污染程度的指标是**菌落总数**。

62. 评价食品被粪便污染的指标是**大肠菌群**。

63. **大肠杆菌**是能发酵乳糖、产酸产气、需氧和兼性厌氧的革兰氏阴性无芽孢杆菌。

64. 所有食品动物禁用的药物是**雌激素类（己烯雌酚）、同化激素（苯丙酸诺龙）、喹啉类（卡巴氧）、硝基呋喃类（呋喃西林、呋喃它酮）、硝基咪唑类、砷制剂**等。

65. 按病原体的种类分类，鹅口疮应为**真菌病**。

66. 按病原体的储存宿主分类，以动物为主的（动物源性）人兽共患病是**棘球蚴病、旋毛虫病、马脑炎**。

67. 通过食用猪肉传播的人兽共患寄生虫病是**旋毛虫病**。

68. 按病原体的储存宿主分类，以人为主的（人源性）人兽共患病是**戊型肝炎**。

69. 按病原体的储存宿主分类，人兽并重的（互源性）人兽共患病是**结核病、炭疽、日本血吸虫病、钩端螺旋体病**。

70. 按病原体的储存宿主分类，属于真性人兽共患病的是**猪带绦虫病、猪囊尾蚴病、牛带绦虫病、牛囊尾蚴病**等。

71. 按病原体的生活史分类，属于直接人兽共患病的是**狂犬病、炭疽、结核病、布鲁氏菌病、钩端螺旋体病、弓形虫病、旋毛虫病**等。

72. 按病原体的生活史分类，属于媒介性人兽共患病的是**流行性乙型脑炎、森林脑炎、登革热、并殖吸虫病、华支睾吸虫病、利什曼原虫病**等。

73. 按病原体的生活史分类，属于周生性（循环性）人兽共患病的是**棘球绦虫病、棘球蚴病**。

74. 按病原体的生活史分类，属于腐生性（腐物性）人兽共患病的是**肝片吸虫病、钩虫病**等。

75. 人兽共患病的特征包括动物是主要传染源、突发性、隐蔽性、区域性、职业性。

76. 属于自然疫源性疾病的是流行性出血热、森林脑炎等。

77. 我国《生猪产地检疫规程》中规定的检疫对象：口蹄疫、非洲猪瘟、猪瘟、猪繁殖与呼吸综合征、炭疽、猪丹毒。

78. 我国《家禽产地检疫规程》中规定的检疫对象：①鸡、鸽、鹌鹑、火鸡、珍珠鸡、雉鸡、鹧鸪、鸵鸟、鸸鹋：高致病性禽流感、新城疫、马立克病、禽痘、鸡球虫病；②鸭、鹅、番鸭、绿头鸭：高致病性禽流感、新城疫、鸭瘟、小鹅瘟、禽痘。

79. 我国《马属动物产地检疫规程》中规定的检疫对象：马传染性贫血、马鼻疽、马流感、马腺疫、马鼻肺炎。

80. 我国《反刍动物产地检疫规程》中规定的检疫对象：①反刍动物产品需要检疫的是原毛、绒、血液、角；②牛：口蹄疫、布鲁氏菌病、炭疽、牛结核病、牛结节性皮肤病；③羊：口蹄疫、小反刍兽疫、布鲁氏菌病、炭疽、蓝舌病、绵羊痘和山羊痘、山羊传染性胸膜肺炎；④鹿、骆驼、羊驼：口蹄疫、布鲁氏菌病、炭疽、牛结核病。

81. 我国《犬产地检疫规程》中规定的检疫对象：狂犬病、布鲁氏菌病、犬瘟热、犬细小病毒病、犬传染性肝炎。

82. 我国《猫产地检疫规程》中规定的检疫对象：狂犬病、猫泛白细胞减少症。

83. 我国《兔产地检疫规程》中规定的检疫对象：兔出血症、兔球虫病。

84. 我国《蜜蜂产地检疫规程》中规定的检疫对象：美洲蜜蜂幼虫腐臭病、欧洲蜜蜂幼虫腐臭病、蜜蜂孢子虫病、白垩病、瓦螨病、亮热厉螨病。

85. 我国《生猪屠宰检疫规程》中规定的检疫对象：口蹄疫、非洲猪瘟、猪瘟、猪繁殖与呼吸综合征、炭疽、猪丹毒、囊尾蚴病、旋毛虫病。

86. 我国《牛屠宰检疫规程》中规定的检疫对象：口蹄疫、布鲁氏菌病、炭疽、牛结核病、牛传染性鼻气管炎（传染性脓疱外阴阴道炎）、牛结节性皮肤病、日本血吸虫病。

87. 我国《羊屠宰检疫规程》中规定的检疫对象：口蹄疫、小反刍兽疫、炭疽、布鲁氏菌病、蓝舌病、绵羊痘和山羊痘、山羊传染性胸膜肺炎、棘球蚴病、片形吸虫病。

88. 我国《家禽屠宰检疫规程》中规定的检疫对象：高致病性禽流感、新城疫、鸭瘟、禽痘、马立克病、鸡球虫病。

89. 我国规定，在生猪屠宰中，应当检验猪囊尾蚴、旋毛虫，在牛屠宰中应检验牛囊尾蚴、肉孢子虫。

90. 生猪宰后检验中，要求采集膀胱的尿液检测盐酸克仑特罗、莱克多巴胺和沙丁胺醇3种瘦肉精类物质。

91. 生鲜牛乳中来源于病畜的致病菌主要是金黄色葡萄球菌、牛分枝杆菌、溶血性链球菌、致病性大肠杆菌、沙门氏菌、志贺氏菌、变形杆菌、炭疽芽孢杆菌、肉毒芽孢梭菌、布鲁氏菌等。

92. 牛乳在40℃以上温度加热时液面形成薄膜，在高温下加热或煮沸时容器的内表面形成乳石，100℃以上长时间加热则发生美拉德反应。

93. 生产区净道和污道应分开，污道在下风向。

94. 生产区门口地面有长、宽、深分别不低于3.8m、3.0m、0.1m的消毒池。

95. 某奶牛场刚挤出的鲜乳，过滤后装入容器，2h内冷却到适宜温度后冷藏。该适宜温度为1~4℃。

96. 生乳应存放于直冷式或带有制冷系统的贮乳罐，贮存温度应在2h内降至0~4℃，运输过程的温度控制在0~6℃。

97. 为提高乳的密度，有的奶牛养殖户在乳中加入的掺假物最有可能是食盐、蔗糖或尿素。

98. 为提高乳品蛋白质检测含量，一些不法分子在牛乳中加入的掺假物最有可能是三聚氰胺。

99. 已经废弃的动物皮革制品、动物毛发水解为皮草水解蛋白后掺入到乳中，制成所谓的皮革奶。

100. 为防止牛乳腐败变酸，有的奶牛养殖户在乳中加入的掺假物最可能是甲醛、过氧化氢。

101. 为了防止酒精试验结果阳性，造假者在乳中掺入洗衣粉。

102. 猪场带畜禽消毒最常用的消毒剂是0.3%过氧乙酸溶液、0.1%新洁尔灭、0.1%次氯酸钠。

103. 圈舍地面和用具消毒时，氢氧化钠的常用浓度是1%~2%。

104. 经过好氧处理后的屠宰污水上层清液，在排放前常采取的处理方法是氯化消毒。

105. 溶解于水中的氧称为溶解氧，通过测定水中溶解氧可判定水体是否发生污染。

106. 一定时间和温度下，水体中有机污染物受微生物分解所耗去水体溶解氧的总量是生化需氧量。

107. 污水处理的效果，常用生化需氧量能否有效地降低来判断。

108. 一定条件下，用强氧化剂氧化水中有机污染物和一些还原物质所耗氧量是化学耗氧量。化学耗氧量是测定水体被污染程度的指标之一。

109. 水中含有的不溶性物质为悬浮物，悬浮物的最大允许排放浓度为400mg/L。

110. 掩埋处理病害动物尸体时，坑底必须铺上一定厚度的生石灰，病害动物尸体上层距地表应有安全高度。按国家相关规定对生石灰厚度和距地表高度的要求分别是2.0cm、1.5m以上。

111. 对畜禽粪便无害化处理，最常用且经济的方法是生物热消毒。

112. 炭疽、气肿疽病畜的粪便，只能焚烧或经有效的消毒液消毒后深埋，生物热消毒法不起作用。

113. 常用于染疫皮张的无害化处理方法是化学消毒。

114. 高温处理法适用于染疫动物蹄、骨和角的处理。

115. 过氧乙酸消毒法适用于任何染疫动物的皮毛消毒。

116. 碱盐液浸泡消毒适用于被病原微生物污染的皮毛消毒。

117. 煮沸消毒法适用于染疫动物鬃毛的处理。

118. 动物诊疗场所选址距离畜禽养殖场、屠宰加工厂、动物交易场所不少于200m。

119. 动物诊疗机构的医疗废弃处理过程包括收集、运送、贮存、处置等。

120. 动物诊疗机构医疗废弃物处置的基本原则就近集中处理。

121. 放射工作人员在透视前必须做好充分的暗适应。在不影响诊断的原则下,应尽可能采用高电压、低电流、厚过滤和小照射野进行工作。

122. 动物诊疗机构至少要分成动物普通病区和动物疫病区。

123. 动物诊疗机构兽医人员皮肤破损,在进行接触体液或破损皮肤黏膜的操作时,需使用的加强防护用品是手套。

124. 动物诊疗机构兽医人员在接触病畜污染部位后,再接触清洁部位前至少应更换的是手套。

125. 动物诊疗机构医护人员接触传染病畜分泌物后,必须立即洗手的情形是摘除手套后。

126. 动物诊疗机构兽医人员进入高危险性人畜共患病病区时,需使用的加强防护用品是鞋套。

127. 进行有体液或其他污染物喷溅的操作时,需使用的加强防护用品是防护镜。

128. 动物诊疗机构兽医人员接触高危险性人兽共患传染病病畜禽时,需使用的加强防护用品是医用外科口罩或医用防护口罩。

第十一章
兽医临床诊断学

1. 动物动脉检查的常用方法是触诊。
2. 检查浅表淋巴结活动性的基本方法是触诊。
3. 浅部触诊法主要用于检查动物体表的温度和湿度，弹性及软硬度，敏感性，病变性状，心脏搏动，肌肉的紧张性，骨骼和关节的肿胀、变形，体表浅在的病变，关节、软组织以及浅部的动脉、静脉、神经、阴囊和精索等。
4. 深部触诊法主要检查腹内脏器和腹部异常包块等。
5. 最适用于检查犬肠管或索条状包块的方法是深部滑行触诊法。
6. 切入式触诊常用于检查肝脏。
7. 指指叩诊法适用于中、小动物和大动物浅表部位的诊查。
8. 轻叩法又称阈界叩诊法，用于确定心、肝及肺相对浊音界。
9. 中度叩诊法适用于病变范围小而轻，浅表的病灶，且病变位于含气空腔组织或病变表面有含气组织遮盖时。
10. 重叩叩诊法适用于深部或较大面积的病变以及肥胖、肌肉发达者。
11. 临床上将叩诊音分为清音、鼓音、浊音、实音和过清音5种。
12. 清音是一种音调低、音响较强、音时较长的叩诊音，在叩击富弹性含气的器官时产生。见于正常肺脏区域。
13. 浊音是一种高音调、音响较弱、音时较短的叩诊音，在叩击覆盖有少量含气组织的实质器官时产生。见于正常肝及心区，病理状况下见于肺有浸润、炎症、肺不张等。
14. 实音为音调比浊音更高、音响更弱、音时更短的叩诊音。为叩击不含气的实质性脏器时所产生的声音。在病理情况下，大量胸腔积液和肺完全实变也可出现。
15. 鼓音是一种比清音音响强、音时长而和谐的低音，在叩击含有大量气体的空腔器官时出现。病理状况下见于瘤胃胀气、气胸、气腹、肺空洞等。
16. 过清音是一种介于清音与鼓音之间的叩诊音，此种叩诊音正常时不易听到，可见于肺组织弹性减弱而含气量增多的肺气肿患畜。
17. 奶牛真胃变位时，应在左侧或右侧倒数第一、第二肋间及其周围采取听、叩诊结合的方法，若听到特征性的钢管音，可作出初步诊断。
18. 现代听诊法主要用于检查心血管系统、呼吸系统、消化系统、胎心音和胎动音等。

19. 常用嗅诊检查的是汗液、呼出气体、痰液、呕吐物、粪便、尿液和脓液味等。

20. 营养状况一般用视诊的方法根据肌肉丰满程度、皮下脂肪蓄积量和被毛的状态和光泽度来判定，必要时可称量体重。将营养状况分为良好、中等、不良和过剩（肥胖）4种。

21. 皮肤的温度检查通常用手背、手掌或专用温度计触诊被检部位进行。一般触诊检查的部位：马的耳根、鼻端、颈侧、腹侧、四肢的系部；牛、羊的鼻镜、角根、胸侧、四肢下部；猪的鼻盘、耳、四肢；禽的冠、肉髯及脚爪等。

22. 汗腺最发达的动物是马属动物。

23. 无汗腺的动物是禽类。

24. 临床上，常把皮肤弹性减退作为判定动物脱水的指标之一。

25. 局部炎性肿胀表现为红、肿、热、痛及机能障碍。

26. 皮下气肿的特点是肿胀界限不明显、触压时柔软而容易变形，并可感觉到由于气泡破裂和移动所产生的捻发音（沙沙声）。

27. 患畜腹部有局限性肿胀，触摸柔软如面团样，指压留痕，此病变可能是皮下水肿。

28. 血肿的肿胀发生迅速，触诊有波动感，穿刺可放出血液。

29. 脓肿初期肿胀、热、痛，而后中央变软，脱毛，有波动感，穿刺有脓液排出。

30. 血清肿逐渐肿大，隆起界限不明显，触诊有波动感，局部温度不高，穿刺有血清样液排出。

31. 可视黏膜检查临床上一般以检查眼结膜为主，牛则主要检查巩膜。

32. 眼睑肿胀并伴羞明流泪，是眼炎或结膜炎的特征。

33. 猪的大量流泪，可见于流行性感冒，眼窝下方见有流泪的痕迹，提示传染性萎缩性鼻炎的可能性。脓性眼眦是化脓性结膜炎的特征，应注意猪瘟。

34. 可视黏膜单侧性潮红见于外伤、结膜炎、角膜炎等。

35. 可视黏膜双侧性潮红见于各种发热性疾病、疼痛性疾病、中毒性疾病等。

36. 犬猫可视黏膜检查的主要部位是眼结膜。

37. 牛可视黏膜苍白可见于贫血；皮肤颜色呈现苍白黄染的现象见于溶血性贫血。

38. 猪亚硝酸盐中毒时可视黏膜发绀。

39. 黄疸见于各型肝炎、胆管结石及异物所致的阻塞、血液寄生虫病等。

40. 眼结膜上有点状或斑点状出血，常见于败血性传染病、出血性素质疾病（如猪瘟）、急性或亚急性传染性贫血等。

41. 颈浅淋巴结又称肩前淋巴结，位于肩关节前上方。

42. 髂下淋巴结又称膝上淋巴结、股前淋巴结，位于髋结节和膝关节之间股阔筋膜张肌前方。

43. 腹股沟浅淋巴结在公畜也称阴囊淋巴结、母畜称乳房上淋巴结，位于骨盆壁腹面大腿内方。

44. 腘浅淋巴结位于腓肠肌起点的后方与半腱肌之间的沟中。

45. 大动物主要检查下颌淋巴结、颈浅淋巴结、髂下淋巴结。

46. 猪主要检查髂下淋巴结和腹股沟浅淋巴结。

47. 犬通常检查下颌淋巴结、腹股沟浅淋巴结和腘淋巴结等。犬无髂下淋巴结。

48. 下颌淋巴结化脓，是马腺疫的特征。

49. 颈浅淋巴结化脓，见于猪结核病。

50. 淋巴管肿胀主要见于马流行性淋巴管炎、马皮肤型鼻疽等。

51. 临床测量哺乳动物体温均以直肠温度为标准，而禽类通常测其翼下的温度，小动物可测量腋下和股内侧温度。

52. 马检查脉搏的部位是颌外动脉。

53. 牛检查脉搏的部位是尾动脉。

54. 小动物检查脉搏的部位是股动脉或肱动脉。

55. 检查家禽呼吸频率的最常用的方法是观察肛下羽毛的抽动。

56. 牛、马间接性动脉血压的最佳测定部位是尾中动脉。

57. 犬、猫间接性动脉血压的最佳测定部位是股动脉。

58. 兔尿色常与饲料种类有关，幼兔的尿液多为无色尿，不含任何沉淀物，成年兔的尿液多呈柠檬、琥珀或红棕色。产生血尿的疾病有肾炎、膀胱炎等；茶色尿主要为肝脏损伤性疾病，如肝片吸虫病、豆状囊尾蚴病等；乳白色尿则为腹腔结核病、肿瘤等；尿中带脓则为肾盂肾炎、肾积脓等疾病。

59. 收缩压的高低主要取决于心肌收缩力的大小和心脏搏出量的多少，舒张压高低主要取决于外周血管阻力及动脉壁的弹性。

60. 脉压加大，见于主动脉瓣闭锁不全；脉压变小，见于二尖瓣口狭窄。

61. 群体检查的原则是按静态、动态、饮食状态的顺序进行。

62. 嗳气完全停止多是食道梗塞的结果。

63. 动物患急性发热性疾病时，鼻镜干燥甚至干裂，如牛梨形虫病、牛出血性败血病、瓣胃阻塞等。

64. 犬的正常呼吸类型是胸式呼吸；除犬外健康动物的呼吸类型是胸腹式呼吸。

65. 牛心脏检查的首选方法是听诊。牛的心脏被肺脏覆盖的面积大，其左、右两侧均无绝对浊音区，而只有相对浊音区位于第3~4肋间。

66. 马的心搏动在左侧的胸廓下1/3的中央水平线上的第3~6肋间，在第5肋间的下1/3的中间处最明显。

67. 牛的心搏动在肩端线下1/2部的第3~5肋间，在第4肋间最明显。

68. 犬、猫的心搏动在左侧第4~6肋间的胸廓下1/3处，在第5肋间最明显。

69. 心区疼痛见于心包炎、创伤性心包炎及胸膜炎等。

70. 叩诊时，引起心浊音区增大的疾病是心包积液、肺萎缩。其中相对浊音区增大是由于心脏容积增大所致，可见于心肥大、心扩张、心包积液；绝对浊音区增大是由于肺脏覆盖心脏的面积缩小所致，见于肺萎陷。

71. 叩诊时，心脏绝对浊音区缩小，见于肺泡气肿、气胸；心脏相对浊音区缩小，见于肺萎陷，覆盖心脏的肺叶发生实变。

72. 心区叩诊疼痛见于心包炎及胸膜炎等。

73. 牛三尖瓣口的最佳听诊区在右侧第3肋间。

74. 马心脏二尖瓣口心音最强听取点位于左侧胸廓下1/3中央水平线与第5肋间交汇处。

75. 属于心脏收缩期的非器质性杂音是贫血性杂音。

76. 引起心外杂音的是纤维素性心包炎。

77. 牛心律不齐提示心肌炎症引起的传导障碍。

78. 心脏杂音包括心内杂音和心外杂音。

79. 心内杂音包括器质性杂音和非器质性杂音；器质性杂音包括缩期杂音、张期杂音、连续性杂音；非器质性杂音（发生在缩期）包括相对闭锁不全性杂音和贫血性杂音。

80. 心外杂音包括心包摩擦音、心包拍水音、心肺性杂音。

81. 阴性静脉波动：又称房性静脉波动，是指与心室收缩不一致的静脉波动。在心脏衰弱时，由于全身静脉淤血严重，阴性静脉波动可以波及颈沟的中部以上。

82. 阳性静脉波动：又称室性静脉波动，是指与心室收缩一致的静脉波动。在三尖瓣闭锁不全时可波及颈沟的上1/3处。

83. 假性静脉波动：又称伪性颈静脉波动，由颈动脉的强力搏动所引起的静脉波动。

84. 桶状胸的特征是胸廓向两侧扩张，左右横径显著增加，呈圆桶形。

85. 扁平胸的特征是胸廓狭窄而扁平，左右径显著狭小，呈扁平状。

86. 佝偻病的特征是鸡胸。特征是胸骨柄明显向前突出，常常伴有肋骨与肋软骨交接处出现串珠状突起并见有脊柱凹凸，四肢弯曲。

87. 两侧胸廓不对称：特征为两侧胸壁明显不对称。

88. 健康家畜鼻黏膜，犬为淡红色，马为略呈淡蓝红色。

89. 马急性肺水肿的鼻液性质是浆液性血性。

90. 鼻液脓性是化脓性炎症的特征。

91. 鼻液带血常提示鼻出血。

92. 腐败性鼻液是坏疽性炎症的特征。

93. 鼻肿瘤时，鼻液呈暗红色或果酱状为其特征。

94. 铁锈色鼻液为大叶性肺炎和传染性胸膜肺炎一定阶段的特征。

95. 喘鸣音主要见于马属动物。

96. 健康动物除犬外均为胸腹式呼吸，健康犬以胸式呼吸占优势。

97. 间断性呼吸的特征为间断性吸气或呼气，即在呼吸时，出现多次短促的吸气或呼气动作。

98. 陈施二氏呼吸又称为潮式呼吸，特征为病畜呼吸由浅逐渐加强、加深、加快，当达到高峰以后，又逐渐变弱、变浅、变慢，而后呼吸中断。

99. 毕欧特氏呼吸又称为间停式呼吸。特征为数次连续的、深度大致相等的深呼吸和呼吸暂停交替出现，即周而复始的间停呼吸。

100. 库斯茂尔氏呼吸又称深大的呼吸。特征为呼吸不中断，发生深而慢的大呼吸，呼吸次数少，并带有明显的呼吸杂音。

101. 肺脏听诊时，开始部位在肺听诊区的中1/3，由前向后逐渐听取，其次上1/3，最后听诊下1/3。

102. 一般情况下，肺泡呼吸音的强弱依次为：犬、猫＞绵羊、山羊、牛＞马属动物。

103. 病理性呼吸音有啰音、捻发音、空瓮音、胸膜摩擦音和拍水音等。

104. 健康牛肺叩诊区后界线应经过肩关节水平线与第8肋间的交叉点。

105. 叩诊区扩大主要是肺过度膨胀（肺气肿）和胸腔积气（气胸）所致。

106. 反刍动物腹围增大，左腹侧上方膨大，肷窝凸出，腹壁紧张而有弹性，叩诊呈鼓音，见于急性瘤胃臌气。左腹侧下方膨大，肷窝消失，叩诊呈浊音，见于瘤胃积食。腹围缩小，主要见于长期饲喂不足、顽固性腹泻及慢性消耗性疾病。右侧腹肋弓后下方膨大，见于皱胃积食及瓣胃阻塞。腹部下方两侧膨大，触诊有波动感，叩诊呈水平浊音，见于腹水和腹膜炎。

107. 舌下部的小出血点，常见于马传染性贫血。

108. 舌硬化（木舌），可见于放线菌病。

109. 胃导管的主要作用是导胃、洗胃与投药。

110. 触诊瘤胃的目的是判定瘤胃的运动机能和内容物的性状。

111. 正常时，瘤胃收缩（蠕动）次数为牛1～3次/min、山羊1～2次/min、绵羊1.5～3次/min。

112. 健康牛的瘤胃蠕动音呈雷鸣音或远炮音。

113. 健康牛瘤胃上部叩诊为鼓音，由肷窝向下逐渐变为半浊音，下部完全为浊音。

114. 瓣胃听诊，正常时可听到微弱的沙沙声。

115. 胃扭转时，腹部膨胀，叩诊呈鼓音或金属音。

116. 正常马的小肠音如流水声、含漱声，大肠音如雷鸣音、远炮音。

117. 真胃严重阻塞、扩张时，可以看到右侧腹壁真胃区向外侧突出，左右腹壁显得很不对称。

118. 皱胃扭转时，可见右腹膨大或肋弓突起；皱胃左方变位时，可见左侧肋弓突起而右侧原皱胃区则变得扁平。

119. 沿肋骨弓后下方或与膝关节水平进行仔细触诊，如病畜表现回顾、躲闪、呻吟、后肢踢腹，则为真胃区敏感。

120. 触诊真胃区有坚实感或坚硬呈长圆形面袋状，伴有疼痛反应，是真胃阻塞的特征。

121. 冲击触诊有波动感，并能听到击水音，提示皱胃扭转或幽门阻塞、十二指肠阻塞。叩诊真胃出现鼓音，为真胃扩张。

122. 左侧肋骨弓区用叩诊和听诊相结合的方法，听到钢管音，则多为真胃左方移位。

123. 听诊真胃蠕动音增强，见于真胃炎。蠕动音稀少、微弱，则表示胃内容物干涸或机能减弱，见于真胃阻塞。金属音调的蠕动音见于真胃变位。

124. 排粪时，背腰稍拱起，后肢稍开张并略向前伸的动物是马、牛、羊。

125. 排粪采取近于坐下的下蹲姿势的动物是犬。

126. 在行进中可以排粪的动物是马、山羊。

127. 健康动物每天排粪次数和排粪量：马、骡8～12次、10～25kg；牛10～18次、25～35kg；羊3～8次、1～3kg；猪2～5次、1～3kg；犬1～3次、0.3～0.8kg。

128. 正常时，马粪呈圆块状，具有中等湿度，落地后一部分破碎。

129. 牛粪呈叠饼状，放牧吃青草时呈稠粥状。

130. 羊粪呈球形，放牧吃青草时呈圆柱状或条状。

131. 猪粪为稠粥状，完全饲喂配合饲料的猪，其粪便呈圆柱状。

132. 犬和猫的粪便呈圆柱状，当喂给多量骨头时，则干而硬。

133. 禽类为圆柱状、细而弯曲，外覆一薄层白色尿酸。

134. 放牧或喂青草时，粪便呈暗绿色；舍饲稻草、谷草、小麦秆时，为黄褐色。

135. 前部肠管或胃出血时，粪便呈褐色或黑色（沥青样便）；后部肠管出血时，血液附着在粪便表面而呈红色。

136. 发生阻塞性黄疸时，粪呈淡黏土色（灰白色）；发生犊牛白痢及仔猪白痢时，粪呈白色糨糊状。

137. 内服铁剂、铋剂、木炭末时，粪便呈黑色；内服白陶土时，粪便呈白色。

138. 一般健康草食动物的粪便无恶臭气味，猪、犬和猫的粪便较臭。

139. 犬脾脏肿大常用的临床检查方法是体外触诊。犬脾位于左季肋部。

140. 牛正常时叩诊不能获得牛脾脏的浊音区。脾脏肿大，可在肺界限与瘤胃之间叩诊出一狭长的浊音区。马脾脏位于腹腔前部胃的左侧，在肺叩诊区后界的后缘与肋弓之间可叩诊出一带状的脾脏浊音区。直肠内部触诊为检查脾脏的最好方法。

141. 健康状况下，24h排尿量（L）：马3～6，最多达10；牛6～12，最多达25；绵羊和山羊0.5～2；猪2～5；犬0.25～1。

142. 尿呈棕黄色、黄绿色，振荡后产生黄色泡沫，见于各型黄疸。

143. 各种动物的尿液在正常情况为稀薄水样，但马属动物尿液带黏性。

144. 呈坐位排尿的动物是母犬、幼犬和母猫。公牛和公羊排尿时不做准备动作，阴茎也不需伸出包皮外，腹肌也不参与收缩，只靠会阴部尿道的脉冲运动，尿液断续呈股状一排一停地流出，可在行走中或采食时排尿。

145. 母牛和母羊排尿时后肢展开、下蹲、举尾、背腰拱起。

146. 在运动中不能排尿的动物是马。

147. 排尿时，阴茎不同程度伸出于阴鞘外，排尿后开始呼吸时发生轻微呻吟声的动物是公马。

148. 排尿时，尿流呈股状而断续地短促射出的动物是公猪。

149. 排尿时，后肢略向侧方开展，尿呈股状断续地向后方射出，还可不时中断的动物是公骆驼。

150. 将一后肢翘起排尿，有将尿排于其他物体上的习惯的动物是公犬、公猫。

151. 尿频指排尿次数增多，而一次尿量不多甚至减少或呈滴状排出。多见于膀胱炎、膀胱受机械性刺激、尿液性质改变和尿路炎症。

152. 肾脏的尿生成仍能进行，但尿液滞留在膀胱内不能排出的症状称为尿闭。

153. 家畜频做排尿动作，但尿液仅呈细流状或滴状排出的症状称为尿淋漓。

154. 尿失禁见于脊髓损伤、某些中毒性疾病、昏迷或长期躺卧的患病动物。

155. 尿液形成障碍，可能受损的是肾。

156. 健康动物的新鲜尿液均呈深浅不一的黄色，犬尿为黄色，马尿为较深黄色，黄牛尿为淡黄色，水牛和猪尿呈水样外观。

157. 健康动物的尿液一般是清亮透明的，而马属动物刚刚排出的尿在正常情况下呈混浊状。马属动物尿液变透明、色淡、清亮如水，多见于纤维性骨营养不良、慢性胃肠卡他等。

158. 雄性反刍动物和公猪的尿道，因有S状弯曲，故用导尿管探诊较为困难，而公马的尿道探诊则较为方便。

159. 阴囊显著肿大腹痛明显，触诊阴囊有软坠感，阴囊皮肤温度降低有冰凉感，是阴囊疝的表现，常见于仔猪、仔犬。

160. 母畜生殖器官包括卵巢、输卵管、子宫、阴道和阴户。

161. 健康母畜阴道黏膜呈淡粉红色，光滑而湿润；母畜发情期阴唇充血肿胀，阴道黏膜充血。

162. 牛胎衣不下时最常用的检查方法是阴道检查。

163. 母畜子宫扭转时，腹痛明显，阴道黏膜充血呈紫红色，阴道壁紧张，其特点是越向前越变狭窄，而且在其前端呈较大的明显的螺旋状皱褶，皱褶的方向标志着子宫扭转的方向。

164. 卵巢机能减退：直肠检查卵巢既摸不到卵泡也摸不到黄体，有时可在一侧卵巢上感觉到有一个很小的黄体遗迹。

165. 卵泡囊肿母牛，一般表现无规律的、长时间或连续性的发情征兆（慕雄狂）或长时间不出现发情征兆（乏情），有的牛先表现慕雄狂的征兆而后转为乏情。

166. 动物黄体囊肿时乏情。

167. 正常脊柱包括颈椎、胸椎、腰椎、荐椎和尾椎5个部分，尾椎活动范围最大，其次是颈椎和腰椎，胸椎的活动度极小，荐椎几乎不活动。

168. 肢体做某种主动运动时肌肉最大的收缩力是肌力。

169. 肌张力是静息状态下的肌肉紧张度，由脊髓的基本反射所维持。

170. 支配眼球运动的神经是滑车神经。

171. 鸡维生素B_1缺乏时会出现观星状姿势，这种症状属于前庭性失调。

172. 运动性失调分脊髓性失调、前庭性失调、小脑性失调、大脑性失调等。

173. 浅感觉异常是指不受外界刺激影响而自发产生的异常感觉，如痒感、蚁行感、烧灼感等；多发性神经炎时出现痒感的原因是浅感觉异常。

174. 特种感觉由特殊的感觉器官所感受，如视觉、听觉、嗅觉、味觉等。

175. 腹下神经抑制，反射地引起括约肌松弛。

176. 跟腱反射的检查方法与膝反射检查相同，叩击跟腱。

177. 最能直接反映动物精神状态的是对外界刺激的反应能力。

178. 犬的红细胞平均寿命约为100d，猫的为85～90d。

179. 检测血红蛋白最古老的方法是用溶解的红细胞进行颜色对比。

180. 红细胞指数有助于确定贫血的类型。

181. 循环血液中的白细胞（WBC）包括中性粒细胞、嗜酸性粒细胞、嗜碱性粒细胞、淋巴细胞和单核细胞5种。

182. 大细胞贫血：叶酸和（或）维生素B_{12}缺乏所引起的巨幼细胞贫血，恶性贫血。

183. 正常细胞贫血：再生障碍性贫血，急性失血性贫血，溶血性贫血，骨髓病性贫血。

184. 单纯小细胞贫血：慢性感染、炎症、肝病、尿毒症、恶性肿瘤、中毒。

185. 小细胞低色素贫血：缺铁性贫血，铁粒幼细胞性贫血，珠蛋白生成障碍性贫血。

186. 牛中性粒细胞细胞质呈深粉色。

187. 杆状中性粒细胞的细胞核呈马蹄形，末端钝圆。

188. 过渡型中性粒细胞是指杆状核粒细胞。

189. 过敏性疾病白细胞分类计数显示嗜酸性粒细胞增加。马嗜酸性粒细胞颗粒较大，呈圆形至卵圆形，染色呈致密的橙红色。

190. 血小板减少且分布异常见于白血病。

191. 猫兴奋性白细胞增多，除淋巴细胞增多外，还表现为分叶核中性粒细胞增多。

192. 犬嗜碱性颗粒很少，呈紫色至蓝黑色。猫嗜碱性颗粒呈圆形，染色呈淡紫色，很少含有深色的颗粒。

193. 动物交叉配血试验相合是指主侧不凝集、次侧不凝集。次侧交叉配血试验时，与供血者血清配合的是受血者的红细胞。

194. 交叉配血试验时，主侧与供血者红细胞配合的是受血者的血清。

195. 禽类白细胞包括淋巴细胞、单核细胞、异嗜性粒细胞、嗜酸性粒细胞和嗜碱性粒细胞。

196. 中毒情况下，禽类异嗜性粒细胞表现出中毒性异嗜性粒细胞形态，可通过中毒性异嗜性粒细胞计数来评价中毒严重性。

197. 健康的单胃动物禁食后血糖浓度为4~5.5mmol/L，反刍动物禁食后血糖为3~4mmol/L。

198. 临床中，静脉注射是反刍动物葡萄糖耐量试验的唯一选择。糖尿病动物会出现葡萄糖耐量下降；葡萄糖耐量升高主要见于甲状腺机能减退、肾上腺皮质机能减退、高胰岛素血症。果糖胺代表葡萄糖与蛋白质结合的不可逆反应。对于患糖尿病的动物，血糖浓度持续升高，葡萄糖与血清蛋白的结合也增多，果糖胺升高表明存在持续的高血糖。

199. 糖基化血红蛋白代表了葡萄糖结合血红蛋白的不可逆反应。糖基化血红蛋白浓度升高表明存在持续的高血糖。

200. 正常的血浆胆固醇浓度：犬为7~8mmol/L，猫为4~5mmol/L，草食动物为2~3mmol/L。

201. 正常的血浆甘油三酯浓度，犬约为1mmol/L，马约为0.4mmol/L。

202. 正常的血浆胆汁酸浓度低于15μmol/L。

203. 血清钾正常浓度为3.3~5.5mmol/L。

204. 血清钾浓度降低最可能见于呕吐和腹泻。血浆钾浓度低于3.0mmol/L水平，可以诊断为低血钾症。马是个特殊的情况，在休息时其浓度降低至2.5mmol/L，也没有临床症状，特别是在吃干草时，会引起大量的唾液分泌，易出现这种现象。

205. 正常的血清钠含量为135~155mmol/L。

206. 血钠升高常见于丢失低钠液体时，如呕吐、过度呼吸。血钠升高也可以见于严格限制饮水而限制了钠正常排泄的情况，最典型的例子是猪的食盐中毒。盐皮质激素的过度分泌也可以引起血钠升高。

207. 血钠降低主要发生于丢失高钠的液体时，最常见的情况是肾衰，也可发生于丢失含钠液体之后被低钠液体代替的情况，例如静脉注射葡萄糖。

208. 正常动物的血清氯浓度为100~115mmol/L（猫可高达140mmol/L）；在奔跑后，马的血浆氯浓度降至85~90mmo/L是正常的。血氯升高（高氯血症）常发生于酸中毒时。血氯减少（低氯血症）常见于碱中毒时。

209. 正常动物的血清钙浓度为2~3mmol/L（马为2.5~3.5mmol/L）。血钙升高（高钙血症）最可能引起高钙血症的原因是过度使用葡萄糖酸钙治疗低钙血症，高钙血症的症状主要表现为多尿。血钙降低包括低白蛋白血症、产后低血钙、慢性肾衰、急性胰腺炎等。

210. 正常动物的血清磷浓度为1~2.5mmol/L（但猪的要远远超过该值）。血磷升高（高磷血症）在慢性的肾脏疾病中最常见；血磷降低（低磷血症）典型的低磷血症在兽医称为奶牛卧倒不起症。

211. 正常动物的动脉血液pH在7.35~7.45，平均为7.40。血氧饱和度（SO_2）指动脉血中氧与血红蛋白（Hb）结合的程度，是单位血红蛋白含氧百分数。血液中的氧以物理溶解和与血红蛋白结合两种形式存在。

212. 正常动物的血清尿素浓度为3~8mmol/L（猫和一些马的浓度值可高达15mmo/L）。

213. 尿素是机体在肝中形成的含氮代谢产物，是氨基酸代谢的终产物。

214. 正常动物血浆肌酐浓度低于150μmol/L。

215. 大多数动物正常血浆氨浓度都低于60μmol/L。

216. 尿酸是禽类氮代谢的主要终产物氮，主要产自肝脏。

217. 确诊家禽痛风需要检测的生化指标是尿酸。

218. 血清尿素氮升高最常见于肾脏疾病。

219. 代谢产物形成肌酐的物质是肌酸。

220. 正常动物血浆胆红素的浓度低于5μmol/L（反刍动物稍高些），但马的正常浓度可高达50μmol/L。

221. 属于肝脏损害的生化检验指标为天冬氨酸氨基转移酶、丙氨酸氨基转移酶、γ-谷酰转移酶、碱性磷酸酶。

222. 除马外，所有动物正常的血浆天冬氨酸氨基转移酶（AST）活性都低于100U/L，马血浆AST活性在200~400U/L是相当正常的。

223. 心肌损害的指标主要有肌酸激酶、天冬氨酸氨基转移酶和乳酸脱氢酶。其中肌酸激酶（CK）是心肌损害的特定指标。CK-MB是心肌的表现形式，CK-MM是骨骼肌的表现形式，肌肉损伤时会明显升高。

224. 乳酸脱氢酶有五种同工酶的形式：LDH1、LDH2、LDH3、LDH4、LDH5。LDH1与心肌和肾有关；LDH5与肝有关，其余与骨骼肌和肺有关。

225. 用于检查脑瘫的血酶是肌酸激酶。

226. 乳酸脱氢酶是糖原酵解和糖异生的主要酶之一，也是体内最大的蛋白分子之一。

227. 胰脏损伤的指标主要有α-淀粉酶和脂肪酶。

228. 进食前的晨尿是进行尿液检查最为理想的样品，样品应在采集后30~60min内进行检查。

229. 多尿是指每日尿液排出量或生成量增加，多尿见于肾炎、糖尿病；少尿是指每日排尿量减少，见于急性肾炎、发热、休克、心脏病和脱水；无尿症是指无尿液排出，见于尿道阻塞、膀胱破裂和肾功能丧失。

230. 正常尿液因尿色素呈淡黄色至琥珀色。

231. 无色的尿液通常比重较低且常为多尿所致；深黄至黄褐色尿液通常密度较高且与少尿有关；黄褐色至绿色且在振荡时产生黄绿色泡沫的尿液含有胆色素；尿液呈红色或棕红色表明尿中含有红细胞（血尿）或血红蛋白（血红蛋白尿）；尿液呈棕色表明可能含有肌细胞溶解过程中排出的肌红蛋白（肌红蛋白尿），如马的横纹肌溶解。

232. 鉴别血尿和血红蛋白尿的主要方法是尿沉渣检查。

233. 尿沉渣中可见到3种上皮细胞，分别为鳞状上皮细胞、移行上皮细胞和肾上皮细胞。

234. 可引起犬少尿的疾病是急性肾炎。尿中出现管型是肾炎的特征，具有重要的诊断意义。

235. 正常动物尿中都含有尿胆素原。健康动物的尿液中不含有红细胞或血红蛋白。尿液中不能用肉眼直接观察出来的红细胞或血红蛋白称为潜血（或隐血）。

236. 草食动物的正常粪便呈弱碱性；肉食兽的正常粪便呈弱碱性。正常动物的呕吐物均为酸性。

237. 肉食动物尿液常呈弱酸性；健康草食动物尿液常呈弱碱性。

238. 正常马的尿液由于含有高浓度的碳酸钙结晶以及肾盂内腺体分泌的黏液而呈云雾状（混油）。

239. 正常脑脊髓液为无色水样。脑脊髓液异常的颜色主要有乳白色、淡红色或红色、黄色。

240. 诊断皱胃溃疡时，可反复进行粪便潜血检查。

241. 骨骼和关节的检查，以摄影检查为主。

242. X射线对机体损害的程度与细胞分化程度有关，分化程度低的细胞如生殖细胞、血细胞等，对X射线极其敏感；分化程度高的细胞如骨细胞，则对X射线的敏感性较差。

243. 动物体组织器官根据天然对比的不同，密度由高至低大致可分为骨骼、软组织和体液、脂肪组织和气体四类，其在X射线照片上依次呈现为透明白色、深灰色、灰黑色和黑色。

244. 常用X射线摄影位置的名词术语

（1）站立位　动物自然伫立姿势。

（2）卧位　动物卧倒，分侧卧、伏卧和仰卧。

（3）水平投照　X射线束平行于地面。

（4）垂直投照　X射线束垂直于地面。

（5）侧位　主要用于躯干部和四肢。①躯干部：分为左、右侧位，左侧位是X射线束从右侧向左侧投照，X射线暗盒置于被检部左侧；右侧位则反之。②四肢：分为外内侧位、内外侧位，反之。

（6）背腹位　X射线束从背侧向腹侧投照，X射线暗盒置于被检部腹侧。

（7）腹背位　X射线束从腹侧向背侧投照，X射线暗盒置于被检部背侧。

（8）前后位　X射线束从前方向后方投照，X射线暗盒置于被检部后方。

（9）后前位　X射线束从**后方向前方**投照，X射线暗盒置于被检部前方。

245. 如制订一份中小动物的胸部摄影曝光条件表，可先参考"**厚度（cm）×2+25=峰值千伏（kV_p）**"的公式确定千伏数。

246. 影响X射线穿透力的摄影技术条件是管电压[**千伏（kV_p）**]；X射线透视检查的基础是**穿透效应**和**荧光效应**。

247. 胶片冲洗技术包括**显影**、**洗影**、**定影**、**冲影**及**干燥**等几个步骤，前三个步骤须在**暗室内**进行。

248. **低密度造影剂**：又称阴性造影剂，如空气、氧气、氧化亚氮和二氧化碳等，常用于腹腔造影、膀胱充气造影、消化道双重造影等。

249. **高密度造影剂**：又称阳性造影剂，如钡剂和碘剂等，医用硫酸钡是最常用的钡剂类造影剂，多用于消化道造影；碘剂类造影剂有碘化钠、碘油和有机碘造影剂等。

250. 前至第一对肋骨，后至向前倾斜隆突的横膈，胸椎和胸骨之间的广大透明区域为**肺野**。肺野中部呈斜置的类圆锥形软组织密度的阴影为**心脏**。心基部向前的一条带状透明阴影为**气管**。胸主动脉是一由心基部上方升起、弯向背、与胸椎平行的较粗宽的带状软组织阴影。心基部后方有一向后的较窄短的带状软组织密度阴影，为**后腔静脉**。在主动脉与后腔静脉之间的肺野，由心基部向后上方发出的树状分支的阴影，为肺门和肺纹理阴影。心脏后缘与膈肌前下方构成锐角三角区，为心膈三角区。

251. 胸部X射线摄片最佳曝光时机为**吸气顶点**。

252. 支气管肺炎的X射线影像是**大小不一的云絮状阴影**，呈弥漫性分布或沿肺纹理的走向散在于肺野，肺纹理增多、增粗和模糊。

253. 大叶性肺炎充血期无明显的X射线特征，仅可见病变部**肺纹理增粗增浓**，肝变期比较典型，肺野中下部呈**大片均匀致密的阴影**，上界呈弧形隆起。膈疝X射线检查，膈肌的部分或大部分不能显示，肺野中下部密度增加，胸腹的界限模糊不清。

254. 犬胸部侧位X射线片，心脏影像的前上部和前下部分别是**右心房**和**右心室**。

255. 犬胸部腹背位X射线片上，以时钟表面定位心脏，11~1点处为**主动脉弓**，1~2点处为**肺动脉段**，2~3点处为**左心耳**，3~5点处为**左心室**，5点处为**心尖**，5~9点处为**右心室**，9~11点处为**右心房**，4点和8点处是**左、右肺膈叶的肺动静脉**，肺静脉位于其肺动脉内侧。

256. 健康犬灌服钡餐后胃的初始排空时间一般是**15min**。

257. 犬、猫最常见的尿结石是**磷酸盐结石**。

258. 犬**右肾**位于第13胸椎至第1腰椎水平处，猫的右肾位于第1~第4腰椎水平处。犬左肾位于第2~第4腰椎水平，猫左肾位于第2~第5腰椎水平处。

259. 对骨折动物进行X射线诊断时，为减少受照剂量和便于分析，应尽量采用的检查方法是**摄影**。

260. 关节X射线片，显示软组织层阴影增厚、密度稍高、组织层次模糊的是关节肿胀。

261. 骨质软化的X射线影像表现为骨密度均匀降低，骨小梁模糊变细。

262. 对超声物理性质描述正确的是，除介质外，决定超声透射能力的主要因素是超声的频率和波长。超声频率越大，波长越短，透射能力越弱，探测的深度越浅；超声频率越小，波长越长，穿透力越强，探测的深度越深。

263. 超声在传播过程中，如遇到两种不同声阻抗介质所构成的声学界面时，一部分超声波会返回到前一种介质中，这一现象称作反射；超声波在进入第二种介质时发生传播方向的改变称为折射。超声波反射的强弱主要取决于形成声学界面的两种介质的声阻抗差值，声阻抗差值越大，反射强度越大，反之越小。

264. 超声遇到小于其波长一半的物体时，会绕过障碍物的边缘继续向前传播称绕射或衍射。

265. 动物体内血液对声能的吸收最小，其次是肌肉组织、纤维组织、软骨和骨骼。

266. 超声的分辨性能：

（1）超声的显现力　超声能检测出最小物体大小的能力。超声频率越高波长越短，其显现力也越高。

（2）超声的分辨力　指超声能够区分两个物体间的最小距离。

（3）超声的穿透力　超声频率越高，显现力和分辨力越强，显示的组织结构或病理结构越清晰；但频率越高，其衰减也越显著，透入的深度就越小。即频率越高，穿透力越低；频率越低，穿透力越强。

267. A型超声波诊断为振幅调制型，以波幅变化反映回波情况，主要用于动物背膘的测定、妊娠检查（A型警报型）和某些疾病的诊断（如脑棘球病等）。

268. B型超声波诊断为灰度调制型，以明暗不同的光点反映回声变化，广泛用于动物各组织器官疾病的诊断，如心血管疾病、肝胆疾病、肾及膀胱疾病、生殖系统疾病和脾脏疾病、眼科疾病、内分泌腺病变及其他软组织病变的诊断。

269. M型超声波诊断为活动显示型，在单声束取样获得一灰度声像图的基础上，外加一慢扫描时间基线，形成距离-时间曲线，以显示动态变化。主要应用于心血管系统的检查。

270. 多普勒超声诊断为差频示波型，主要用于检测体内心血管的活动、胎动及胃肠蠕动等，多适用于妊娠诊断等。如加彩色，即为彩色多普勒超声诊断。

271. 犬肝胆超声检查部位在右侧第10～12肋间。

272. 牛肝胆超声检查部位在右侧第8～12肋间。

273. 马肝胆超声检查部位在右侧第10～14肋间。

274. 羊肝胆超声检查部位在右侧第8～10肋间。

275. 牛脾脏超声检查于左侧第11、第12肋间背侧部。

276. 山羊脾脏超声检查于左侧第8～12肋间背侧部。

277. 马脾脏超声检查于左侧腹部下方第8~17肋骨。

278. 犬脾脏超声探查部位可在左侧第11~12肋间。

279. B超检查时，钙化灶显示为强回声。

280. 对动物做肝脏B超探查时，出现局限性液性暗区，其中有散在的光点或小光团，提示肝脓肿。

281. 检查牛卵巢的疾病及生理状态，除采用直肠检查的方法外，最好用的特殊检查方法是B超。

282. 成年大型犬肾脏超声检查部位在第12肋间上部。

283. 犬右侧最后肋骨后方，靠近第一腰椎处向腹侧做B超纵切面扫查时，见豆状实质的回声。其后带光滑的弧形回声光带下出现较大的液性暗区，提示肾盂积水。

284. 肝性腹水时，声像图可见腹腔内液性暗区，浆膜表面回声显示为条索状回声。

285. 犬后腹部超声检查显示横切面双叶形、纵切面卵圆形。实质呈中等强度的均质回声，间杂小回声光点，这个器官是前列腺。

286. 内镜分硬质和软质。按其发展及成像构造，内镜分硬管式内镜、光学纤维（软管式）内镜、电子内镜和胶囊式内镜4代。

287. 纤维结肠镜检查是对大肠内病变诊断最有效、最安全、最可靠的检查方法，绝大部分早期大肠癌可由内镜检查发现。

288. 前消化道内窥镜的主要适应证：有吞咽困难，呕吐，腹胀，食欲下降等消化道症状。前消化道出血。X射线钡餐不能确诊或不能解释的前消化道疾病。需要跟踪观察的病变。需做内镜治疗的病例，如取异物、出血、息肉摘除、食管狭窄的扩张治疗等。一般胃镜检查的范围包括食管、胃、十二指肠等，检查的是前消化道系统。

289. 在心电图检查中，如果引导电极面向心电向量的方向，则记录为电变化为正，波形向上。

290. 在心电图检查中，如果引导电极背向心电向量的方向，则记录为电变化为负，波形向下。处于等电点时（极化状态），则记录不出电变化（等电点线或基线）。

291. 心电偶电源与电穴之间的电位差就是心肌电动势。心肌电动势也有一个既有大小，又有方向的量，称为心电向量。通常用箭矢表示，箭矢的长短代表大小，箭矢所指方向代表心电向量的方向。箭头所指的方向是正电位，箭尾所指的方向为负电位。

292. 心脏激动是指许多心肌细胞同时除极化，每个心肌细胞会产生一个心电向量。它们的总和共同构成心脏除极化的心电向量，称为综合心电向量。

293. 在心脏激动过程中，心电向量的大小和方向都在不断地变化着。心脏激动的每一瞬间都产生一个心电向量，称瞬间心电向量。将心脏激动各个瞬间心电向量的箭头顶点按激动时间的顺序连接成一曲线，构成心电向量环。心房肌除极化构成P环，心室肌除极化构成QRS环，心室肌复极化构成T环。

第十一章 兽医临床诊断学

294. 动物中常用的导联有双极肢导联、加压单极肢导联、A-B导联、双极胸导联和单极胸导联。

295. 心电图中的P波反映心房肌去极化；心电图中的T波反映心室肌复极化。

296. 在心电向量环中，心室肌除极化是QRS。

297. 在心电图检查中，仅P波时限延长提示左心房肥大。

298. 犬心电图检查见QRS综合波和T波完全消失，代之以形状、大小、间隔各异的扑动波。最可能的心律失常心电图诊断是心室扑动。

299. 窦性心动过速时，心电图最明显的变化是P-T间期缩短；牛创伤性心包炎的心电图征是窦性心动过速。

300. 血压过高，心电图会出现T波高耸、基底部变窄、呈帐篷状、Q-T间期缩短。

301. 药物书写顺序就是药物使用顺序，其顺序应遵从紧急使用（急救）药、主要用药、次要用药和辅助用药的顺序。中草药处方要按照君、臣、佐、使的顺序。数字以阿拉伯数字表示。

302. 药物名称使用拉丁语、英语或中文。药物名应书写通用名。

303. 有注册的执业兽医师和执业助理兽医师在诊疗活动中为患病动物开具的作为患病动物处治凭证的医疗文书是处方。

304. 某一疾病所特有的且不会在其他疾病中出现的症状称为该病的示病症状或特殊症状。

305. 一般症状指广泛出现于许多疾病过程中的症状，它不属于某一特定疾病所固有，甚至可出现于某一疾病的不同病理过程中。

306. 固有症状是指在某一疾病过程中必然出现的症状。

307. 偶然症状是在特定条件下出现的症状，它是在疾病过程中某一阶段出现的症状。

308. 主要症状是指对疾病诊断有着重要意义的症状，是疾病诊断的重要依据。次要症状往往是疾病的附带症状。

309. 分清症状的主次后，按主要症状提出一个具体疾病，与所提出的疾病理论上进行对照印证，属于论证诊断。

310. 按发热的程度可将发热分为最高热（体温升高3.0℃以上）、高热（体温升高2.0~3.0℃）、中等热（体温升高1.0~2.0℃）和微热（体温升高1.0℃以内）。

311. 脱水分为高渗性脱水、等渗性脱水和低渗性脱水。脱水程度判定主要通过检查动物眼球的凹陷和皮肤弹性。

312. 呈现弛张热型的疾病是小叶性肺炎。

313. 当动物脱水量为6%~8%，每千克体重需要补液30~50mL。

314. 胰腺炎为最易发生脱水的疾病。

315. 淋巴回流受阻易导致水肿。

316. 临床上可用于脱水程度判定的方法是皮肤皱褶试验。

317. 溶血性黄疸时,血液检查会出现总胆红素增加、结合胆红素正常。

318. 动物血管内严重溶血时最易导致高胆红素血症。

319. 维持血容量恒定的最关键的阳离子是Na^+。

320. 黄疸的生化检验指标是总胆红素。

321. 死亡后能产生游离胆红素的细胞是红细胞。

322. 吸气性呼吸困难的特点是吸气延长,动物头颈伸直,鼻孔高度开张,甚至张口呼吸,并可听到明显的呼吸狭窄音,呼吸次数不增反减,见于上呼吸道狭窄或阻塞。

323. 呼气性呼吸困难的特点是呼气时间延长,呼气动作吃力,腹部有明显的起伏现象,有时出现二重呼吸喘线或息劳沟。多见于细支气管炎、细支气管痉挛、肺气肿、肺水肿等。

324. 混合性呼吸困难多见于肺脏疾病、贫血、心力衰竭、胃肠臌气、中毒、中枢神经系统病和急性感染性疾病等。

325. 发绀指皮肤和黏膜呈蓝紫色的现象,主要是由于血液中还原血红蛋白增多。

326. 血液中还原血红蛋白减少时,动物可视黏膜常表现为红色。

327. 血液中还原血红蛋白增多时,可视黏膜颜色为蓝紫色。

328. 血尿的尿液呈红色、混浊,静置或离心后有红色沉淀,镜检可见红细胞,潜血试验阳性。

329. 血红蛋白尿的尿液呈暗红色、酱油色成葡萄酒色。尿色均匀、不浑浊,无红色沉淀,镜检无细胞或有极少量红细胞,潜血试验阳性。

330. 肌红蛋白尿的尿液呈暗红色、深褐乃至黑色,潜血试验阳性但其血浆颜色不发红,肌红蛋白尿定性试验阳性。

331. 卟啉尿的尿液呈棕红色或葡萄酒色,镜检无红细胞,潜血试验阴性,尿液原样或经乙醚提取后尿液,在紫外线照射下发红色荧光。

332. 药物性红尿,镜检无红细胞,潜血试验阴性,尿液酸化后红色消退。

333. 急性咽炎时,颌下淋巴结常见的变化是肿大、变硬、敏感。

334. 患畜昏迷时,对外界刺激的表现是全无反应。

335. 昏睡为中度抑制的现象。动物处于不自然的熟睡状态,对外界事物、轻度刺激无反应,给予强烈刺激仅可产生轻微的反应,但很快又陷入沉睡状态。

336. 犬腹痛时典型的表现是弓背姿势。

337. 一侧大脑的运动神经受损所致瘫痪称为偏瘫。

338. 脑脊髓膜上运动神经元病引起的是中枢性瘫痪。

339. 腰部脊髓损伤致两后肢瘫痪,表现为截瘫。

340. 短暂性瘫痪的特点是肌肉收缩力的渐退性和可恢复性。

341. 采用一条绳倒牛法保定牛时,选一长绳,一端拴在牛的角根或做一死套放在颈基部,绳的另一端向后牵引,在肩胛骨的后角,以半结做一胸环;再在髋结节前做一相同的绳环，围缠后腹部绳的游离端向后牵引并沉稳用力。同时牵引者向前拉牛，要坚持2～3min，牛极少挣扎之后平稳地卧倒。

342. 最常用鼻钳进行保定的动物是牛。
343. 双抽筋倒马法倒马时，跗关节的绳套应移到后肢的系部。
344. 最常用耳夹子保定的动物是马。
345. 仔猪保定时，双手提举两后肢小腿部是最为常用的方法。大猪保定可选用口吻绳和鼻捻棒。
346. 静脉穿刺用于采血、静脉推注和静脉滴注。
347. 最常用的静脉血管为耳静脉、颈静脉、隐静脉、桡外侧静脉等。犬静脉穿刺最常用的血管是桡外侧静脉。
348. 牛的胸腔穿刺部位是在右侧第6、第7肋间，左侧第5、第6肋间。
349. 腹腔穿刺用于诊断肠变位、胃肠破裂、内脏出血等；治疗腹膜炎；小动物的腹腔麻醉。
350. 腹腔穿刺时，大动物站立保定，中小动物侧卧或倒提保定。
351. 治疗牛急性瘤胃臌气时，瘤胃穿刺放气的正确做法是于左肷部刺入瘤胃腔。
352. 兽医临床上牛瓣胃穿刺的正确部位是右侧第8肋间。
353. 牛瓣胃穿刺部位在右侧肩关节水平线上第8、第9肋间。
354. 牛皱胃穿刺的正确部位是右侧第10肋间肋弓下方。
355. 膀胱穿刺时，大动物实施直肠内穿刺，小动物实施腹外穿刺。
356. 可用胃导管治疗的疾病是食管阻塞。
357. 不得用于皮下注射的药物是10%氯化钙。
358. 用气管插管输氧时，应在氧气中加入一定浓度的二氧化碳。
359. 家畜病毒性脑膜脑炎的血常规检查结果是白细胞总数降低。
360. 动物侧卧、后肢保持松弛，叩诊槌叩击跟腱，正常表现为跗关节伸展、球关节屈曲。
361. 杆状核中性粒细胞的细胞浆呈粉红色，细胞浆中的颗粒为红色或粉红色、蓝色的微细颗粒。细胞核为马蹄形或腊肠形，呈浅紫蓝色，核染色质细致。
362. 分叶核中性粒细胞的细胞浆呈浅粉红色，细胞浆中颗粒为粉红色或紫红色的微细颗粒。细胞核分叶，多为2～3叶，以丝状物将分叶的核连接起来，核的颜色呈深紫蓝色，核染色质粗糙。
363. 病理性脉搏加快主要见于发热性疾病、传染病、疼痛性疾病、中毒性疾病、营养代谢病心脏疾病和严重贫血性疾病。当脉搏比正常增加一倍以上时，均提示病情严重。
364. 病理性脉搏减慢是心动过缓的指征。一般可见于引起颅内压增高的脑病、胆血症、某些中毒及药物中毒等。高度衰竭时，也可见有心动过缓与脉搏稀少。脉搏的显著减少提示预后不良。

第十二章
兽医内科学

1. 临床上营养代谢病表现为群体发病；呈地方性流行；起病缓慢、病程较长、**多种营养物质同时缺乏**；以营养不良和生产性能低下为主症；缺乏特征症状，早期诊断困难，体温偏低，**无传染性**等特点。

2. 选用**特效解毒剂**是治疗中毒性疾病最有效的方法。

3. 口炎主要表现为口腔有**大量唾液流出**，口角外附有泡沫样黏液，采食、咀嚼障碍，口腔黏膜潮红、增温、肿胀和疼痛。粪便、尿液和体温**正常**。

4. 治疗口炎常用的口腔清洗液是**1%食盐水**或**3%硼酸溶液**。

5. 口腔黏膜溃烂或溃疡时，溃烂面涂**10%磺胺甘油乳剂**或**碘甘油**。

6. 动物患口炎后唾液较多时，洗涤口腔宜选**1%明矾**。

7. 动物患口炎后口臭时，洗涤口腔宜选**0.1%高锰酸钾**。

8. 唾液腺炎包括**腮腺炎**、**颌下腺炎**和**舌下腺炎**。

9. 腮腺炎表现单侧或双侧**耳后方**肿胀、增温和疼痛。

10. 舌下腺炎表现触诊**口腔底部**和**颌下间隙**，可感知肿胀、增温、疼痛。

11. **咽炎**是咽黏膜、软腭、扁桃体（淋巴滤泡）及其深层组织炎症的总称。

12. 治疗马咽炎的根本要点是**抑菌消炎**。

13. 治疗病畜咽炎时，应禁用的投药方法是**胃导管投药**。

14. 食道炎外部触诊或必要时探诊食道，可发现食道某一段或全段**敏感**并诱发呕吐动作，从口鼻逆出混有黏液、血块及伪膜的唾液和食糜。

15. **食管阻塞**表现采食停止，突然发病，口腔和鼻腔大量流涎，低头伸颈，徘徊不安。确诊依据食道探诊和X射线检查。

16. **食管狭窄**表现是粗胃管不能通过狭窄部，而细的胃管则可能通过。

17. **食管麻痹**特点是胃管插入时无阻力。

18. **食管痉挛**呈阵发性发作，当食管痉挛时，食管粗硬如索状胃管无法通过；食管痉挛缓解后，则胃管可自由通过。

19. **食管憩室**是食管壁的一侧扩张。临床特点是当胃管插抵憩室壁时胃管不能前进；胃管未抵憩室壁则可顺利通过。

20. 急性前胃弛缓时，瘤胃内容物的**pH降低**。

21. 原发性前胃弛缓最常见的病因是饲养管理不当。
22. 前胃弛缓易继发瘤胃臌气、瘤胃积食、创伤性网胃炎、酮血病、皱胃变位、肝片吸虫病及腹膜炎等。
23. 反刍动物前胃弛缓的发病机理主要与迷走神经末梢突触内的神经递质乙酰胆碱有关。特别是血钙水平降低时，乙酰胆碱释放减少，神经体液调节功能减退，从而导致前胃弛缓发生。
24. 瘤胃积食主要原因是饲养不当，一次或长期采食过量劣质、粗硬的饲料，或一次喂过量适口饲料，或采食大量干料后饮水不足，或脱缰偷食大量精料等。易继发于前胃弛缓、瓣胃阻塞、创伤性网胃炎、皱胃扭转、皱胃移位等。
25. 牛瘤胃积食时，触诊瘤胃，病畜表现疼痛，瘤胃内容物黏硬或坚硬。左侧下腹部轻度增大，左肷窝部变为平坦。叩诊左肷部出现浊音。
26. 反刍动物瘤胃积食的主要临诊特征是瘤胃蠕动音消失。
27. 重症瘤胃积食时，首选的治疗方法是瘤胃切开术。
28. 瘤胃臌气是指反刍动物采食了大量易发酵的草料，特别是春天草地幼嫩多汁的豆科牧草，在瘤胃和网胃内发酵，以致瘤胃和网胃内迅速产生并积聚大量气体，易继发食道梗塞、前胃弛缓、创伤性网胃炎、慢性腹膜炎、迷走神经性消化不良等。
29. 瘤胃臌气时，以呼吸极度困难、黏膜发绀、腹围急剧膨大、触诊瘤胃紧张而有弹性为特征。叩诊出现鼓音。
30. 牛重度瘤胃膨气时，眼结膜表现为发绀。
31. 牛急性瘤胃臌气导致极度呼吸困难时首先要采取的措施是穿刺放气。
32. 创伤性网胃腹膜炎是反刍动物采食时吞下尖锐的金属异物，进入网胃内，损伤网胃壁而引起的网胃腹膜炎。
33. 创伤性网胃腹膜炎临床特征是肘头外展、不愿意急转弯、愿上坡而不愿下坡。
34. 牛顽固性瓣胃阻塞的适宜治疗方法是瘤胃切开冲洗瓣胃。
35. 瓣胃阻塞瓣胃蠕动音减弱，初期粪便干少，色暗成球，算盘珠样，后期排粪停止。
36. 治疗瓣胃阻塞的首选药物是硫酸镁。
37. 皱胃扭转的特征是中度或重度脱水，低血钾，代谢性碱中毒，皱胃机械性排空障碍。
38. 皱胃左方变位和右方变位叩听结合有钢管音。
39. 皱胃左方变位直肠检查可感知右侧腹腔上部空虚，左腹肋弓部膨大，冲击式触诊可听到液体震荡音，叩诊呈鼓音。听诊左侧腹壁，在第9～12肋弓下缘、肩膝水平线上下听到皱胃音，似流水音或滴答音。
40. 皱胃右方变位病牛在右侧第9～12肋或在第7～10肋肩关节水平线上下，叩听结合发现有钢管音。
41. 皱胃阻塞在肷窝结合叩诊肋骨弓处进行听诊，呈现钢管音，皱胃穿刺内容物的

pH1～4。

42. 皱胃溃疡时粪便含有血液，呈松馏油样。直肠检查，手臂上黏附类似酱油色糊状物。

43. 腹泻是幼畜消化不良的主要症状。

44. 胃炎以呕吐、胃压痛及脱水为特征。

45. 犬猫急性胃炎时，给药方式应尽量避免口服给药。

46. 治疗胃炎可用胃黏膜保护剂，如白陶土、次硝酸铋、氢氧化铝等。

47. 犬胃扩张-扭转综合征多发于2～10岁大型犬及胸部狭长品种的犬。主要为胃下垂，胃胀满，脾肿大以及饱食后打滚、跳跃、上下楼梯时的旋转等，都可以发生胃扭转。患犬突然腹痛，躺卧于地，口吐白沫，腹部叩诊呈鼓音或金属音，腹部触诊可以摸到球状囊袋，急剧冲击胃下部，可听到拍水音。

48. 犬胃扩张-扭转综合征时，腹部叩诊呈鼓音或金属音。

49. 肠炎以消化紊乱、腹痛、腹泻、发热为特征。

50. 肠炎最为突出的症状是腹泻。小肠出血性肠炎，粪便呈黑绿色或黑红色；大肠出血性肠炎粪便表面附有鲜血丝或血块。

51. 肠变位包括肠扭转、肠缠结、肠嵌闭和肠套叠4种类型。

52. 肠套叠：当前肠系膜扭转时，胃和空肠膨胀，空肠粗如前臂，前肠系膜呈螺旋扭转，触及时病畜剧痛不安；当左侧大结肠扭转时，盲肠臌气，有四条纵带和四列肠袋的左腹侧结肠位置在上方，较光滑的左背侧结肠位置在下方或两者平行并列，沿此肠段向前可摸到螺旋状的扭转部，触及时病畜表现剧痛；当空肠缠结时，胃和空肠膨胀、缠结处的肠管、肠系膜或韧带缠结成绳结状。

53. 肠变位的主要症状是腹痛，治疗肠变位的原则为镇痛、补液、减压和强心，并适当纠正酸中毒。

54. 马肠扭转的最佳治疗方法是手术整复。肠扭转患牛在右侧腹腔摸到一种粗硬的索状物。

55. 猪肠套叠时，触诊腹部套叠的肠管如香肠样。

56. 猪肠套叠根本的治疗方法是早期确诊后进行开腹整复。

57. 肝炎又称急性实质性肝炎，是以肝细胞变性、坏死和肝组织炎性病变为病理特征的一组肝脏疾病。可视黏膜黄染（肝性黄疸），肝浊音区扩大，触诊疼痛。

58. 肝炎肝功能检查血清黄疸指数升高；直接胆红素和间接胆色素含量增高；尿中胆红素和尿胆原试验呈阳性反应；乳酸脱氢酶、谷丙转氨酶、天门冬氨酸转氨酶等反映肝损伤的血清酶活性增高。

59. 肝炎的治疗原则是除去病因，保肝利胆。

60. 腹膜炎时，叩诊可见水平浊音区。

61. 治疗腹膜炎的首要原则是抗菌消炎。

62. 胰腺炎是胰腺因**胰蛋白酶**的自身消化作用而引起的疾病。

63. 急性胰腺炎是临床上常见的引发急性腹痛的病症，病犬呈**祈祷样姿势**。胰腺炎血和尿检中**淀粉酶升高**。一般采用**胰蛋白酶抑制剂（抑肽酶、加贝脂）**进行治疗，同时早期禁食症状减轻后可恢复饮食。

64. 鼻炎是鼻黏膜发生充血、肿胀而引起以**流鼻液和打喷嚏**为特征的急性或慢性炎症。

65. 对有黏稠鼻液的病例，选用**温热生理盐水**或**1%碳酸氢钠溶液**冲洗鼻腔。

66. 当鼻腔黏膜严重充血时，可用血管收缩药，如**1%麻黄碱**滴鼻。

67. 喉炎，以**剧烈咳嗽**、**喉部疼痛**、敏感、肿胀为特征。

68. 支气管炎，临床上以**咳嗽**、**流鼻液**和**不定热型**为特征。X射线检查急性支气管炎可见沿支气管有斑状阴影；慢性支气管炎可见肺纹理增粗紊乱，呈网状或条索状、斑点状阴影，支气管周围有圆形X射线不能透过的部分。

69. 发生支气管炎时，若支气管分泌物中有大量的**嗜酸性粒细胞**，其原因可能是**吸入花粉**。

70. 肺充血和肺水肿在临床上均以**呼吸困难**、**黏膜发绀**和**泡沫状的鼻液为特征**。胸部X射线检查，肺视野阴影呈弥漫性增加，密度增加，阴影加重，**肺门血管纹理显著**。血气分析显示血液中氧分压**降低**，二氧化碳分压**升高**。

71. 肺泡气肿时，肺部叩诊呈**过清音**。临床上以高度呼吸困难和肺泡呼吸音减弱及肺脏**叩诊界后移**为特征。呈现二重式呼吸，同时沿肋骨弓出现较深**凹陷沟**又称喘沟。黏膜发绀，体温正常。X射线检查，整个肺区**异常透明**，支气管影像模糊，**膈穹窿后移**。

72. 间质性肺气肿，临床上以突然表现呼吸困难，**皮下气肿**以及迅速发生窒息为特征。特别是成年肉牛，**在秋季转入草木茂盛的草场后**，可在5～10d发生急性肺气肿和肺水肿，即所谓的再生草热，生长茂盛的牧草中**L-色氨酸**含量高。胸部叩诊音高朗，呈**过清音**，听诊肺泡呼吸音减弱。多数病畜颈部和肩部皮下出现**气肿**，有的迅速散布于全身皮下组织。

73. 支气管肺炎又称小叶性肺炎或卡他性肺炎，最常见的热型是**弛张热**。

74. 犬发生小叶性肺炎时，胸部X射线摄影检查可见**肺野局部斑片状或斑点状密影**，大小和形状不规则边缘模糊不清，沿肺纹理分布。

75. 支气管肺炎叩诊可见**局灶浊音区**。

76. 大叶性肺炎又称**格鲁布肺炎**或着**纤维素性肺炎**，以肺泡内**纤维蛋白渗出**为主要特征。临床表现为**稽留热**、**流铁锈色鼻液**、**大片肺浊音区**及定型经过。病变部肺纹理增粗增浓，肝变期比较典型，肺野中下部呈**大片均匀致密的阴影**，上界呈弧形隆起。

77. 大叶性肺炎病程分为4个阶段，即**充血期**、**红色肝变期**、**灰色肝变期**和**溶解期**。

78. 异物性肺炎以呼吸极度困难，两鼻孔流出脓性、**腐败性恶臭鼻液**和鼻液含有弹力纤维为特征。鼻液弹力纤维检查**阳性**，X射线检查见肺空洞或坏死灶的阴影。弛张热型血常规检查白细胞减少，淋巴细胞升高。

79. 异物性肺炎的恶臭鼻液，可分为三层，上层为黏性、有泡沫；中层是浆液性的并含有絮状物；下层是脓液，混有很多肺组织碎屑。

80. 胸膜炎时，叩诊可见水平浊音区。

81. 牛创伤性心包炎主要是由从网胃来的细长的金属异物刺透网胃、膈，直至心包引发。后期摩擦音消失呈现心包拍水音或金属音。叩诊时心浊音区扩大，肘突外展臂部肌肉震颤。不愿移动，卧地、起立时极为谨慎。

82. 心力衰竭又称心脏衰弱、心功能不全，是由于心肌收缩力减弱或衰竭，引起外周静脉过度充盈，使心脏排血量减少、动脉压降低、静脉回流受阻等引起的呼吸困难，皮下水肿、发绀，甚至心搏骤停和突然死亡的一种全身血液循环障碍综合征。具有第一心音增强、第二心音减弱等特征，心区叩诊，心浊音区增大。

83. 急性心力衰竭出现水肿，钠潴留时，可选用的治疗药物是双氢克尿噻。

84. 心肌炎指伴发心肌兴奋性增强和心肌收缩机能减弱为特征的心肌局灶性和弥漫性心脏肌肉炎症。实验室检查白细胞总数和肌酸激酶升高。病初第一心音强盛伴有混浊或分裂，第二心音显著减弱，多伴有因心脏扩张、房室瓣闭锁不全而引起的缩期性杂音。重症患畜出现奔马音或频繁的期前收缩，濒死期心音减弱。

85. 心脏扩张应给予低盐营养食物。心脏浊音界扩大，第一心音高朗带金属音，第二心音微弱，往往出现缩期性杂音，脉搏细微，频数，脉律不整。

86. 心脏肥大的组织学病变特征是心肌细胞显著肥大，心肌纤维排列紊乱。心浊音界扩大，心搏动和脉性增强，第二心音高朗。对于患心脏肥大的猫用β-肾上腺素能阻断剂治疗；对于犬应用普萘洛尔（心得安）进行治疗。

87. 贫血是指单位体积外周血液中的血红蛋白浓度、红细胞数和（或）红细胞压积低于正常值的综合征。主要表现是皮肤和可视黏膜苍白，心率加快，心搏增强，肌肉无力及各器官由于组织缺氧而产生的各种症状。

88. 贫血分为溶血性贫血、营养性贫血、出血性贫血和再生障碍性贫血4种类型。

89. 心脏瓣膜病，以心内器质性杂音和血液循环紊乱为特征。

90. 由于脉压差增大，出现主动脉瓣闭锁不全和狭窄的特征症状是跳脉。

91. 甲型血友病是由因子Ⅷ合成障碍或结构异常所致的一种遗传性出血性疾病。

92. 乙型血友病是由因子Ⅸ生成不足或结构异常所致的一种遗传性出血性疾病。

93. 甲乙型血友病是由因子Ⅷ和因子Ⅸ先天性复合缺乏所致的一种遗传性出血性疾病。

94. 丙型血友病是由因子Ⅺ先天性合成障碍所致的一种遗传性出血性疾病。

95. 肾炎的主要特征是肾区敏感和疼痛、尿量减少、蛋白尿、血尿和高血压等。

96. 动物急性肾炎时，心脏听诊可出现主动脉第二心音增强。

97. 间质性肾炎尿沉渣中见有大量脓细胞、红细胞和白细胞、肾盂上皮细胞、少量管型（透明管型、颗粒管型）以及磷酸铵镁和尿酸铵结晶。

98. 肾炎的治疗原则除了消除病因、消炎利尿和对症治疗外，还包括抑制免疫。

99. 犬尿液检查尿蛋白阳性，并有红细胞管型，该病最可能的诊断是肾炎。

100. 肾病的临床特征是大量蛋白尿，明显水肿及低蛋白血症，无血尿及血压升高，最后导致尿毒症的发生。

101. 肾病与急性肾炎的主要鉴别症状是血尿，肾炎会出现血尿。肾病不见血尿和肾性高血压现象。

102. 肾病尿液检查，尿中有大量蛋白质、肾上皮细胞，透明和颗粒管型，但一般无红细胞和红细胞管型；血检蛋白含量降低，胆固醇含量增高。

103. 尿道炎临床上以尿频、尿痛、经常性血尿等为主要特征。尿液检查发现细菌和尿道上皮细胞，无膀胱上皮细胞。

104. 犬患尿道炎时，尿液中出现尿道上皮细胞。

105. 膀胱炎，临床上以疼痛性频尿和尿中出现较多的膀胱上皮细胞、炎性细胞、血液和磷酸铵镁结晶为特征。

106. 家畜患膀胱麻痹时的主要表现是不随意排尿，膀胱充满且无疼痛反应。

107. 病犬不排尿，触诊膀胱增大、不敏感，按压有尿液排出，提示膀胱麻痹。

108. 尿石症，临床上以腹痛、排尿障碍和血尿为特征。

109. 急性肾功能衰竭的少尿或无尿期的电解质紊乱是高钾血症、低钠血症、高磷酸盐血症、低钙血症、高镁血症。B超检查显示双肾肿大。

110. 心力衰竭是急性肾功能衰竭的少尿期的主要并发症之一。

111. 慢性肾功能衰竭，以少尿或无尿、氮质血症、水和电解质代谢失调、血钾含量增高等为特征。

112. 肾性骨病又称肾性骨营养不良，是慢性肾衰时由于钙、磷及维生素D代谢障碍，继发甲状旁腺机能亢进，酸碱平衡紊乱等因素而引起的骨病。

113. 肾性骨病的治疗，首先应降低血磷，低磷饮食。

114. 家畜脑膜脑炎的治疗原则是抗菌消炎，降低颅内压。

115. 中兽医称脑膜脑炎为脑黄。

116. 动物患脑膜脑炎出现狂躁不安时，首选的治疗药物是安溴注射液。

117. 癫痫以短暂反复发作，感觉障碍，肢体抽搐，意识丧失，行为障碍或植物性神经机能异常等为特征，俗称羊痫风。

118. 中暑是日射病和热射病的统称。

119. 家畜日射病的病因是日光持续照射头部。

120. 家畜热射病的病因是外界环境温度过高，湿度大，家畜体温调节中枢的机能降低。

121. 中暑的临床症状除体温急剧升高外，还有心肺机能障碍。

122. 嗅神经损伤：嗅神经，第一对脑神经，为感觉神经，由鼻黏膜上皮的嗅细胞轴突所构成。

123. 视神经损伤：视神经，**第二对脑神经**，是视觉和瞳孔对光反应的感觉通路。

124. 动眼神经损伤：动眼神经，**第三对脑神经**，控制瞳孔收缩的副交感神经纤维。

125. 滑车神经损伤：滑车神经，**第四对脑神经**，运动神经纤维。分布于眼球上斜肌。

126. 三叉神经损伤：三叉神经，**第五对脑神经**，其运动神经元位于脑桥。

127. 外展神经损伤：外展神经，**第六对脑神经**，与动眼神经、视神经一起经眶孔进入眶窝，分布于眼球退缩肌和眼球外直肌。

128. 面神经损伤：面神经，**第七对脑神经**，经过面神经管绕过下颌支后缘向前延伸分布于耳、眼和上唇及颊部肌肉。

129. 前庭耳蜗神经损伤：前庭耳蜗神经，**第八对脑神经**，也称听神经，是听觉和平衡觉的神经。

130. 舌咽神经损伤：舌咽神经，**第九对脑神经**，咽支分布于咽和软腭，舌支分布于舌根。

131. 迷走神经损伤：迷走神经，**第十对脑神经**，是分布于咽和喉的运动神经，含有迷走神经纤维。

132. 脊副神经损伤：脊副神经，**第十一对脑神经**，背支分布于臂头肌和斜方肌，腹支分布于胸头肌。

133. 舌下神经损伤：舌下神经，**第十二对脑神经**，其运动纤维分布于舌肌。

134. 奶牛酮病，临床上以血液、尿、乳中的**酮体含量增高**、**血糖浓度下降**，消化机能紊乱，**体重减轻**，产奶量下降，间断性地出现神经症状为特征。严重者在排出的乳、呼出的气体和尿液中有酮体（**烂苹果味**），加热更明显。

135. **血糖浓度下降**是发生酮病的中心环节。对于体质较好的病牛，可以注射促肾上腺皮质激素，效果明显；**水合氯醛**在奶牛酮病和绵羊的妊娠毒血症中应用普遍。

136. 奶牛肥胖综合征又称牛脂肪肝病，是奶牛分娩前后发生的一种以厌食、抑郁、严重的**酮血症**、脂肪肝、末期心率加快和昏迷，以及致死率极高为特征的脂质代谢疾病。病牛虚弱，血液和乳中酮体增加出现严重**酮尿**，用治疗酮病的措施常**无效**。

137. 奶牛肥胖综合征，初期呈**低糖血症**，后期呈**高糖血症**。

138. 马肌红蛋白尿症是一种以**肌红蛋白尿**和**肌肉变性**为特点的营养代谢性疾病。运动后15～60min出现症状，大量出汗，步态强拘，不愿走动。如此时能给予充分的休息，症状可在几小时内消失。尿液呈**深棕褐色**。

139. 发生犬、猫肥胖综合征时，**血浆胆固醇含量升高**。

140. 治疗猫脂肪肝综合征的处方日粮是**高蛋白**、**低脂肪**。

141. 在犬、猫糖尿病中，**几乎100%的犬**和**50%的猫**，都是Ⅰ型（胰岛素依赖性）糖尿病。**患猫的另50%**是Ⅱ型（非胰岛素依赖性）糖尿病。发病动物病初食欲增加，饮水多，排尿多，体重减轻，尿有似烂苹果味，且地面尿湿处有蚂蚁聚集。血液生化检查血糖含量升高，病犬眼白内障，角膜浑浊，尿相对密度过高。

142. 犬、猫糖尿病的治疗原则是降低血糖，纠正水、电解及酸碱平衡紊乱。

143. 蛋鸡脂肪肝综合征又称脂肪肝出血综合征，是由高能量、低蛋白日粮引起的以肝脏发生脂肪变性为特征的家禽营养代谢疾病，血清生化检查可能升高的指标是胆固醇。

144. 控制蛋鸡脂肪肝综合征，应优先考虑降低饲料中的碳水化合物。调整饲料配方，降低饲料中的能量水平。

145. 家禽痛风是由于蛋白质代谢障碍和肾脏受到损伤，使尿酸盐在体内积蓄而致的营养代谢障碍性疾病，与禽痛风有关的维生素是维生素A。

146. 内脏型禽痛风时，肾脏主要病变是尿酸盐沉积。家禽关节型痛风包括关节周围有尿酸盐沉积、关节周围肿胀、血液尿酸浓度升高、肾肿大、血液尿酸浓度升高。

147. 确诊家禽痛风需要检测的生化指标是尿酸。

148. 禽类肝脏缺乏的尿素合成酶是精氨酸酶。

149. 影响家畜营养代谢病发生的最主要因素是生产与管理。

150. 营养衰竭症又称瘦弱病，在水牛称低温病，在猪称母猪消瘦综合征。

151. 佝偻病是在生长期的幼畜或幼禽由于维生素D及钙、磷缺乏或饲料中钙、磷比例失调所致的一种骨营养不良性代谢病。临床特征是消化紊乱、异嗜癖、跛行及骨骼变形。

152. 对佝偻病动物进行血液生化检查，活性升高的酶是碱性磷酸酶。X射线检查发现，骨质密度降低，长骨末端呈现羊毛状外观。肋骨与肋软骨结合处肿胀（串珠样肿）。防治该病可将食物中钙磷比例控制在（1~2）：1范围内。佝偻病多发生于幼龄动物。

153. 骨软症是指发生在软骨内骨化作用已经完成的成年动物的一种骨营养不良疾病，主要原因是磷缺乏、钙过高及二者的比例不当（在反刍动物，主要由于磷缺乏）。血清生化检测可能降低的指标是无机磷。主要表现为低磷血症，血清碱性磷酸酶水平升高。

154. 为预防奶牛骨软症，黄牛按2.5：1、乳牛按1.5：1的钙磷比例饲喂。最好是补充苜蓿干草和骨粉，而不补充石粉。

155. 纤维性骨营养不良是由于日粮中磷过剩而继发钙缺乏或原发性钙缺乏而发生的一种以马属动物为主的骨骼疾病。马尿澄清、透明。骨组织呈现进行性脱钙，骨基质被吸收，进而骨体积增大但重量减轻，尤以面骨和长骨骨端显著。中性粒细胞下降，淋巴细胞增多。

156. 牛产后血红蛋白尿病是牛由于磷缺乏而引起的一种营养代谢病，临床上以低磷酸盐血症、急性溶血性贫血和血红蛋白尿为特征。

157. 红尿是牛产后血红蛋白尿病的突出病征，甚至是初期的唯一病征。

158. 治疗奶牛产后血红蛋白尿病的注射药物是20%磷酸二氢钠，但切勿使用磷酸氢二钠、磷酸二氢钾和磷酸氢二钾等。

159. 母牛倒地不起综合征，大多数病例呈低钙血症、低磷酸盐血症、低钾血症、低镁血症，而血糖浓度正常，血清肌酸磷酸激酶和天冬氨酸转移酶活性明显升高。

160. 母牛倒地不起综合征，可用20%磷酸二氢钠进行治疗。

161. 笼养蛋鸡疲劳症又称为骨质疏松症。正常产蛋鸡的血钙水平为19～22mg/dL，病鸡的血钙水平往往降至9mg/dL以下。

162. 笼养蛋鸡疲劳综合征主要发生在母鸡，尤其是在产蛋高峰期发生。病鸡的胸骨、肋骨均易弯曲，肋骨和胸骨接合处形成串珠状，股骨和胫骨自发性骨折。

163. 笼养蛋鸡疲劳综合征患病动物血清中碱性磷酸酶活性升高。

164. 青草搐搦，又称青草蹒跚。是指反刍动物采食幼嫩的牧草后突然发生的一种高度致死性疾病。本病的发生与血镁浓度降低有直接联系，而血镁浓度降低与牧草镁含量缺乏或存在干扰镁吸收的成分直接相关。成年牛静脉缓慢注射25%硫酸镁以及含4%氯化镁的25%葡萄糖溶液进行治疗。

165. 维生素A缺乏症，临床上以生长缓慢、上皮角化、夜盲症、繁殖机能障碍以及机体免疫力低下等为特征。正常动物视网膜中的维生素A在酶的作用下氧化转变为视黄醛，视黄醛是含有调节暗适应的感光物质视色素的生色基团。因此维生素A缺乏可以导致夜盲症。

166. 维持动物视觉，特别是在维持暗适应能力方面起着极其重要作用的维生素是维生素A。犬维生素A缺乏时可引起干眼病。

167. 鸭群发生皮下紫斑，缺乏的维生素是维生素K。患病家畜表现感觉过敏、贫血和凝血时间延长，皮下出现紫色血斑，种蛋孵化死胚现象严重，死胚出血。

168. 某鸡群发病后以进行性肌麻痹和头颈后仰呈观星姿势等临床症状为特征，该群鸡的病因可能是缺乏维生素B_1。

169. 鸡维生素B_2缺乏时可引起趾爪蜷曲。

170. 某鸡群，30日龄，病鸡食欲下降，生长缓慢，贫血，应用氯化钴治疗有效。本病鸡群最可能缺乏的维生素是维生素B_{12}。

171. 羔羊硒和维生素E缺乏症的特征性变化是肌营养不良。

172. 鸡硒和维生素E缺乏症的病理变化特征是渗出性素质、脑软化。

173. 猪硒和维生素E缺乏症的特征性变化是桑葚心。

174. 治疗硒和维生素E缺乏症时，使用亚硒酸钠溶液配合醋酸生育酚。

175. 家畜铜缺乏症最有可能出现的临床症状是贫血、腹泻和被毛褪色、共济失调。如牛的癫痫病或摔倒病、羔羊晃腰病。缺铜的绵羊被毛形成直毛或钢丝毛，毛纤维易断，缺铜母羊多产死亡羔羊。一般选用硫酸铜口服进行治疗。

176. 羔羊摆（晃）腰病的主要致病原因是日粮中缺乏铜。

177. 羊铜缺乏的主要表现是运动障碍。

178. 铁缺乏症以贫血、易疲劳、活力下降和生长发育受阻为特征，主要发生于幼龄动物，血清铁、血清铁蛋白含量低于正常。治疗一般采取口服铁剂或注射铁剂的方法。肌肉注射的铁制剂有葡萄糖铁和葡聚糖铁钴注射液等。

179. 家禽锰缺乏症的临床特征是**腓肠肌腱脱出（滑腱症）**。特征症状是单侧或双侧跗关节以下肢体扭转向外屈曲，跗关节肿大、变形，长骨和跖骨变粗短和腓肠肌腱脱出。

180. 治疗禽骨骼短粗和腓肠肌腱脱落的药物是**硫酸锰**，饮水补锰，20L水中加1g高锰酸钾，让其自由饮水。

181. 治疗锌缺乏症的药物是**硫酸锌**；预防锌缺乏的最佳钙、锌比例是**（100～150）：1**。

182. 预防钴缺乏症最简单的方法是向饲料中直接添加**硫酸钴**、**氯化钴**。

183. 碘缺乏症的病理特征为**甲状腺机能减退**、**甲状腺肿大**。

184. 治疗碘缺乏症的方法是口服**碘化钾**。

185. 肉鸡腹水综合征（PHS）又称**肉鸡肺动脉高压综合征**、心衰综合征、**高海拔病**，是指由于生长过快的禽类在多种因素作用下出现相对性缺氧，导致血液黏稠、血容量增加和组织细胞损伤及肺动脉高压，以及腹腔积液和心脏衰竭为特征的疾病。防治肉鸡腹水综合征，日粮中可添加的氨基酸是**精氨酸**。

186. 肉鸡腹水综合征的特征是**右心衰竭**。

187. 应激综合征是动物遭受不良因素或应激原的刺激时，表现出生长发育缓慢，生产性能和产品质量降低，免疫力下降，甚至死亡的一种非特异性反应。在应激过程中，**谷氨酰胺**的最重要功能是在组织间运输氮，作为核酸、核苷酸和蛋白质合成的前体为细胞增生提供原料。

188. 抢救中毒动物的最佳疗法是应用**特效解毒药**。

189. 临床上可作为一般解毒剂的维生素是**维生素C**。

190. 不能对动物造成血液性、化学性、临诊或病理性改变等损害作用的最大剂量称为**最高无毒剂量**。

191. 硝酸盐与亚硝酸盐中毒的机理是二价铁血红蛋白氧化成**三价铁血红蛋白**。以皮肤、黏膜**发绀**和**呼吸困难**为特征一种中毒病。

192. 青饲料用火焖煮生成的有毒物质是**亚硝酸盐**。

193. **亚甲蓝（美蓝）**是亚硝酸盐中毒的特效解毒药，能还原高铁血红蛋白，恢复血红蛋白正常输氧功能。临床**甲苯胺蓝**治疗高铁血红蛋白症较亚甲蓝（美蓝）更好。

194. 棉籽与棉籽饼粕中毒是指动物长期或大量摄入含**游离棉酚**的棉籽或棉籽饼粕引起的以出血性胃肠炎、全身水肿、**血红蛋白尿**和实质器官变性为特征的一种中毒病。

195. 棉籽与棉籽饼粕中毒时，最敏感的是**哺乳犊牛**。棉料饼中毒的常见临床症状包括食欲下降，增重缓慢，呼吸困难、心脏功能障碍、同时还可由于代谢紊乱引起**尿石症**和**青光眼**。可在棉籽饼粕中加入碱水、石灰水或经过蒸、煮、炒等加热处理去毒。

196. 菜籽饼粕中毒是指动物长期或大量摄入含有**硫葡萄糖苷**的分解产物的油菜籽饼粕引起的以急性胃肠炎、**肺气肿**、肺水肿、肾炎和**甲状腺肿大**为特征的中毒病。硫葡萄糖苷本身无毒，在胃内经**芥子酶**水解，产生多种有毒降解物质如异硫氰酸酯、腈和芥子碱等，引起中毒症状。

197. 氢氰酸中毒是指动物采食富含**氰苷**的饲料引起的以呼吸困难、**黏膜鲜红**、肌肉震颤、全身惊厥等组织性缺氧为特征的一种中毒病。

198. 氢氰酸中毒时，导致动物可视黏膜呈**鲜红色或玫瑰红色**，这种缺氧属于**组织性缺氧**。

199. 氢氰酸中毒时，解毒可先用**亚硝酸钠**，再用**5%～10%硫代硫酸钠溶液**。

200. 巧克力中毒是指动物由于长时间或过量摄入巧克力而引起的以呕吐、腹泻、频尿和神经兴奋为主的疾病。小型犬更易发生。巧克力来源于可可属植物烤熟的种子，主要的有效成分是**甲基黄嘌呤**，其中的**可可碱**是造成动物中毒的主要物质。因巧克力吸收缓慢，催吐和洗胃对摄入巧克力4～8h的动物效果显著。

201. 疯草中毒是指豆科植物中棘豆属和紫云英属的某些种类植物被动物采食后，引起的以神经症状为主的慢性中毒病，又称疯草病。**马属**动物最为敏感。表现为步态蹒跚如醉酒状、牙关紧闭、吞咽困难、摔倒后不能自行起立，最后衰竭而死。治疗中毒严重者可以使用**10%硫代硫酸钠溶液**静脉注射，同时肌肉注射**维生素B$_1$**。

202. 黄牛栎树叶中毒时，其粪便常呈现**念珠样**。栎树叶中的主要有毒成分是高分子**栎单宁**，主要表现前胃弛缓、便秘或下痢、胃肠炎、皮下水肿、体腔积水及血尿、蛋白质尿和管型尿等肾病综合征。**高锰酸钾**能使栎单宁及其降解产物氧化分解，放牧栎树叶后应灌服高锰酸钾水。

203. 蕨中毒又称蕨蹒跚，是指动物采食大量蕨类植物后所引起以高热、贫血、**无粒细胞血症**、血小板减少、血凝不良、全身泛发性出血、共济失调等为特征的一种中毒病。蕨的主要有毒成分是**硫胺素酶**和**原蕨苷**等，能使马属动物中毒，出现**共济失调**，称为蕨蹒跚；牛慢性中毒的典型症状是**血尿**。采用**鲨肝醇-抗生素疗法**进行解毒。

204. 在畜牧生产中危害最大的霉菌毒素是**黄曲霉毒素**。

205. 黄曲霉毒素经动物胃肠吸收后主要毒害的器官是**肝脏**。

206. 对黄曲霉毒素最敏感的动物是**鳟**，其他依次为雏鸭、雏鸡、兔、猫、仔猪、豚鼠、大鼠、猴、犊牛、成年鸡、育肥猪、成年牛、绵羊和马。

207. 防止饲料中黄曲霉毒素生长的有效方法是使用**对氨基苯甲酸**、丙酸、亚硫酸钠等。

208. 黄曲霉毒素（AFT）是目前已发现的各种霉菌毒素中最稳定、毒性最强的一类毒素，B族毒素发出**蓝紫色荧光**，G族毒素发出**黄绿色荧光**。一般以AFTB1作为主要监测指标。

209. 杂色曲霉毒素中毒（马、羊），在马属动物称为**黄肝病**，羊称为**黄染病**。病理学特征肝细胞和肾小管上皮细胞变性、坏死，间质纤维组织增生。治疗可选用高渗葡萄糖溶液和维生素B$_1$静脉注射，也可口服肝泰乐、肌苷片等。

210. 单端孢霉毒素中毒，能引起动物中毒的毒素主要是**T-2毒素**。

211. T-2毒素的主要靶器官是**肝脏**和**肾脏**；牛羊T-2毒素中毒最可能出现的症状是**体温**

降低。

212. 玉米赤霉烯酮中毒时的病理变化主要是生殖系统的变化。临床上以阴户肿胀、乳房隆起和慕雄狂等为特征，玉米赤霉烯酮具有雌激素样作用。

213. 红青霉毒素主要损害肝脏和肾脏。

214. 震颤毒素和展青霉毒素都属于神经毒。为解除肌肉强直性痉挛可应用氯丙嗪。治疗中毒可内服鞣酸或用硫代硫酸钠静脉注射。

215. 黑斑病甘薯毒素中毒是由于家畜采食霉烂黑斑病甘薯后，引起的以急性肺水肿、间质性肺气肿、严重呼吸困难以及皮下气肿为特征的一种中毒病，又称黑斑病甘薯中毒或霉烂甘薯中毒，俗称喘气病或喷气病。

216. 甘薯黑斑病的病原是甘薯长喙壳菌和茄病镰刀菌。黑斑病甘薯中毒的毒素是甘薯酮及其衍生物。

217. 引起牛黑斑病甘薯中毒的甘薯酮具有肺毒性。

218. 赭曲霉毒素A中毒是指畜禽采食被赭曲霉毒素A污染的饲料，引起的以消化功能紊乱、腹泻、多尿、烦渴为特征的中毒性疾病。猪最易感，赭曲霉毒素主要污染谷物、动物饲料和动物性食品（如猪肝），具有很强的肝毒性和肾毒性，并有三致作用。

219. 伏马菌素中毒是指动物采食被伏马菌素污染的饲料所引起的急性或慢性中毒性疾病。伏马菌素是由串珠状镰刀菌和多育镰刀菌等产生的真菌毒素，可以引起人和多种动物中毒，同时表现不同临床特征。马属动物引起脑白质软化症，猪表现肺水肿，肉鸡引起急性死亡综合征，兔引起肾衰竭。

220. 发生无机氟化物中毒的最主要原因是牧草中污染了过量的无机氟。急性氟中毒以胃肠炎、呕吐、腹泻、肌肉震颤、瞳孔扩大、虚脱死亡为特点；慢性氟中毒又称氟病，最为常见，以骨骼和牙齿病变为特征，常呈地方性群发。

221. 慢性无机氟中毒早期特征是氟斑牙和氟骨症。

222. 畜禽食盐中毒尚未出现神经症状者，给予清洁饮水的方法是少量多次。

223. 猪食盐中毒的神经症状发作期应禁止饮水。

224. 食盐中毒被称为嗜酸性粒细胞性脑膜脑炎。

225. 猪食盐中毒时，临床上常表现颅内压升高。注射20%甘露醇以缓解脑水肿，降低颅内压。

226. 动物慢性铅中毒的血常规检查可见红细胞数减少。表现腹痛、腹泻等胃肠炎症状以及低色素型小细胞性贫血或正色素型正细胞性贫血。应用巯基络合剂特效解毒药进行解毒。慢性铅中毒的特效解毒药为乙二胺四乙酸二钠钙。

227. 砷中毒时，齿龈呈黑褐色，有蒜臭样砷化氢气味；随后出现神经功能障碍，应用巯基络合剂。

228. 汞中毒时，应用5%二巯基丙磺酸液，也可用硫代硫酸钠。猪的耐受性最强。

229. 钼中毒时,最早出现的特征性症状是严重而持续性腹泻。钼过量常与铜缺乏同时发生。羔羊对过量铜最敏感。被毛粗糙而竖立,黑毛褪色变为灰色,深黄色毛变为浅黄色毛。注射或内服铜制剂是治疗缺铜性钼中毒的有效方法。

230. 急性铜中毒的羊可用三硫(或四硫)钼酸钠溶液静脉注射。肾脏是铜贮存和排泄的器官。

231. 肝脏是镉急性中毒损伤的主要靶器官。主要用依地酸二钠钙或巯基络合剂,也可采用提高饲料中蛋白质比例,增加钙、锌和硒的供给量来限制镉在体内沉积。

232. 亚急性硒中毒,又称蹒跚病或瞎撞病。

233. 慢性硒中毒,又称碱病,表现为跛行,蹄裂,关节僵硬,迟钝,精神沉郁,衰弱和脱毛。

234. 有机磷农药是一种神经毒物,对动物的毒性机理主要是抑制胆碱酯酶的活性,失去分解乙酰胆碱的能力,从而造成乙酰胆碱在体内大量蓄积,导致胆碱能神经功能障碍出现中毒症状。

235. 抢救有机磷农药中毒动物时,使用解磷定的目的是恢复胆碱酯酶活力。

236. 抢救有机磷农药中毒动物时,使用阿托品的目的是对抗毒蕈碱样症状。

237. 有机磷农药中毒时,患病动物瞳孔缩小。

238. 有机磷农药中毒时,特效解毒药是阿托品和解磷定。

239. 急性有机氟中毒,主要症状类型包括神经型和心脏型。

240. 犬有机氟中毒的特效解毒药是解氟灵(乙酰胺)。

241. 尿素中毒是指家畜采食过量尿素引起的以肌肉强直,呼吸困难,循环障碍,新鲜胃内容物有氨气味为特征的一种中毒病。大脑组织对血氨最敏感,容易出现脑功能紊乱和麻痹等神经症状。

242. 敌鼠钠盐中毒的有效解毒药是维生素K。

243. 猫发生敌鼠钠盐中毒时主要症状是出血。皮肤发紫,尤其在腹部更明显,尿血,粪便带血,血液凝固不良。

244. 磷化锌中毒的呕吐物和粪便在暗处呈现磷光。

245. 磷化锌中毒时,呕吐物中伴有蒜臭味。

246. 犬急性洋葱中毒的典型症状是红尿。洋葱或大葱含有辛香味挥发油,N-丙基二硫化物或硫化丙烯,此类物质不易被蒸煮、烘干等加热破坏。解毒时应用抗氧化剂维生素E,支持疗法进行输液,补充营养;给予利尿剂,促进体内血红蛋白的排出。

247. 最急性型瘤胃酸中毒表现精神高度沉郁,极度虚弱,侧卧而不能站立。双目失明,瞳孔散大,体温低下,瘤胃液pH小于5,无活的纤毛虫。

248. 瘤胃酸中毒时,可应用5%碳酸氢钠液。

249. 维生素A中毒是指由于动物采食过量的维生素A而引起的骨骼发育障碍,以生长缓慢、跛行、**外生骨疣**为特征的一种中毒病。犊牛表现为生长缓慢，跛行，共济失调，局部麻痹，第三趾骨外生骨疣。

250. 磺胺类药物中毒主要以皮肤、肌肉和内脏出血为特征，临床上表现为神经功能障碍、泌尿系统机能异常、消化道机能紊乱以及贫血等症状。病鸡**腺胃**、**肌胃交界处**（和传染性法氏囊病的病变部位相似）有陈旧出血条纹，腺胃黏膜和肌胃角质膜下有出血斑点。部分病鸡**胸肌**、**腿肌**出现涂刷状出血。防治磺胺类药物中毒应严格控制用药剂量和疗程，用药期间适当**增加**饮水量使尿量增加；在使用磺胺类药物时，配合碳酸氢钠口服或静脉给药，既可提高磺胺类药物的抑菌效力，也可使尿液碱化，有效防止产生药物**结晶**。

251. 阿维菌素类药物中毒是在驱虫过程中由于用药剂量过大、重复给药间隔时间短、给药途径错误（如肌内注射或静脉注射）或某些动物超敏感（**柯利牧羊犬**）而引起的中毒现象。临床上以中枢神经系统机能障碍为特征。

252. 猪应激综合征导致肌肉呈现**苍白**、**松软**、**汁液渗出（PSE肉）**。

253. 动物受到应激原刺激后可引起**血糖升高**。

254. 原发性甲状旁腺机能亢进的特征是**高钙血症**、**多尿**。

255. 犬库兴氏综合征血液检查可见淋巴细胞减少、血浆皮质醇升高、中性及单核细胞增多、**碱性磷酸酶升高**。

256. 肾上腺皮质机能亢进（库兴氏综合征），多发于7～9岁的犬。

257. **两侧性脱毛**是肾上腺皮质机能亢进（库兴氏综合征）的症状。

258. 犬营养性继发性甲状旁腺机能亢进，尿液检查可见**尿磷含量增加**。

259. 易表现为食欲亢进的疾病是**肾上腺皮质机能亢进**。

260. 与阿狄森有关的激素是**促肾上腺皮质激素**。

261. 急性尿道损伤的典型症状是**尿中带血**。

262. 赭曲霉毒素A（OTA）主要污染谷物，人畜食用被OTA污染的谷物后会发生中毒，OTA对人畜的毒性主要是**肾脏毒性**，并有致畸作用。

263. 五氯酚中毒是五氯酚化合物通过消化道、呼吸道或皮肤进入动物机体后，作为氧化磷酸化过程的强解偶联剂，导致机体代谢过程旺盛，ADP转化为ATP障碍，干扰破坏了机体能量的产、供、消的动态平衡，引起以呼吸困难、神经兴奋、体温升高、呕吐和后躯麻痹为主要临床症状的一种中毒性疾病。五氯酚钠的检测方法有**比色法**、**薄层色谱法**和**气相色谱法**等。

264. 运输搐搦是指反刍动物因运输应激，**血钙含量突发性降低**而引起的一种代谢病，以运动失调、卧地不起和昏迷为特征。运输过程中饥饿、拥挤、闷热等应激因素是引发血钙含量迅速降低的主要原因。

265. 棘豆属和黄芪属植物对动物有毒害作用，动物采食后可发生以**神经症状**为主症的慢性中毒。因此，这类植物统称疯草，所致中毒病称为疯草中毒或疯草病。

266. 拟除虫菊酯类农药中毒是动物因接触、吸入或摄入拟除虫菊酯类杀虫剂而引起的以兴奋、全身肌肉持续性痉挛、共济失调和麻痹等为特征的一类中毒病。

267．酒糟中毒是家畜长期或过量采食新鲜的或已经腐败的酒糟，由其中的有毒物质所引起的一种中毒病。临床上表现腹痛、腹泻、流涎等消化道症状和神经症状。

268．马铃薯中毒是由于牛、羊采食了富含龙葵素的马铃薯块根、幼芽及茎叶等所引起的中毒病。临床上以消化机能和神经机能紊乱、皮疹为特征。

269．犊牛水中毒是由于犊牛久渴暴饮大量水，导致机体组织短时间内大量蓄水，血浆渗透压迅速降低而出现的中毒病。其特征为腹痛、排淡红色至暗红色尿液、排水样便、肺部啰音和神经症状。

270．士的宁中毒是因使用剂量过大而引起动物中枢神经系统异常兴奋，表现以强直性痉挛、角弓反张等为特征的中毒性疾病。

271．霉败饲料中的不同霉菌会产生不同的毒素，常见的有马霉玉米中毒，又称马脑白质软化症。

第十三章
兽医外科与手术学

1. 外科感染时常见的化脓性致病菌有葡萄球菌、链球菌、大肠杆菌、绿脓杆菌、肺炎球菌等。常见的化脓性致病菌多为需氧菌。
2. 外科感染的结局是使化脓感染局限化、减少组织坏死、减少毒素的吸收。
3. 鱼石脂软膏用于疖等较小的感染，50%硫酸镁溶液湿敷用于蜂窝织炎。
4. 组织或器官内形成外有脓肿包膜、内有脓汁潴留的局限性脓腔称为脓肿。
5. 疖是指单个毛囊、皮脂腺及其周围皮肤和皮下蜂窝组织内发生的化脓性炎症。
6. 痈是指多个毛囊、皮脂腺及其周围结缔组织的急性化脓性炎症。
7. 深在性脓肿发生在深层肌肉、肌间、骨膜下、腹膜下及内脏器官中。
8. 浅在性热性脓肿发生于皮肤、皮下结缔组织、筋膜下及表层肌肉组织中。
9. 对深在性脓肿确诊困难者可进行穿刺诊断。
10. 疏松结缔组织内发生的急性弥漫性化脓性炎症称为蜂窝织炎。
11. 肌间蜂窝织炎，首先感染的组织是肌外膜，后是肌间组织，最后是肌纤维。蜂窝织炎病程发展迅速，主要表现大面积肿胀，局部增温，疼痛剧烈和机能障碍。
12. 发生蜂窝织炎时最常见的化脓性病原菌是溶血性链球菌。
13. 最严重的一种全身性外科感染是厌气性感染。
14. 厌气性感染的主要致病菌有产气荚膜梭菌、恶性水肿杆菌、溶组织杆菌、水肿杆菌及腐败弧菌。
15. 厌气性感染的临床特点是局部组织坏死，溃烂呈黏泥样，褐绿色或巧克力色，恶臭。
16. 治疗厌气性感染时冲洗的药物有3%过氧化氢、0.5%高锰酸钾浴液、10%~20%的硫酸镁或硫酸钠溶液及酸性防腐液。
17. 全身化脓性感染包括败血症和脓血症。
18. 败血症的致病菌有金黄色葡萄球菌、溶血性链球菌、大肠杆菌、厌气性链球菌和坏疽杆菌等。
19. 脓血症是局部化脓灶的细菌栓子或脱落的感染血栓，间歇性进入血液循环，并在机体其他组织和器官形成转移性脓肿。
20. 动物不易发生脓血症的是马。
21. 创伤指组织或器官的机械性开放性损伤。

22. **创缘**为皮肤或黏膜及其下的疏松结缔组织，创缘之间的间隙称为**创口**。
23. **创壁**由受伤的肌肉、筋膜及位于其间的疏松结缔组织构成。
24. **创底**是创伤的最深部分，根据创伤的深浅和局部解剖特点，创底可由各种组织构成。
25. **创腔**是创壁之间的间隙，管状创腔称为**创道**，**创围**指围绕创口周围的皮肤或黏膜。
26. **污染创**是指创伤被细菌和异物所污染，但进入创内的细菌仅与损伤组织发生机械性接触，并未侵入组织深部发育繁殖，也未呈现致病作用。受伤8小时内未经处理的开放性损伤是污染创。
27. **无菌创**一般指手术时候的创伤，通常指在无菌条件下所做的手术创。
28. **感染创**一般会化脓。
29. **新鲜创**是伤后的时间较短，创内尚有血液流出或有血凝块，且创内各部组织的轮廓仍能识别，有的虽被严重污染，但未出现创伤感染症状。
30. **陈旧创**是伤后经过时间较长，创内各组织的**轮廓不易识别**，出现明显的创伤感染症状，有的排出脓汁，有的出现肉芽组织。
31. 犬创口表面有脓性分泌物，该创伤为**感染创**。
32. 创壁较整齐的创伤是**切创**。
33. 犬咬创的临床特点是通常呈**管状创**。
34. 被猫和犬爪搔抓致伤，皮肤常被损伤，呈**线形**。
35. 火器创的主要特点是**损伤严重**，受伤部位多，范围广，污染严重，感染快。
36. 创伤第一期愈合是一种较为理想的愈合形式；**无菌手术创**绝大多数可达第一期愈合。
37. **第一期愈合**的临床特点是创缘、创壁整齐，创口吻合良好，无肉眼可见的组织间隙，炎症反应较轻微，创内无异物、坏死灶及血肿，组织保有生活能力，失活组织较少，无感染。
38. **第二期愈合**的特征是伤口增生多量的肉芽组织，充填创腔，然后形成疤痕组织，被覆上皮组织而治愈。
39. **痂皮下愈合**的特征是表皮损伤，创面浅在并有少量出血，以后血液或渗出的浆液逐渐干燥而结成痂皮，覆盖在创伤表面，具有保护作用，痂皮下损伤的边缘再生表皮而治愈。未感染取第一期愈合，感染则取第二期愈合。
40. **炎性净化**是通过炎性反应达到创伤的自家净化。
41. 组织修复阶段的核心是**肉芽组织的新生**。
42. 牛和羊发生严重创伤后在第二期愈合净化过程中的特点是不易引起**吸收性中毒**。
43. 延迟创伤愈合的主要因素是**创伤感染化脓**。
44. 治疗创伤的核心是**预防和控制创伤感染**。
45. 治疗创伤的主要方法是**创伤的外科处理**。
46. 软组织非开放性损伤包括**挫伤**、**血肿**和**淋巴外渗**。

47. 血肿常发生于皮下、筋膜下、肌间、骨膜下及浆膜下。临床特点是肿胀迅速增大，呈明显的波动感或饱满有弹性。触诊时周围呈坚实感并有捻发音，中央有波动，局部或周围温度增高。局部出现热痛。穿刺时可排出稀薄血液。

48. 血清肿常发生于手术部位。

49. 挫伤是机体在诸如马踢、棒击、跌倒等钝性外力直接作用下，引起的组织非开放性损伤。

50. 根据烧伤的深度，分为一度烧伤、二度烧伤、三度烧伤三类。

51. 一度烧伤的特征是皮肤表层被损伤。

52. 二度烧伤的特征是皮肤表层及真皮层部分或大部被损伤。

53. 三度烧伤的特征是皮肤全层或深层组织（筋膜、肌肉、骨骼）被损伤。

54. 三度烧伤的特征是形成焦痂，呈深褐色、干性坏死状态，有时出现皱褶。

55. 轻度烧伤的烧伤总面积不超过体表的10%，其中三度烧伤不超过2%。

56. 中度烧伤的烧伤总面积占体表面积的11%～20%，其中二度烧伤不超过4%。

57. 重度烧伤的烧伤总面积占体表面积的20%～50%，其中三度烧伤不超过6%。

58. 特重烧伤的烧伤总面积占体表总面积50%以上。

59. 最易导致烧伤感染并易发败血病的化脓菌是绿脓杆菌。

60. 火场急救首先应防止动物发生窒息。

61. 动物发生一度冻伤的临诊特征是皮肤及皮下组织的疼痛性水肿。

62. 动物发生二度冻伤的临诊特征是皮肤和皮下组织呈弥漫性水肿。

63. 动物发生三度冻伤的临诊特征是血液循环障碍引起的不同深度与距离的组织干性坏死。

64. 动物发生三度冻伤时主要的治疗目的是防止发生湿性坏疽。

65. 治疗冻伤的快速复温法要求的水温为40～42℃。

66. 皮肤或黏膜上久不愈合的病理性肉芽创称为溃疡。临床上常见的溃疡主要有单纯性溃疡、炎症性溃疡、坏疽性溃疡、水肿性溃疡和蕈状溃疡等。

67. 溃疡与正常愈合过程伤口的主要不同点是创口的营养状态。

68. 常伴发明显的全身症状的溃疡是坏疽性溃疡。

69. 坏疽性溃疡常发生于冻伤、湿性坏疽和不正确的烧烙之后。坏疽性溃疡的特征是组织进行性坏死和很快形成溃疡。

70. 水肿性溃疡禁止使用刺激性较强的防腐剂（樟脑酒精）。

71. 蕈状溃疡常发生于四肢末端有活动肌腱通过部位的创伤。治疗蕈状溃疡的首选药物是20%硝酸银溶液。

72. 胼胝性溃疡的特征是肉芽组织血管微细、苍白、平滑无颗粒，并过早地变为厚而致密的纤维性瘢痕组织。不见上皮组织的形成。

73. 褥疮是局部受到长时间的压迫后所引起的因血液循环障碍而发生的皮肤坏疽。

74. 窦道和瘘管都是狭窄不易愈合的病理管道，其表面被覆上皮或肉芽组织。

75. 窦道管道一般呈盲管状，瘘管的管道是两边开口。

76. 引起窦道的病因有异物和化脓坏死性炎症，治疗原则是保持窦道周围皮肤的清洁干燥及引流通畅。

77. 坏疽是组织坏死后受到外界环境影响和不同程度的腐败菌感染而产生的形态学变化。

78. 湿性坏疽主要发生于腐败菌感染。初期局部组织脱毛、浮肿，暗紫色或暗黑色，表面湿润，覆盖有恶臭的分泌物。

79. 干性坏疽坏死组织初期表现苍白，水分渐渐失去后颜色变成褐色至暗黑色，表面干裂，呈皮革样外观。

80. 凝固性坏死组织发生凝固、硬化，表面上覆盖一层灰白至黄色的蛋白凝固物。

81. 过敏性休克常见过敏药物有青霉素、镇静剂、麻醉剂、碘剂等，接种动物血清可引起血清过敏性休克。

82. 神经性休克常由创伤、剧痛或脊髓麻醉意外引起，导致反射性血管舒缩中枢抑制，或阻断中枢与周围血管的联系，从而出现周围血管突然扩张，周围阻力减低，有效血容量减少。

83. 低血容量性休克由大量出血（内出血或外出血）、失水（严重吐泻、糖尿病酸中毒等）、严重灼伤等所致，使血容量突然减少30%～40%，静脉压降低，回心血流量减少，心排出量减少。

84. 心源性休克可由急性心肌梗死、重症心肌炎、心力衰竭晚期、急性肺动脉栓塞等，引起左心室收缩功能减退或舒张期充盈不足，以致心排血量减少或急性心排血功能受阻，而发生休克。

85. 中毒性休克多由严重感染引起，常见于休克性肺炎、暴发性流行性脑脊髓膜炎、中毒性菌痢、胆道感染、急性腹膜炎、出血坏死性肠炎、败血症等。

86. 良性肿瘤膨胀性生长居多，生长缓慢；恶性肿瘤侵袭性生长为主，生长较快。

87. 良性肿瘤边界清楚，大多有包膜；恶性肿瘤边界不清楚，大多无包膜。

88. 良性肿瘤近似正常组织；恶性肿瘤与正常组织差别大。

89. 良性肿瘤不侵袭、不转移，不复发；恶性肿瘤易侵袭、易转移，易复发。

90. 良性肿瘤分化良好，无明显异型性，良性肿瘤治疗原则是手术切除；恶性肿瘤分化不良好，明显异型性。

91. 良性肿瘤排列规则、稀散，数量较少；恶性肿瘤排列不规则；致密，数量较多。

92. 良性肿瘤不易见到核分裂相；恶性肿瘤易见到核分裂相。

93. 肿瘤局部症状主要表现为疼痛、组织溃疡、组织出血及功能障碍。良性肿瘤一般无全身症状，但恶性肿瘤常导致机体恶病质。

94. 良性肿瘤对机体的危害主要表现为压迫邻近器官和阻塞中空器官；而恶性肿瘤对机体的危害主要表现为侵袭性生长。

95. 诊断肿瘤最可靠的方法是病理学检查。

96. 手术切除恶性肿瘤的正确做法是手术在健康组织内进行。

97. 可判断肿瘤组织预后良好的标志是该组织中含有大量淋巴细胞。

98. 对放射线敏感度高的肿瘤细胞是分化程度低、新陈代谢快的细胞。

99. 马属动物可发生皮肤鳞状细胞癌的多发部位在眼睑周围。

100. 临床上多发眼部皮肤鳞状细胞癌的动物是牛。

101. 家畜发生肿瘤因品种间有一定的差异，可大范围发生皮肤癌的动物是山羊。

102. 鳞状细胞癌是指由鳞状上皮细胞转化而来的恶性肿瘤，又称鳞状上皮癌，主要发生于动物皮肤的鳞状上皮和有此种上皮的黏膜（如口腔、食道、阴道和子宫颈等）。

103. 纤维肉瘤是来源于纤维结缔组织的一种恶性肿瘤，主要发生在皮下、黏膜下、筋膜和肌间等结缔组织以及实质器官。

104. 犬淋巴肉瘤分为五种类型，即多中心型、消化道型、皮肤型、胸腺型及其他型。

105. 治疗犬多中心型淋巴肉瘤最有效的方法是化学疗法。

106. 猫淋巴肉瘤分为五种类型，即纵隔型、消化道型、多中心型、白血病型与未分类型。

107. 猫淋巴肉瘤的病因是猫白血病病毒感染。

108. 皮肤乳头状瘤是良性肿瘤。

109. 非传染性乳头状瘤多见于犬。非传染性乳头状瘤发生于黏膜的乳头状瘤可呈团块状，但一般无角化现象。

110. 牛乳头状瘤的病原是牛乳头状瘤病毒。

111. 辅助治疗犬口腔乳头状瘤的首选药物是长春新碱。

112. 犬乳腺肿瘤是母犬临床常见疾病，50%的犬乳腺肿瘤和90%的猫乳腺肿瘤是恶性的。

113. 犬乳腺肿瘤治疗方法一般采取手术切除。

114. 动物中发生黑色素瘤最多的是马。

115. 犬的乳腺肿瘤多发于6岁以上的母犬。

116. 足细胞瘤多发生于犬，是犬睾丸肿瘤的一种，主要发生在输精小管。

117. 犬阴茎肿瘤手术治疗后，常配合注射的植物类抗癌药物是长春新碱。

118. 对放疗最敏感的小动物肿瘤是恶性淋巴瘤。

119. 风湿病是指反复发作的急性或慢性非化脓性炎症。特点是胶原结缔组织发生纤维蛋白变性及骨骼肌、心肌和关节囊中的结缔组织出现非化脓性局限性炎症。该病常侵害对称的肌肉或肌群和关节。

120. 风湿病是一种变态性疾病，并与溶血性链球菌感染有关。

121. 风湿病是全身结缔组织的炎症。按照发病过程分为变性渗出期、增殖期和硬化期三期。其中增殖期的特点是在上述病变的基础上出现风湿性肉芽肿或者阿孝夫小体，亦称为风湿小体，这是风湿病的特征性病变，是病理上确诊风湿病的依据，而且是风湿活动的指标。而硬化期的特点是在肉芽肿部位形成瘢痕组织。

122. 风湿小体出现于增殖期。

123. 机体多肌群和关节发生疼痛的疾病是风湿病。

124. 风湿病的临床特征具有突发性、疼痛性、游走性、对称性、复发性和活动后疼痛减轻等特点。

125. 风湿性肉芽肿中央的特征性病变是纤维素性坏死。

126. 风湿病血常规显示血红蛋白含量增多，淋巴细胞减少，嗜酸性粒细胞减少，血沉加快。

127. 治疗急性风湿病时，除应用解热镇痛药外，首选的抗菌药是青霉素。

128. 治疗风湿病中，抗风湿作用最强的药是水杨酸、水杨酸钠及阿司匹林等。

129. 眼科的检查一般采用视诊和触诊的方法，检查眼的各部位。

130. 直接检眼镜所看到的眼底像是放大约16倍的正像；间接检眼镜所看到的眼底是放大4～5倍的倒像。常用的May氏检眼镜为直接检眼镜。

131. 马的正常眼压为14～22mmHg，牛的眼压为14～22mmHg，绵羊眼压为19～25mmHg，犬的眼压为15～25mmHg，猫的眼压为14～26mmHg。青光眼时眼内压升高。

132. 为方便检查眼球内部结构，必要时可向眼内点阿托品。

133. 检查泪液分泌的常用方法是Schirmer试验（希尔默试验），在犬的标准测量时间为60s。

134. 常用于角膜干燥症的诊断是泪液析晶形态试验。

135. 角膜炎均出现角膜周围充血，然后再新生血管。表层性角膜炎的血管来自结膜，呈树枝状分布于角膜面上；深层性角膜炎的血管来自角膜缘的毛细血管网，呈刷状，自角膜缘伸入角膜内。

136. 角膜面形成不透明的白色瘢痕时称作角膜浑浊或角膜翳。

137. 外伤性角膜炎在角膜表面可找到伤痕，表面变为淡蓝色或蓝褐色。由化学物质引起角膜炎时，轻的仅见角膜上皮被破坏，形成银灰色浑浊；深层受伤时则出现溃疡；严重时发生坏疽，呈明显的灰白色。

138. 由细菌感染引起角膜炎时，角膜的一处或数处呈暗灰色或灰黄色浸润，后即形成脓肿，脓肿破溃后便形成溃疡。

139. 犬传染性肝炎恢复期，常见单侧性间质性角膜炎和水肿，呈蓝白色角膜翳。

140. 拨云散适用的眼病是间质性角膜炎。

141．治疗直径2～3mm的角膜穿孔宜采用的方法是使用眼科无损伤缝合针和可吸收缝线进行缝合。

142．犬角膜穿孔修复的方法是结膜瓣遮盖术。

143．常用的洗眼液为3%硼酸。

144．牛传染性角膜结膜炎的诱发因素是紫外线。

145．牛传染性角膜结膜炎是由牛莫拉菌引起，秋家蝇是传播牛莫拉菌的主要昆虫媒介。特别是犊牛，由于角膜实质突出，形成圆锥形角膜是本病的特征性病变。

146．引起角膜溃疡或穿孔最常见的原因是物理作用直接损伤。

147．角膜上出现树枝状新生血管，提示炎症主要在角膜浅层。

148．角膜发生溃疡或穿孔禁用的药物是地塞米松。

149．做眼角膜麻醉时宜选用的药物是0.5%丁卡因、0.2%利多卡因。

150．青光眼是由于眼房角阻塞，眼房液排出受阻，致眼内压增高所致的疾病，多见于犬。在暗厩或阳光下可见患眼表现为绿色或淡青绿色。最初角膜是透明的，后则变为毛玻璃状；用检眼镜检查时可见视神经乳头萎缩和凹陷，晚期视神经乳头呈苍白色，指测眼压呈坚实感。

151．诊断青光眼时可进行测眼内压。

152．治疗青光眼可使用的药物是噻吗心安、噻吗洛尔；治疗青光眼的手术方法是巩膜周边冷冻术。

153．巩膜周边冷冻术的治疗目的是使部分睫状体遭到破坏，减少眼房液产生。

154．白内障病的特征是晶状体及其囊浑浊，瞳孔变色、视力消失或减退。眼呈现白色或蓝白色。

155．白内障在眼易发的部位是晶状体，对该病应采取的治疗手术是晶体置换术或晶状体乳化白内障摘除术。

156．容易引起虹膜后粘连的眼病是虹膜炎。治疗一般是将患畜系于暗厩内，装眼绷带。局部以用散瞳药为主，常用1%硫酸阿托品溶液滴眼，也可应用抗生素溶液点眼。疼痛显著时可行温敷。

157．患虹膜炎时眼内压常下降。

158．视网膜炎眼底检查，视网膜水肿、失去固有的透明性。视神经乳头充血、增大，轮廓不清，边界模糊，后期出现萎缩。

159．马周期性眼炎发病原因主要是钩端螺旋体感染。

160．樱桃眼指的眼科疾病是瞬膜腺突出。

161．眼睑内翻常导致眼角膜出现溃疡；眼睑内翻最常见的动物是犬。

162．在下眼睑皮肤作V形切口，然后将其缝成Y形用以治疗眼睑外翻。

163．眼睑外翻常导致眼结膜粗糙肥厚。

164．眼神经传导麻醉适用于眼球手术。

165．外耳炎指发生于外耳道的炎症；中耳炎是指鼓室及耳咽管的炎症。X射线检查可见急性中耳炎时鼓室积液（急性期），慢性中耳炎时鼓室泡骨发生硬化性变化（增生）。

166．中耳炎常见的病原菌是链球菌和葡萄球菌。

167．中兽医称面神经麻痹为歪嘴风，主要见于马属动物。面神经麻痹临床上以单侧性多见。

168．鼻窦炎，临床上常见的是额窦炎和上颌窦蓄脓，前者多发于牛，后者多发于马。马的上颌窦炎和蓄脓主要是由牙齿疾病引起的，治疗马额窦蓄脓常采用圆锯术；牛额窦炎和蓄脓主要是由低位角折或去角不良所引起，尤其是水牛。

169．牙周炎主要特征是形成牙周袋，并伴有牙齿松动和不同程度的化脓。X射线检查可见牙齿间隙增宽，齿槽骨吸收。

170．治疗犬猫牙结石的最有效方法是刮除。

171．龋齿常有呈褐色的齿斑或齿石，其釉质和齿骨形成凹陷、空洞。犬常发部位为第一上臼齿齿冠，猫则多见于露出的臼齿或犬齿。

172．一度龋齿治疗时可在齿面涂擦饱和硝酸银溶液；二度龋齿应彻底除去病变组织，消毒并填充固齿粉；三度龋齿实行拔牙。

173．牛鼻液中混有饲草时，可能患有的疾病是上臼齿齿瘘。

174．牙齿不正分为牙齿发育异常和牙齿磨灭不正。

175．牙齿发育异常的种类主要有赘生齿、牙齿更换不正常、牙齿失位、齿间隙过大。

176．牙齿磨灭不正的种类主要有斜齿（锐齿）、过长齿、波状齿、阶状齿和滑齿。

177．犬舌下腺囊肿与因异物所致的浆液血液囊肿鉴别诊断的试验是糖原染色法（PAS）试验。

178．静脉注射氯化钙溶液漏至皮下导致的颈静脉炎，最佳的治疗方法是局部注射10%～20%硫酸钠。颈静脉注射时，漏注可引起较严重颈静脉周围炎的注射液是5%水合氯醛。

179．胸壁透创后的纵膈摆动主要出现在开放性气胸；胸壁透创早期最严重的并发症是张力性气胸。

180．发生胸壁透创时，可继发气胸、血胸、脓胸、胸膜炎、肺炎及心脏损伤等。

181．血胸的胸壁下部叩诊出现水平浊音。血胸可通过X射线检查在胸膈三角区呈现水平的浓密阴影、胸腔穿刺获得带血的胸水以及在胸下部可听到拍水音等做出诊断。

182．对开放性气胸及张力性气胸的抢救，主要是尽快闭合胸壁创口，使其转变为闭合性气胸，然后排出胸腔积气。

183．腹壁透创的主要并发症是腹膜炎和败血症。

184．腹腔内的组织器官从异常扩大的自然孔道或病理性破裂孔脱至皮下或其他解剖腔的疾病称为疝。

185. 疝由疝孔（疝轮）、疝囊和疝内容物组成。

186. 典型的疝囊结构包括囊口、囊颈、囊体、囊底。疝内容物是指通过疝孔脱出到疝囊内的一些可移动的内脏器官。

187. 游离于疝囊内的肠管，其中一部分通过疝孔回入腹腔，两者均受到疝孔的弹力压迫，所造成血液循环障碍的疝称为逆行性嵌闭疝。

188. 由于腹内压增高，使腹膜和肠系膜被高度牵张而引起疝孔周围肌肉反射性痉挛，疝孔显著缩小的疝称为弹力性嵌闭疝。

189. 脐疝常发生的动物是猪。脐部呈现局限性球型肿胀，质地柔软。仔猪和仔犬在饱腹或挣扎时脐疝增大，压迫肿胀可缩小，皮肤无红、热和痛等炎性反应，听诊时可听到肠蠕动音。

190. 手术治疗仔猪脐疝，常采用的麻醉方法是局部浸润麻醉。

191. 马的脐疝手术最好在全身麻醉下仰卧保定进行，将后肢向后伸直保定在地桩上，两侧肩部各垫上一个垫子。

192. 腹壁疝的内容物常见为肠管（小肠）。腹壁受伤后局部突然出现一个局限性扁平、柔软的肿胀，触诊时有疼痛，常为可复性，用力推压内容物可还纳腹腔，多数可摸到疝轮。

193. 会阴疝是指由于盆腔组织缺陷，腹膜及腹腔脏器向骨盆腔后结缔组织凹陷内突出以致向会阴部皮下脱出的现象。临床特征是大小便不畅，在肛门、阴门近旁出现无热、无痛、柔软的肿胀，常为一侧性，肿胀对侧肌肉松弛。直肠检查有助于会阴疝的确诊。犬会阴疝修复手术皮肤切口选在疝囊一侧，自尾根外侧至坐骨结节做弧形切口，防止该病复发，可对动物施行去势术。

194. 腹股沟疝和阴囊疝多见于公马、公猪和公牛。腹股沟疝常在内容物被嵌闭，出现腹痛时才发现或只有当疝内容物下坠至阴囊，发生腹股沟阴囊疝时才引起畜主的注意。

195. 犬阴囊疝内容物常见的是空肠。

196. 马属动物整复手术常与公畜去势术同时进行，切口选在靠近腹股沟外环处，一般在阴囊颈部正外侧方纵切皮肤。

197. 犬膈疝内容物中常出现的脏器是胃、小肠和肝。

198. 犬钡餐造影在胸腔内显示胃肠影像的疾病是膈疝。

199. 锁肛是肛门被皮肤所封闭而无肛门孔的先天性畸形。

200. 锁肛多发于仔猪，不易发现，数天后患病动物腹围逐渐增大，频频做排粪动作发出刺耳的叫声，拒绝吸吮母乳，可见肛门处皮肤向外突出，触诊时摸到胎粪。

201. 手术治疗仔猪锁肛的方法包括直肠黏膜与皮肤创缘间断缝合。

202. 先天性巨结肠症病犬在生后2~3周出现症状。病犬腹围膨隆似桶状，主要依据腹部触诊摸到集结粪便的粗大结肠进行诊断。

203. 直肠脱的常见诱因是便秘、腹泻。

204. 直肠脱病程较久者易引起局部坏死。

205. 在动物直肠脱垂进行整复时，对直肠周围注射酒精目的是固定直肠。

206. 直肠脱整复后的外固定方法是在肛门周围行荷包缝合。

207. 肛门囊炎形成排泄瘘的时钟钟点位置通常为4点和8点。

208. 直肠损伤的明显指征是直肠检查时手指染血。

209. 临诊检查发现少量粪便从阴道流出即可诊断为直肠阴道瘘。

210. 膀胱破裂是指膀胱壁发生裂伤，尿液流入腹腔而引起的以排尿障碍、腹膜炎和尿毒症为特征的疾病。发生完全破裂的病畜，虽仍有尿意，如翘尾、体前倾、后肢伸直或稍下蹲、轻度努责、阴茎频频抽动等，却无尿排出或仅排出少量尿液。大量尿液进入腹腔，腹下部腹围迅速增大，腹部触摸紧张敏感，有明显的振水声。

211. 公犬膀胱修补术的皮肤切口为脐后腹中线阴茎旁2cm处纵向切口。

212. 公犬前列腺肥大的临床特征为排便困难。

213. 因分泌过剩可引起犬前列腺腺型肥大的激素是雄激素。

214. 犬前列腺肥大的最有效的治疗方法是去势。去势是最有效的治疗方法，给予孕激素或雌激素也有一定治疗效果，但不能持续给予大剂量合成雌激素。

215. 公犬前列腺炎的治疗必要时可去势。直肠检查前列腺出现对称性或不对称性肿大，触压疼痛，质地软或有波动感。X射线检查，前列腺增大和前列腺矿物化（密度增加），超声检查可发现前列腺肿胀。

216. 隐睾是一侧或两侧睾丸的不完全下降，滞留于腹腔或腹股沟管的一种疾病。一侧隐睾时，无睾丸侧的阴囊皮肤松软而不充实，触摸时阴囊内只有一个睾丸；两侧性隐睾时，阴囊缩小，触摸阴囊内无睾丸。

217. 临床确诊牛、马隐睾的方法是直肠检查。

218. 治疗动物隐睾的方法是去势。

219. 运动中患肢在悬垂阶段出现机能障碍的跛行，称悬跛。悬垂阶段指的是包括肢体的抬举屈曲和迈步伸展的运动阶段。患肢从离地开始到着地之前的悬垂阶段出现机能障碍。往往表现出抬不高、迈不远、前方短步。

220. 支跛是指在运步时，患肢在落地负重阶段出现机能障碍的跛行。是指患肢在着地、负重和离地瞬间的支柱阶段出现机能障碍的跛行，往往表现出不能负重、后方短步。

221. 混合跛是运动时，患肢在悬垂阶段和落地负重均出现不同程度的机能障碍。

222. 悬跛最基本的特征是抬不高和迈不远。腕跗关节抬举高度较健肢低下、拖拉前进，以健肢蹄印划分患肢的一步时，出现前半步缩短，临床称之为前方短步。前方短步、运步缓慢、抬腿困难是临床上确定悬跛的依据。

223. 支跛最基本特征是患肢负重时间缩短、肩负体重或避免负重。因为患肢落地负重时感到疼痛，故驻立时呈现减负体重、免负体重或两肢频频交替。在运步时患肢接触地面为了避免负重，对侧健肢就比正常运步时伸出得快，即提前落地，出现健肢蹄印划分患肢所走的一步时，呈现后半步缩短，临床称之为后方短步。

224. 间歇性跛行：是指马在开始运步时，一切正常，在劳动或乘骑过程中，突然发生严重的跛行，甚至不能站立，过一会儿跛行消失，以后运动中再次复发。间歇性跛行常发生于下动脉栓塞、习惯性脱位（如膝盖骨脱位）、关节石等。

225. 黏着步样：呈现缓慢短步，见于肌肉风湿、破伤风等。

226. 紧张步样：呈现急速短步，见于蹄叶炎。

227. 鸡跛：患肢运步呈现高度举扬，膝关节和跗关节高度屈曲，患肢在空间停留片刻后又突然着地如鸡行走的样子。

228. 上坡时跛行不会加重的是前肢支跛。

229. 动物出现缓慢短步见于风湿病。

230. 动物出现急速短步见于蹄叶炎。

231. 患肌肉风湿病时的跛行为黏着步样。

232. 马患破伤风时表现的跛行为黏着步样。

233. 马患蹄叶炎时的跛行为紧张步样。

234. 跛行诊断中确诊患肢的主要方法是视诊。

235. 奶牛滑倒后出现轻度跛行，应用跛行诊断法确定患肢，首先的方法是视诊。

236. 运动视诊确定马患肢支跛的依据是患肢着地时，头高举。

237. 马斜板试验常用于确诊疼痛的关节是蹄关节。

238. 在跛行诊断中，外周神经阻滞法不能诊断的疾病是神经麻痹。

239. 与马比较，牛跛行诊断的特有方式是躺卧视诊。

240. 急性骨膜炎病初的特征是骨膜的急性浆液性浸润。

241. 急性骨膜炎时，初期冷疗，后改用温热疗法和消炎剂。

242. 慢性骨膜炎，又分为纤维素性骨膜炎和骨化性骨膜炎两种。

243. 纤维性骨膜炎以骨膜表层和表、深层之间的结缔组织增生为特征。

244. 骨化性骨膜炎以病理过程由骨膜表层向深层蔓延为特征。早期用温热疗法及按摩，跛行严重的可使用刺激剂治疗。化脓性骨膜炎应全身应用抗生素治疗。

245. 四肢骨骨折的临床特点是肢体变形、异常活动、骨摩擦音、出血与肿胀、疼痛、功能障碍和全身症状。

246. 幼龄动物股骨骨折最常发生的部位是股骨干。

247. 骨折愈合可分为血肿进化演进期、原始骨痂形成期、骨痂改造塑形期这3个阶段。骨折的特有症状是异常活动。

248. 血肿进化演进期特征是局部充血、肿胀、疼痛和增温，骨折端不稳定。原始骨痂形成期特征是局部炎症消散，不肿不痛，骨折端基本稳定，病肢可稍微负重。X射线片上可见骨干骨折四周包围有梭形骨痂阴影，骨折线仍隐约可见。

249. 骨痂改造塑形期特征是原始骨痂由不规则的网状编织排列的骨小梁所组成。新骨形成后，骨折的痕迹在组织学或X射线片上可以接近完全消失。

250. 犬胫骨骨折特有的临床症状为患部异常活动。

251. 马蹄骨边缘骨折的主要病因是蹄刺伤。

252. 用夹板绷带进行四肢骨折外固定时，要求衬垫长、夹板短。

253. 关节透创的治疗原则是防止感染，及时合理地处理伤口，力争在关节腔未出现感染前闭合关节囊伤口。

254. 关节透创与非透创的鉴别方法是从创口对侧关节腔内注入生理盐水。

255. 关节扭伤是指关节在突然受到间接的机械外力作用下，超过了生理活动范围，过度伸展、屈曲或扭转而发生的关节损伤。

256. 关节挫伤是指机械外力直接作用于关节，引起关节皮肤的脱毛和擦伤。

257. 关节脱位的共同症状是关节变形、异常固定、关节肿胀、肢势改变、机能障碍。

258. 牛患髌骨脱位时多见上方脱位。

259. 小型犬患髌骨脱位时多见内方脱位。

260. 大型犬患髌骨脱位时多见外方脱位。

261. 膝内直韧带切断术的适应证是髌骨上方脱位。

262. 髌骨内方脱位：主要发生于小型犬。伫立时，患肢呈弓形腿，膝关节屈曲，趾尖向内，后肢呈不同程度的扭曲性畸形，小腿向内旋转，股四头肌群向内移位。

263. 髌骨外方脱位：患肢膝外翻，膝关节屈曲，趾尖向外，小腿向外旋转。

264. 髋关节前方脱位：大转子向前方突出，发生髋关节变形隆起，他动运动时可听到捻发音；站立时患肢外旋，运步强拘，患肢拖曳而行，肢抬举困难。

265. 髋关节外上方脱位：大转子明显向上方突出。运动时，患肢拖拉前进，并向外划大的弧形。

266. 髋关节后方脱位：站立时，患肢外展叉开，比健肢长，患侧臀部皮肤紧张，股二头肌前方出现凹陷沟，大转子原来位置凹陷，如突然向后牵引患肢时，可听到骨的摩擦音。

267. 髋关节内方脱位：直肠检查时可在闭孔内摸到股骨头。

268. 犬髌骨内方脱位确诊的方法是X射线检查。

269. 犬髌骨内方脱位手术通路为外侧滑车嵴，在外侧关节囊做一排伦勃特缝合，从接近髌骨远端1cm处开始缝合，向下至胫骨结节。如遇滑车沟变浅（习惯性内方脱位），可采用滑车沟成形术。

270. 髌骨外方脱位的手术复位的目的是加强内侧支持带和松弛外侧支持带。

271. 犬髋关节发育异常的手术治疗是施行骨盆三联截骨术；对于体重超过20kg以上建

议采取犬全髋关节置换。

272. 化脓性骨髓炎主要因骨髓感染葡萄球菌、链球菌或其他化脓菌而引起。
273. 脊髓损伤的主要原因是机械力的作用。
274. 脊髓损伤时，给动物静脉注射水合氯醛的目的是镇静。
275. 椎间盘突出临床上，以疼痛、共济失调、麻木、运动障碍或感觉运动的麻痹为特征。
276. 腱的主要机能是传导来自肌肉的运动和固定有关关节。
277. 肘头黏液囊炎的临床特点是生面团样。
278. 桡神经是以运动神经为主的混合神经。
279. 马膝内直韧带切断后，牵遛至少应保持2周以上。
280. 原发性皮肤病损害主要表现有斑点、斑、丘疹、结或结节、脓疱、风疹、水疱、大疱和肿瘤等9种。
281. 继发性皮肤病损害主要表现有鳞屑、瘢痕和糜烂、溃疡、表皮脱落、苔藓化、色素过度沉着、角化不全和黑头粉刺等。
282. 导致犬脓皮症的主要致病菌是中间型葡萄球菌。浅层脓皮症是犬常见的皮肤病。病灶多为圆形脱毛、圆形红斑、黄色结痂、丘疹、脓疱、斑丘疹或结痂斑。幼犬的脓皮症主要出现在前后肢内侧的无毛处，成年犬脓皮症的发病部位不确定，可见皮肤上出现脓疱疹、小脓疱和脓性分泌物。
283. 治疗犬细菌性脓皮症时，症状缓解后至少需要治疗7天。
284. 犬、猫真菌性皮肤病的病原主要是犬小孢子菌，其次是石膏样小孢子菌和须毛癣菌。
285. 猫最易患真菌性皮肤病的年龄是6月龄以下。
286. 诊断真菌感染常用Wood's灯（伍氏灯）、镜检和真菌培养。常用特比萘酚，轻症和小面积感染可敷酮康唑乳膏。
287. 犬马拉色菌病的主要临床表现是皮肤湿红，色素沉积和过度角质化，通常有难闻的气味。
288. 犬马拉色菌性皮炎患部的急性期特征是湿而红。一般使用2%酮康唑软膏涂擦，再用2%咪康唑涂擦，直至病变消退。
289. 犬慢性湿疹最易发生的部位是鼻梁。脱敏止痒可以肌内注射盐酸异丙嗪，或肌内注射盐酸苯海拉明。
290. 临床上犬、猫癣病诊断较合适的检查是伍氏灯检查。
291. 犬、猫发生甲状腺机能减退症时，皮肤出现异常脱毛。
292. 甲状腺机能减退性皮肤病主要发生于7岁左右的犬。
293. 肾上腺皮质机能亢进又称库兴氏综合征。

294. 肾上腺皮质机能亢进的主要表现是对称性脱毛，食欲异常，腹部膨大和多饮多尿。

295. 治疗肾上腺皮质机能亢进可口服氯苯二氯乙烷。

296. 在装蹄时如蹄钉从肉壁下缘、肉底外缘嵌入，损伤蹄真皮，即发生钉伤。临床表现为蹄部增温，指（趾）动脉亢进，敲打患部钉节或钳压钉头时出现疼痛反应，表现有化脓性蹄真皮炎的症候。

297. 蹄冠蜂窝织炎是指发生在蹄冠皮下、真皮和蹄缘真皮以及与蹄匣上方相邻被毛皮肤的真皮化脓性或化脓坏疽性炎症。患马在四肢蹄冠形成圆枕形肿胀，触诊有热、痛，蹄冠缘发生剥离。患肢表现为重度支跛。

298. 白线裂是指白线部角质的崩坏以及变性腐败导致蹄底和蹄壁发生分离。多发生于马或骡的前蹄蹄侧壁或蹄踵壁。举肢检查，白线部凹陷，在白线部充满粪、土沙。治疗原则是防治白线裂缝的加大和促进白线部角质的新生，合理削蹄不能削过白线。清除蹄底污物，患部涂以松馏油。

299. 远籽骨滑膜囊炎是远籽骨（舟状骨）滑膜囊的炎症。

300. 发生蹄叉腐烂的原因是蹄叉角质不良。

301. 蹄叉腐烂，运步时蹄尖着地，严重者呈三脚跳。

302. 发生在蹄真皮层的弥散性无败性炎症是蹄叶炎。站立时弓背，四肢收在一起，如前肢发病时，症状更加严重，后肢向前伸，达于腹下，以减轻前肢的负担。有时可见前肢交叉，以减轻两内侧指的负重。

303. 指（趾）间皮炎的特征是皮肤呈湿疹性皮炎症状，有腐败气味；指（趾）间皮肤增生的病变是形成舌状突起。

304. 腐蹄病又称为传染性蹄皮炎，为牛常见蹄病，其中以坏死杆菌引起的最为常见。

305. 正确持刀方式有4种：指压式、执笔式、全握式、反挑式。

306. 直型圆针用于胃肠、子宫、膀胱等空腔器官的缝合。

307. 弯圆针主要用于肌肉、内脏器官如肝、肾、脾等脆弱组织的缝合。

308. 弯针有一定弧度，操作方便，不需较大空间，适用于深部组织缝合。

309. 三角针适用于皮肤、腱及瘢痕组织缝合。

310. 使用苯扎溴铵（新洁尔灭）溶液浸泡器械消毒时，时间应不少于30min。

311. 0.1%苯扎溴铵溶液（新洁尔灭）浸泡消毒手术器械时，为防止生锈应添加的药物是0.5%亚硝酸钠。

312. 70%酒精用于浸泡器械，特别是用于有刃的器械，浸泡时间不少于30min，可达到理想的消毒效果。

313. 被细菌芽孢污染的器械至少煮沸60min，用10%甲醛溶液浸泡器械的时间为30min。

314. 手、臂的化学药品消毒最好是用浸泡法，以保证化学药品均匀而有足够的时间作用于手、臂的各个部分，浸泡和拭洗的时间不少于5min。

315. 手术器械灭菌首选的方法是高压蒸汽灭菌法。

316. 煮沸消毒时为了提高沸点，缩短灭菌时间，可在水中加入碳酸氢钠。

317. 持手术剪的正确姿势是拇指和无名指分别插入剪柄的两个环中。

318. 手术人员的准备与消毒顺序是更衣、戴手术帽和口罩、手臂消毒、穿无菌手术衣、戴无菌手套。

319. 用紫外线灯照射消毒手术室的时间为120min。

320. 手术室用乳酸熏蒸消毒时每立方米的用量为15mL。

321. 手术室用40%甲醛熏蒸消毒时每立方米的用量为2mL。

322. 手术室进行熏蒸消毒时使用的药物是40%甲醛。

323. 在治疗外科感染中使用的过氧化氢的浓度是3%。

324. 处理感染创口使用的高锰酸钾的浓度是0.5%。

325. 可用于阴道、肛门等处黏膜消毒的是0.1%高锰酸钾溶液。

326. 用聚乙烯酮碘喷雾消毒口、鼻黏膜的浓度是0.55%。

327. 用聚乙烯酮碘消毒皮肤的浓度是7.5%。

328. 属于季铵盐类消毒剂的是新洁尔灭。

329. 大动物术部剃毛的范围要超出切口20～25cm，小动物可在10～15cm的范围。

330. 术部消毒时，无菌手术，应由手术区的中心部向四周涂擦。

331. 术部消毒时，已感染的创口，则应由较清洁处涂向患处。

332. 术部消毒时，先碘酊涂擦后，再以70%酒精将碘酊擦去。

333. 将局部麻醉药滴洒、涂布或喷洒于黏膜表面，利用麻醉药的渗透作用，使其透过黏膜而阻滞浅在的神经末梢而产生麻醉，称为表面麻醉。多用于眼结膜和角膜以及口、鼻和直肠、阴道黏膜的麻醉。

334. 浸润麻醉时为减少药物吸收和延长麻醉时间可适量加入肾上腺素，也可用于心搏骤停时使用。

335. 浸润麻醉的方式包括直线浸润、菱形浸润、扇形浸润、基部浸润、分层浸润等方式。

336. 将局部麻醉药注射到神经干周围，使其所支配的区域失去痛觉而产生麻醉，称为传导麻醉。

337. 脊髓麻醉技术是指将局部麻醉药注射到硬膜外腔，阻滞脊神经的传导，使其所支配的区域无痛而产生麻醉。兽医临床的脊髓麻醉主要采取硬膜外注射，其适应证为难产救助，以及尾部和会阴、阴道、直肠与膀胱等手术。大动物中牛的硬膜外麻醉最为常用，其注射部位一般在第1、第2尾椎之间。犬、猫硬膜外腔麻醉以腰、荐椎间隙最为常用。

338. 麻醉时动物突然出现呼吸停止应立即静脉注射尼可刹米。

339. 乙醚对呼吸道黏膜有强烈的刺激性，故在全身麻醉前应给予阿托品。

340. 不作为表面麻醉药的是普鲁卡因。
341. 眼球后麻醉，常用的麻醉药是普鲁卡因。
342. 盐酸普鲁卡因在临床上用作传导麻醉时的浓度应为2%～5%。
343. 用2%盐酸普鲁卡因对牛进行硬膜外麻醉的适宜剂量是10～15mL。
344. 盐酸丁卡因主要用于表面麻醉。
345. 表面麻醉时使用的麻醉剂是0.5%丁卡因。
346. 做眼角膜麻醉时宜选用的药物是0.5%丁卡因。
347. 使用速眠新对犬进行麻醉，最常见的副作用是呕吐。
348. 全身麻醉前使用阿托品的目的是减少唾液分泌。
349. 阿托品用作犬麻醉前给药的剂量是0.04mg/kg。
350. 目前犬、猫临诊手术中常用的吸入麻醉剂是异氟烷。
351. 反映吸入麻醉药麻醉强度的指标是最低有效肺泡浓度。
352. 第Ⅰ期（朦胧期或随意运动期）此期是由麻醉开始至意识完全丧失止，继而转入第Ⅱ期。
353. 第Ⅱ期（兴奋期或不随意运动期）此期是由意识完全丧失至深而有规则的自主呼吸开始时止。
354. 第Ⅲ期（外科麻醉期）此期是深而有规则的自主呼吸开始至呼吸停止前的阶段。
355. 第Ⅳ期（延髓麻痹期）进入此期，麻醉已严重过量，临床上严禁发生。
356. 腹腔手术最理想的麻醉深度是第Ⅲ期2级。
357. 在给动物进行全麻时，不主张进入麻醉分期的外科麻醉期4级。
358. 马属动物首选注射用麻醉药是水合氯醛。
359. 主要用于草食动物，且具有很强的镇静、镇痛、肌松作用的化学保定药物是静松灵。
360. 牛皱胃左方变位整复术最常选用的镇静、镇痛、肌松剂为静松灵（赛拉唑）。
361. 6岁猫，施卵巢子宫切除术，用非吸入麻醉，其首选麻醉药是氯胺酮。
362. 稀释丙泊酚注射液时只能用5%葡萄糖。
363. 犬应用戊巴比妥钠麻醉，在苏醒阶段不可静脉注射葡萄糖溶液。
364. 结节缝合又称单纯间断缝合，适用于皮肤、皮下组织、筋膜、黏膜、血管、神经、胃肠道等的缝合。
365. 单纯连续缝合又称螺旋缝合，适用于皮下组织、筋膜、血管、胃肠道的缝合，以及无太大张力的较长创口的缝合。
366. 表皮下缝合，适用于小动物的皮肤缝合。
367. 十字缝合，适用于张力较大的皮肤缝合。
368. 伦勃特缝合法又称为垂直褥式内翻缝合，用于胃肠、子宫、膀胱等空腔器官浆膜肌层的缝合，也是胃肠手术的传统缝合方法。

369. 库兴氏缝合法又称为连续水平褥式内翻缝合，适用于胃、子宫浆膜肌层的缝合。

370. 康乃尔氏缝合法，用于胃、肠、子宫壁的全层缝合。

371. 直肠脱出手术治疗中肛门口常使用的缝合是荷包缝合。

372. 间断垂直褥式缝合和间断水平褥式缝合是适用于皮肤的减张缝合。

373. 犬表皮下缝合时，缝针要刺入真皮。

374. 肠线缝合打结后剪线时常保留线尾的长度是4～6mm。

375. 适用于胃肠、泌尿生殖道缝合，但不能用于胰脏手术缝合的材料是肠线。

376. 中度铬盐处理的肠线，植入体内开始吸收的时间一般为20天。

377. 丝线不可用于空腔器官的黏膜层缝合，也不能缝合被污染或感染的创伤。

378. 肌内注射0.3%凝血质注射液，以促进血液凝固。

379. 肌内注射维生素K注射液，以促进血液凝固，增加凝血酶原。

380. 肌内注射安络血注射液，以增强毛细血管的收缩力，降低毛细血管的通透性。

381. 肌内注射止血敏注射液，以增强血小板机能及黏合力，减少毛细血管渗透性。

382. 肌内或静脉注射对羧基苄胺，以拮抗血纤维蛋白的溶解，抑制纤维蛋白原的激活因子，使纤维蛋白溶酶原不能转变成纤维蛋白溶解酶，从而减少纤维蛋白的溶解，发挥止血作用。

383. 牛角神经传导麻醉的注射部位是额骨外侧嵴的下方。

384. 犬外耳道切除术是沿垂直耳道做一个U形皮肤切口。

385. 马副鼻窦蓄脓圆锯术治疗后，局部最佳护理方法是安置绷带。

386. 马副鼻窦手术的主要手术器械是圆锯。

387. 羊多头蚴包囊摘除术的术式是瓣状或U形切开皮肤。

388. 犬下眼睑外翻进行V-Y形矫正术时，应将分离的皮瓣进行结节缝合。

389. 手术切除脱出的第三眼睑腺时，其钳夹部位为突出物的基部。

390. 犬竖耳术的手术步骤为确定切除线、切除耳廓、缝合耳廓、固定耳廓。

391. 胸部食管阻塞时食管切开的术部在左侧第7～9肋骨。

392. 牛颈部前1/3与中1/3交界处的食管切开术，为充分暴露食管，需要分离肩胛舌骨肌，剪开深筋膜。

393. 食管缝合方法为第一层用可吸收缝线连续缝合全层，第二层仅对纤维肌肉层作间断缝合。

394. 牛瘤胃切开术后禁食时间为36～48h或以上。

395. 瘤胃手术过程中，从污染术转为无菌术的一步是胃壁缝合第二层。

396. 瘤胃手术过程中，从无菌术转为污染术的一步是瘤胃切开，瘤胃切开术和肠管切开术的手术过程都分为污染手术和无菌手术；都需要两套手术器械。

397. 左肷部中切口是适用于瘤胃积食手术的主要通路。

398. 左肷部前切口，适用于网胃探查、瓣胃阻塞和皱胃积食的胃冲洗术。

399. 左肷部后切口，适用于瘤胃积食兼作右侧腹腔探查术的手术通路。

400. 体型较大病牛的网胃探查与瓣胃冲洗术的手术通路为左肷部前切口。

401. 牛皱胃左方变位整复手术常用的保定方法是站立保定。

402. 肠壁切口缝合时，大动物用可吸收线做一层连续全层缝合后，再做一层浆膜肌层内翻缝合；小动物只做一层全层结节缝合。

403. 给马属动物作肠套叠整复术应行右侧卧保定。

404. 母犬膀胱手术常用的腹壁切口部位是耻前腹中线切口。

405. 犬膀胱切开术的切口缝合宜采用两层内翻缝合（浆膜肌层、黏膜肌层）。

406. 犬膀胱切开术时，公畜在阴茎旁2～3cm处做腹中线的平行切口5～10cm；母畜在耻骨前缘向前在腹白线上切开5～10cm。

407. 3月龄以上公鸡去势的术部宜在最后肋后缘。

408. 猪，45日龄，做去势术，按照常规方法摘除睾丸后，处理切口的方式为切口不缝合。

409. 以左侧髋结节确定小母猪小挑花术部时，术部位置距左侧乳头2～3mm。

410. 小公猪去势术多将猪左侧横卧，背向术者保定。

411. 进行小母猪小挑花时，使猪的下颌部、左后肢的膝盖骨至蹄构成一条直线。

412. 公猫去势时，切口应在阴囊的底部。

413. 犬猫卵巢子宫切除术的切口是由脐孔向后做4～10cm长的腹中线切口。

414. 3岁雌犬，因难产需施剖宫产术，以异氟醚进行全身麻醉，合理的麻醉深度应该是第Ⅲ期2级。

415. 子宫壁缝合时，第一道用库兴氏缝合法，第二道用伦勃特氏缝合法。

416. 膝内直韧带切断术的适应证是髌骨上方脱位。

417. 适用于马、牛的膝盖骨上方脱位整复的手术是膝内直韧带切断术。

418. 犬髋关节脱位整复手术中，切除大转子的骨切线与股骨长轴呈45°。

419. 牛跗关节过度屈曲可能为跟腱断裂。

420. 犬股骨头切除术是指切除股骨头和股骨颈。

421. 犬股骨骨折内固定时，使用最多的髓内针类型是圆形。

422. 犬下颌骨体正中联合处骨折最合适的治疗方法是用不锈钢丝固定。

423. 牛硬膜外麻醉注射部位多为第1、第2尾椎之间。

424. 手术治疗马腹股沟阴囊疝的最佳切口部位是阴囊颈部正外侧。

425. 马驹脐疝修补术的适宜保定方式是仰卧保定。

426. 猫截爪术中应该截断第3节指（趾）骨。

427. 犬的悬指又称悬爪或副爪，是犬的第一指（趾）。

428. 犬唾液腺囊肿摘除术后，局部应装引流管。

429. 给犬、猫做肠管吻合术最好的缝合方法是压挤缝合。

430. 一般给犬做外科手术时需要禁食不超过12h。

431. 非紧急手术前小动物禁食的时间是12h。

432. 非紧急手术前大动物禁食的时间是24h。

433. 止血带止血时，其保留的时间不得超过2~3h。

434. 治疗肠变位的原则是镇痛、补液、减压和强心，并适当纠正酸中毒。

435. 治疗结膜炎的原则是除去病因；将患病动物放在光线暗淡的房间或装眼绷带，但分泌量多时不可装置眼绷带；3%硼酸清洗患眼；使用抗生素眼药等方法。

436. 直肠脱出在采用手术治疗前对其进行清洗，适宜的药物是0.25%温热的高锰酸钾溶液或1%明矾溶液，清洗患部除去污物或坏死黏膜。

437. 犬急性胃扩张的治疗方法为手术整复，先插入胃管或穿刺排气，然后开腹整复，固定胃部（胃固定术）防止病情反复。

438. 在动物齿数定额以外所新生的牙齿均称为赘生齿。

439. 牙齿更换不正常是动物在更换牙齿的时候，门齿或前臼齿的乳齿遗留而恒齿并列地发生于乳门齿的内侧。

440. 牙齿失位是颌骨发育不良，齿列不整齐，表现牙齿齿面不能正确相对。凡先天性的上门齿过长，突出于下颌者称为鲤口；而下门齿突出前方者称为鲛口。

441. 齿间隙过大多因先天性牙齿发育不良而造成。

442. 斜齿（镜齿）是由下颌过度狭窄及经常限于一侧臼齿咀嚼而引起的，严重的斜齿称为剪状齿。

443. 过长齿是臼齿中有一个特别长，突出至对侧，常发生在对侧臼齿短缺的部位。

444. 凡是臼齿磨灭不正而造成的上下臼齿咀嚼面高低不平呈波浪状称为波状齿。

445. 阶状齿原理同波状齿，只是形成如同阶梯的病齿。

446. 滑齿指臼齿失去正常的咀嚼面。

第十四章
兽医产科学

1. 松果腺激素，主要包括褪黑素和8-精催产素。
2. 丘脑下部激素，包括促性腺素释放激素、促乳素释放因子和促乳素抑制因子。
3. 垂体前叶激素，包括促卵泡素、促黄体素和促乳素。
4. 垂体后叶激素，主要包括催产素和血管加压素（抗利尿激素）。
5. 胎盘促性腺激素，包括马绒毛膜促性腺激素和人绒毛膜促性腺激素。
6. 性腺激素，主要包括雌激素、孕激素、雄激素、松弛素、抑制素等。
7. 局部激素主要指前列腺素。
8. 皮下埋植可使绵羊繁殖季节提早6～7周，并能缩短乏情期的是褪黑素（MLT）。
9. 可诱导产后乏情母牛发情的激素是促性腺素释放激素（GnRH）。
10. 用于抱窝母鸡催醒的激素是促性腺素释放激素。
11. 在胚胎移植技术中，对供体动物进行超数排卵处理，必须配合治疗的药物是促卵泡素和促黄体素。
12. 促卵泡素（FSH）是由垂体前叶的嗜碱性A细胞分泌的，又称促卵泡刺激素或促卵泡成熟素。
13. 促黄体素（LH）主要由垂体前叶嗜碱性B细胞所产生，又称促黄体生成素，在公畜又称为间质细胞刺激素。
14. 促乳素（PRL或Pr）又称促黄体分泌素（LTH），是一种单链纯蛋白质激素。
15. 催产素（OT）化学结构为九肽，主要形成于丘脑下部的视上核和室旁核。储存于垂体后叶。
16. 促进乳汁从乳腺腺泡进入乳池的激素是催产素。
17. 催产素临床上主要应用于诱导同期分娩、提高配种受胎率、终止误配妊娠、治疗产科病和母畜繁殖疾病。
18. 睾丸产生的激素主要是雄激素；卵巢产生的激素主要是雌激素、孕酮和松弛素。
19. 雌激素主要应用于动物催情、治疗子宫疾病、诱导泌乳和化学去势等。
20. 松弛素（RLX）是一种多肽，其结构类似胰岛素，由A和B两条肽链组成。
21. 通过测定母畜血浆、乳汁或尿液中孕酮的含量，有助于判断母畜的繁殖机能状态。
22. 人绒毛膜促性腺激素主要应用于促进卵泡发育、成熟和排卵，增强超数排卵的同期排卵效果和治疗繁殖障碍。生理作用类似于促卵泡素和促黄体素作用，但以促黄体素样作用为主。

23. 人绒毛膜促性腺激素主要来源于早期孕妇绒毛膜滋养层的合胞体细胞，由尿中排出。

24. 马绒毛膜促性腺激素主要应用于催情、同期发情、超数排卵和治疗卵巢疾病。生理作用类似于促卵泡素和促黄体素作用，但以促卵泡素样作用为主。

25. 给精液稀释液中加入前列腺素（PGs）可提高受胎率，给冷冻精液中加入PGs可以提高妊娠率和产羔数。

26. 初情期是母畜初次表现发情并发生排卵的时期。初情期时，母畜虽已开始具有繁殖能力，但生殖器官尚未发育充分，功能也不完全。母畜生长发育到一定年龄，生殖器官已经发育完全，生殖机能达到了比较成熟的阶段基本具备了正常的繁殖功能，称为性成熟。

27. 母畜的繁殖适龄期是指母畜既达到性成熟，又达到体成熟，可以进行正常配种繁殖的时期。体成熟是指母畜身体已发育完全并具有雌性成年动物固有的特征与外貌。

28. 母畜至年老时，繁殖功能逐渐衰退，继而停止发情，称为绝情期。

29. 家畜达到体成熟时，应进行配种，开始配种时的体重应为其成年体重的70%~80%。

30. 单次发情的动物是犬；多次发情的动物是猪和牛；季节多次性发情的动物是马和绵羊。

31. 发情周期四期分法：根据母畜在发情周期中生殖器官所发生的形态学变化将发情周期分为发情前期、发情期、发情后期和发情间期。

32. 发情周期三期分法：根据母畜发情周期中生殖器官和性行为的变化，将发情周期分为兴奋期、抑制期和均衡期。

33. 发情周期二期分法：根据母畜发情周期中卵巢上卵泡和黄体的交替存在，可将发情周期分为卵泡期和黄体期。

34. 卵的透明带周围有排列成放射状的柱状上皮细胞，形成放射冠；称为成熟卵泡的是格拉夫氏卵泡。

35. 家畜在卵子生成过程中，1个初级卵母细胞仅发育成1个成熟卵子，而在精子发生中，1个初级精母细胞可形成4个精子。

36. 自发性排卵的动物是牛、羊、马、猪。

37. 排卵后自然形成功能性黄体的动物是牛、羊、马、猪等家畜；排卵后需经交配才形成功能性黄体的动物是啮齿类动物。

38. 经交配引起排卵的动物是猫、兔、貂。

39. 精液诱导排卵动物，见于驼科动物，其排卵依赖于精清中的诱导排卵因子。

40. 光照对发情活动影响最敏感的动物是马。

41. 家畜中唯一排卵发生在发情停止后的动物是牛。

42. 黄体退化首先是以孕酮下降为标志的功能性退化，随后是以黄体组织破坏和清除为标志的结构性退化。

43. 断奶母猪出现阴唇肿胀、阴门黏膜充血、阴道内流出透明黏液。最应做的检查是静立反射检查。

44. 绵羊的发情周期平均为17d，山羊平均为21d。

45. 母犬第一次接受公犬交配是发情开始的标志。

46. 在生产中一般两次输精间隔时间为牛、羊8～10h，猪12～18h，马隔日配种。

47. 母马发情持续的时间为5～7天。

48. 一般而言，发情持续时间较长且发情症状明显的动物是猪。

49. 人工授精受胎率的高低主要取决于精液品质、输精时间、输精技术和输入的有效精子数量。

50. 精液常用的缓冲剂有柠檬酸钠、酒石酸钾钠、磷酸二氢钾。

51. 精液常用的抗冻剂是甘油、二甲基亚砜。

52. 精液常用的抗生素是青霉素、链霉素。

53. 精液的稀释剂是0.9%生理盐水。

54. 猪新鲜精液液态保存的适宜温度为15～20℃。

55. 猪精子在生殖道内维持受精能力的最长时间是24～72h，牛精子在生殖道内维持受精能力的最长时间是28～50h，犬精子在生殖道内维持受精能力的最长时间是48h。

56. 胚胎的质量鉴定方法有形态学法、荧光活体染色法和测定代谢活性法等。目前最广泛、最实用的方法是形态学法。

57. 目前，胚胎移植主要采用非手术移植是牛。

58. 牛采用直肠把握法输精，尽可能将输精管插入子宫颈管，精液输入子宫颈内口或子宫体中。

59. 猪的输精管容易通过子宫颈皱襞进入子宫体，缓慢注入精液防止外流。

60. 绵羊输精时可将一后肢提起，这样在用开腔器扩开阴道时比较容易暴露子宫颈口，输精管可插入外口内1～2cm输精。

61. 胚胎移植技术要经过供体超数排卵处理、受体同期发情处理、配种（输精）、胚胎回收（采卵）和移植胚胎（移卵）5个步骤。

62. 受精是指精子和卵子结合的过程，是动物个体发育的开始，包括一系列严格按照顺序完成的步骤，精-卵相遇、识别与结合、精-卵质膜融合、多精子入卵阻滞、雄原核与雌原核发育和融合。

63. 牛、羊等反刍动物属阴道授精型，精液射入阴道内；猪和马则属于子宫授精型，大部分精液射精时直接进入子宫内。

64. 精子和卵子相遇并结合的部位是在输卵管上1/3的壶腹部。家畜精子获能的最主要部位是子宫输卵管的结合部。

65. 哺乳动物刚射出的精子尚不具备受精的能力，只有在雌性生殖道内运行过程中发生进一步充分成熟的变化后，才获得受精能力，此现象称为精子获能。

66. 子宫授精型的动物，精子获能开始于子宫但在输卵管最后完成。阴道授精型的动物，精子获能始于阴道，当子宫颈开放时，流入阴道的子宫液可使精子获能，但获能最有效的部位是子宫和输卵管。

67. 获能后的精子，精子顶体外膜与卵子质膜多点融合，释放顶体内的水解酶类，以便精子穿入卵子，这一胞吐过程被称为顶体反应。

68. 精子获能时明显的变化在尾部，表现为超激活运动；顶体反应则发生在精子的头部。只有获能精子才能与卵子透明带相互作用，并进一步完成顶体反应。顶体反应完成后，精子才真正具有穿过透明带的能力。

69. 皮质反应是正常情况下，只要有一个精子入卵后，卵子皮质颗粒内容物就从精子入卵点释放并迅速在卵周隙内向四周扩散，使透明带硬化并形成皮质颗粒膜；同时，精、卵质膜的融合改变了卵质膜的性质，阻止了多精受精。

70. 卵子受精时，阻止多精子入卵的机制：透明带反应和卵质膜反应、皮质颗粒膜形成。

71. 受精结束和胚胎开始发育的标志是染色体第一次有丝分裂形成纺锤体；与卵子激活有关的最主要离子是Ca^{2+}。

72. 精子在家畜体内，一般可存活1~2d，但马可达6d，禽类精子在体内存活时间较长，如公鸡的精子在母鸡生殖道内可存活30d以上。

73. 精子与卵子相遇，精子穿过放射冠、透明带、卵黄膜并激活卵子。当精子进入卵黄膜（又称卵质膜）时，卵黄膜立即发生紧缩、增厚，并排出部分液体进入卵周隙的变化，又称卵黄膜封闭作用、多精子入卵阻滞。

74. 马的妊娠期平均为340天。牛的妊娠期平均为280~282天。绵羊的妊娠期平均为150天。山羊的妊娠期平均为152天。猪的妊娠期平均是114天。犬的妊娠期平均是62天。猫的妊娠期平均是58天。

75. 维持妊娠的重要激素是孕酮。孕酮产生于黄体或胎盘，或者二者都产生，动物的种类不同，维持妊娠的孕酮来源也有差异。

76. 马属动物和灵长类动物的妊娠黄体不足以产生维持怀孕所需的孕酮，因此在妊娠的过程中胎盘产生的孕酮起重要作用。

77. 反刍动物妊娠早期黄体功能的维持，有赖于孕体多肽的合成与分泌，胚泡的存在对延长黄体的寿命非常重要。

78. 猪的胚泡能产生雌激素，使母体产生妊娠识别。

79. 牛整个妊娠期都有黄体存在，妊娠黄体同周期黄体没有显著区别。

80. 马和灵长类动物妊娠识别是胎盘产生孕酮。

81. 马通常在妊娠100天黄体消失，由胎盘分泌孕酮。

82. 所有动物妊娠后子宫体积和重量都增加。羊子宫壁变薄最明显，马的尿膜绒毛膜囊通常进入未孕角，占据全部子宫，所以未孕角也扩大；牛、羊的尿膜绒毛膜囊有时仅占据一部分未孕角，或不进入未孕角，未孕角扩大不明显。

83. 马、牛妊娠后，阴道黏膜变苍白，表面覆盖着黏稠的黏液而感干燥。近分娩时则变得很短而宽大，黏膜充血、柔软、轻微水肿。

84. 直肠检查法是大家畜早期妊娠诊断最准确、有效的方法之一。

85. 普遍采用玫瑰花环抑制试验来测定早孕因子（EPF）的含量。早孕因子是妊娠早期母体血清中最早出现的一种免疫抑制因子，交配受精后6~43h即能在血清中测出。

86. 采用孕酮含量测定法对牛进行早期妊娠诊断的最早时间，一般是在妊娠后24天。

87. IFN-τ是牛、绵羊、山羊母体妊娠识别的信号，是反刍动物的抗溶黄因子。

88. 犬于配种后第3天终止妊娠，可肌肉注射雌激素。

89. 提示奶牛分娩的特征征兆是漏乳。

90. 胎儿的丘脑下部-垂体-肾上腺轴对分娩起着重要的作用。

91. 牛从分娩前约1周升始，阴唇逐渐柔软、肿胀，增大2~3倍，皱襞展平。分娩前1~2d子宫颈开始胀大、松软。封闭子宫颈管的黏液软化，流入阴道，有时吊在阴门之外，呈透明索状。

92. 山羊产前数小时或十余小时阴唇才显著增大，产前排出黏液。

93. 猪阴唇的肿大开始于产前3~5d，产前数小时有时排出黏液。

94. 马和驴阴道壁松软、变短明显，黏膜潮红，黏液由黏稠变为稀薄、滑润，但无黏液外流现象。阴唇在产前十余小时开始胀大。

95. 犬臀部坐骨结节处下陷，外阴部肿大、充血。阴道和子宫颈变柔软。由逐渐扩张的子宫颈口流出水样透明黏液，同时伴有少量出血。

96. 牛荐坐韧带后缘变得非常松软，外形消失，荐骨两旁组织塌陷，在此仅能摸到一堆松软组织。

97. 山羊荐坐韧带软化明显，荐骨两旁各出现一条纵沟，手拉尾根可上下活动。

98. 猪荐坐韧带后缘变得柔软。

99. 马、驴荐坐韧带后缘变柔软，因臀肌肥厚，尾根活动性不明显。

100. 犬骨盆和腹部肌肉的松弛是可靠的临产征兆，臀部坐骨结节处肌肉下陷。

101. 产力指将胎儿从子宫中排出的力量，由子宫肌及腹肌有节律的收缩共同完成。子宫肌的收缩称为阵缩，是分娩过程中的主要动力。腹壁肌和膈肌的收缩称为努责，在分娩中与子宫收缩协同，对胎儿的产出起着十分重要的作用。

102. 产道是胎儿产出的必经之路，由软产道和硬产道共同组成。软产道是指由子宫颈和阴道、前庭和阴门这些软组织构成的管道；硬产道是指骨盆，分娩是否顺利，和骨盆的大小、形状、能否扩张有重要的关系。

103. 胎向是胎儿身体纵轴与母体纵轴的关系。胎向有纵向、横向和竖向三种。纵向是指胎儿的纵轴与母体的纵轴互相平行。纵向分为正生和倒生两种。

104. 正生是指胎儿的方向和母体的方向相反，头和（或）前腿先进入或靠近盆腔。

105. 倒生是指胎儿的方向和母体的方向相同，后腿或臀部先进入或靠近盆腔。

106. 横向是指胎儿横卧于子宫内，胎儿的纵轴与母体的纵轴呈十字形的垂直。

107. 竖向是指胎儿的纵轴向上与母体的纵轴垂直。

108. 纵向是正常的胎向，横向和竖向是反常的胎向。

109. 胎位是胎儿的背部和母体的背部或腹部的关系。

110. 上位是指胎儿伏卧在子宫内，背部在上，接近母体的背部及荐部。

111. 下位是指胎儿仰卧于子宫内；背部在下，接近母体的腹部及耻骨。

112. 侧位是指胎儿侧卧于子宫内，背部位于一侧，接近母体左或右侧腹壁及髂骨。一般来说上位是正常的。头部通过母体盆腔最为困难。

113. 分娩过程分为子宫开口期也称宫颈开张期、胎儿产出期、胎衣排出期。

114. 马的胎衣排出期为5~90min；猪的胎衣分两堆排出，胎衣排出期平均为30min，但也有的达1.5~2h；牛为2~8h，最长一般认为不超过12h；绵羊为0.5~4h；山羊为0.5~2h。

115. 新生仔畜的处理：擦去口鼻腔内的羊水防止窒息、擦干全身注意防寒保暖、处理脐带和帮助哺乳；产后期生殖器官中变化最大的是子宫。

116. 各种家畜产后子宫复旧的时间：奶牛为26~52d，肉牛为38~56d，水牛为39d左右，羊为20~25d，马为12~14d，猪为25~28d，犬为产后4周。

117. 恶露是指母畜分娩后，子宫黏膜发生再生，再生过程中变性脱落的母体胎盘和残留在子宫内的血液、胎水，以及子宫腺的分泌物被排出来的现象。正常恶露有血腥味，但不臭。

118. 母牛分娩后，恶露排出时间为10~12d，超过3周仍有分泌物排出则视为病态，马是在分娩后2~3d排尽恶露。绵羊的恶露不多，但分泌物排出时间需5~6d。母猪产后恶露很少，在产后2~3d即停止排出。犬由于子宫绿素，产后早期排出的恶露为绿色，在12h内转变为血色、黏液状。

119. 先兆性流产主要表现为阴唇稍微肿胀，阴门内有清亮黏液排出，孕畜出现腹痛，起卧不安，呼吸和脉搏加快。处理原则为使用抑制子宫收缩药安胎，如肌内注射孕酮，连用数次。习惯性流产可在妊娠的一定时间试用孕酮和硫酸阿托品。同时给予镇静药物如氯丙嗪。另外禁止阴道检查，减少直肠检查次数。

120. 延期流产：对于胎儿干尸化或胎儿浸溶，可以使用前列腺素制剂，随后使用雌激素溶解黄体，促使子宫颈扩张，向产道内灌入润滑剂，以便胎儿排出。

121. 隐性流产：加强管理，补充维生素和微量元素，妊娠早期，视情况补充孕酮或人绒毛膜促性腺激素，在发情期间，用抗生素冲洗子宫。

122. 妊娠中断后，由于黄体没有退化，仍维持其机能，子宫颈不开张、无微生物侵入，死亡胎儿组织中的水分及胎水被吸收，变为棕黑色，好像干尸一样，母牛往往无临床症状。

123. 胎儿浸溶是指由于妊娠中断后，黄体退化，子宫颈管开张后细菌侵入子宫，死亡胎儿的软组织分解，变为液体流出，骨骼则留在子宫内。表现为母牛极度消瘦，经常努责，阴门排出红褐色或棕褐色难闻的黏稠油状液体，其中可夹有小骨片，最后可能排出脓汁。

124. 孕畜浮肿指妊娠末期孕畜腹下、后肢以及乳房等处发生水肿。生理性浮肿一般发生于分娩前1个月左右，产前10d变得显著，分娩后2周可自行消退；病理性浮肿则持续数月或者整个分泌期。

125. 阴道脱出是指阴道底壁、侧壁和上壁的一部分组织、肌肉出现松弛扩张，子宫和子宫颈随着向后移动，松弛的阴道壁形成皱襞堵于阴门内或突出于阴门外的疾病。

126. 犬阴道增生脱出多发生在发情期。

127. 绵羊妊娠毒血症是指妊娠末期母羊由于碳水化合物和脂肪酸代谢障碍而发生的一种以低血糖、酮血症、酮尿症、虚弱和失明为主要特征的代谢病。主要发生于妊娠最后1个月，多在分娩前10～20d，有时在分娩前2～3d。本病主要见于母羊怀双羔、三羔或胎儿过大，母羊不能满足需要时，可诱发该病。本病是发生在妊娠期间，酮病一般发生在分娩后，这是重要区别。

128. 马属动物妊娠毒血症是驴、马妊娠末期的一种代谢性疾病，主要特征是产前顽固性食欲渐减，忽有忽无，或者突然、持续地完全不吃不喝。病驴的血浆呈不同程度的乳白色，表面带有灰蓝色，病马血浆呈现暗黄色奶油状。

129. 黄体酮具有保胎安胎作用，用于治疗预防早产流产。

130. 阴道脱出较少见于马，多发生于牛，其次是羊和猪。

131. 胎儿活力不强或接近死亡，反射逐渐消失，前肢的反射最先消失，眼球反射消失的时间最晚。

132. 正生时牵引两前腿和头，当两前腿和头已经通过阴门时可只牵引两前腿。对于大家畜，应将拉绳拴在其两前腿球节的上方，若在球节下方拴绳，易将蹄部拉断。

133. 倒生时，对大家畜拉绳应拴在两后肢球节上方，轮流拉两条腿。

134. 截胎术是为了缩小胎儿体积而肢解或除去胎儿身体某部分的手术。适于胎儿已经死亡且产道尚未缩小。若胎儿活着、母畜体况尚可，建议做剖宫产术。

135. 犬的剖宫产术全身麻醉配合局部麻醉，仰卧保定，脐后腹中线切口。

136. 外阴切开术主要适用于阴门明显阻止胎儿的排出，阴门明显妨碍进行矫正或牵引，胎儿过大或巨型胎儿，阴门发育不全或阴门损伤而扩张不全等情况。

137. 原发性子宫弛缓指分娩一开始子宫肌层收缩力就不足。

138. 继发性子宫弛缓指开始时子宫阵缩正常，以后由于排出胎儿受阻或子宫肌疲劳等导致的子宫收缩力变弱或弛缓。

139. 治疗子宫弛缓对猪、羊、犬等小动物常用药物催产，但大家畜多使用牵引术。用药时母畜的子宫颈必须充分扩张，骨盆无狭窄或其他异常，胎向、胎位、胎势均无异常，否则子宫剧烈收缩可能使其破裂。

140. 子宫弛缓常用药物为催产素。麦角新碱可引起子宫强直性收缩，不常用。在应用催产素前30min可静脉滴注葡萄糖溶液和钙剂。

141. 子宫痉挛是指母畜在分娩时子宫壁的收缩时间长、间隙短、力量强烈，或子宫肌出现痉挛性的不协调收缩，形成狭窄环。子宫肌强烈的收缩可导致胎膜囊破裂过早，出现胎水流失。用指尖掐压病畜的背部皮肤，以减缓努责。

142. 子宫颈开张不全是指分娩过程中子宫颈管不能充分扩张，由此导致胎儿难以通过而发生难产。牛和羊最常见。临床表现为母畜已具备了分娩的全部预兆，阵缩、努责也正常，但长久不见胎儿排出有时也不见胎水与胎膜。产道检查发现阴道柔软而有弹性，但子宫颈管轮廓明显。

143. 阴道、阴门及前庭狭窄表现为在阵缩和努责正常的情况下，胎儿长久排不出来。阴道检查，在阴道某些部位有狭窄，在狭窄部位之前，可以触摸到胎儿的前置部分。

144. 骨盆狭窄表现为虽然胎水已经排出，阵缩、努责也强烈，但排不出胎儿。阴道检查时骨盆腔较正常动物窄，软产道及胎儿均无异常。

145. 临产时的子宫捻转，孕畜可出现正常的分娩预兆与表现，但腹痛不安比正常分娩时严重。产道内无胎膜和胎儿前置器官。

146. 子宫颈前捻转，直肠检查时在耻骨前缘摸到软而实的捻转子宫体，阔韧带从两旁向此捻转处交叉，其中一侧韧带位于前上方，另一侧则位于后下方。

147. 子宫颈后捻转，阴道腔越向前越狭窄，阴道壁的前端呈螺旋状皱褶。螺旋状皱褶从阴道背部开始向哪一侧旋转则子宫就向该方向捻转。

148. 产道内矫正是救治子宫捻转引起难产最常用的方法。母畜站立保定，前低后高，必要时后海穴麻醉。

149. 直肠内矫正子宫捻转需要站立保定，前低后高，第1~2尾椎间隙脊髓麻醉。

150. 直接翻转母体法是子宫向哪一侧捻转，使母畜卧于哪一侧。

151. 剖腹矫正子宫捻转时大动物仰卧保定，沿腹白线右侧切口，不宜矫正者改为右侧卧保定，行剖宫产。小动物做脐后腹白线切开，行矫正术或剖宫产。

152. 子宫捻转禁止采用牵引术，可采取翻滚母体或手术疗法。

153. 胎儿过大分娩开始时，母畜阵缩及努责均正常，有时见到两蹄尖露出阴门外但排不出胎儿来。产道、胎向、胎位和胎势均正常，只是胎儿的大小与产道不适应。如经牵引术难以将胎儿拉出且胎儿活着应进行剖宫产。若胎儿已死亡多用截胎术。

154. 奶牛难产，产道检查胎儿呈正生时，判断胎儿是否死亡最常用的方法是手指伸入胎儿口腔，检查有无吞咽和舌回缩反应。

155．奶牛剖宫产术侧卧保定合理的切口是平行左乳静脉白线旁切口。

156．奶牛剖宫产手术，子宫壁切口的缝合方法是浆膜肌层连续内翻缝合。

157．与其他动物相比，牛胎衣不下发生率较高的主要原因是胎盘组织构造。

158．阴道及阴门损伤的病畜表现出极度疼痛的症状，尾根高举，拱背并频频努责。阴门损伤症状明显，撕裂的创口边缘不整齐、出血，周围组织肿胀，阴门内黏膜变成紫红色并有血肿。

159．子宫颈损伤表现产后有少量鲜血从阴道内流出，如撕裂不深，见不到血液外流，仅在阴道检查时才能发现阴道内有少量鲜血。

160．子宫脱出是指子宫角的前端全部翻出于阴门之外的疾病。子宫脱出多见于产程的第三期，有时则在产后数小时之内发生。一般子宫脱出整复法是将脱出的子宫还纳回腹腔，首先抬高后躯，牛体位保持前低后高姿势用温消毒液对脱出子宫、外阴和尾根区域充分清洗消毒，除去黏附的污物和坏死组织，涂以抑菌防腐药。同时子宫腔内放置抗生素，施行荐尾间硬膜外麻醉，将脱出的子宫还纳回腹腔。整复后肌肉注射催产素和肾上腺素可降低死亡率。

161．牛、羊胎盘属于上皮绒毛膜与结缔组织绒毛膜混合型胎盘，胎儿胎盘与母体胎盘联系比较紧密是胎衣不下多见于牛、羊的主要原因。

162．奶牛生产瘫痪主要发生于饲养良好的高产奶牛。特征是低血钙、体温降低，全身肌肉无力，知觉丧失及四肢瘫痪。头颈姿势不自然，由头部至鬐甲呈S状弯曲。静脉注射钙剂或乳房送风是治疗生产瘫痪最有效的常用疗法，治疗越早疗效越高。

163．在干奶期中，最迟从产前2周开始，给母牛饲喂低钙高磷日粮，减少日粮中摄取的钙量，是预防生产瘫痪的有效方法。

164．产后低钙血症又称产后癫痫、产后子痫或产后痉挛等，是以低血钙和运动神经异常兴奋引起的肌肉痉挛为特征的严重代谢性疾病，多发于产后1～3周的产仔数较多或体型较小的母犬。日粮中缺少含钙的食物和维生素D是主要的原因。血液检查血清中钙含量在7mmol/L以下。

165．牛产后截瘫是指牛在分娩的过程中由于后躯神经受阻，或者由于钙、磷及维生素D不足而导致产后后躯不能起立的严重代谢性疾病。

166．产后子宫内膜炎直肠检查，感到子宫角比正常产后期的大，壁厚，子宫收缩反应减弱。子宫颈稍开张，有时可见胎衣或有分泌物排出。

167．卵巢机能减退主要表现为发情周期延长或者长期不发情，发情的外表症状不明显或者出现发情症状，但不排卵。直肠检查卵巢的形状和质地没有明显的变化，但摸不到卵泡或黄体，有时只可能在一侧的卵巢上感觉到有一个很小的黄体遗迹。

168．安静发情是卵巢机能不全的一种表现。

169．卵巢组织萎缩表现母畜不发情，卵巢往往变硬，体积显著缩小，母牛的仅如豌豆一样大，母马的如鸽蛋大，卵巢中既无卵泡又无黄体。子宫的体积也会缩小。

170. 卵泡交替发育的外表发情症状，随着卵泡发育的变化有时旺盛有时微弱，连续或断续发情，发情期拖延很长。

171. 治疗持久黄体的首选激素是前列腺素F2α（PGF2α）。

172. 黄体囊肿壁较厚，卵泡囊肿壁较薄。

173. 慕雄狂是卵泡囊肿的一种症状表现，其特征是持续而强烈地表现发情行为。

174. 卵泡囊肿常见的特征症状之一是荐坐韧带松弛，生殖器官常常肿胀且无张力，阴唇松弛、阴蒂肿大。

175. 隐性子宫内膜炎不表现临床症状，子宫无肉眼可见的变化，直肠检查及阴道检查无异常变化，发情期正常，但屡配不孕。一般通过检查冲洗回流液，将冲洗回流液静置后发现有沉淀，或偶尔见到有蛋白样或絮状浮游物，即可做出诊断。

176. 慢性卡他性子宫内膜炎发情周期正常，但屡配不孕或者发生早期胚胎死亡。从子宫及阴道中常排出一些黏稠浑浊的黏液，卧地时排出量较多。子宫黏膜松软肥厚，冲洗子宫的回流液混浊，很像清鼻液或淘米水。

177. 慢性卡他性脓性子宫内膜炎表现为精神不振，食欲减少，逐渐消瘦，体温略高，发情周期不正常，阴门中经常排出灰白色或黄褐色的稀薄脓液或黏稠脓性分泌物。

178. 慢性脓性子宫内膜炎阴门中经常排出脓性分泌物，在卧下时排出较多。排出物污染尾根、阴门周围及跟骨飞节，形成污秽结痂。

179. 子宫积液是指子宫内积有大量棕黄色、红褐色或灰白色的稀薄或黏稠液体，蓄积的液体稀薄如水者，也称子宫积水。B超探查，可见双侧子宫角增粗，内有液性暗区。

180. 子宫积脓的特征性症状是乏情，卵巢上存在持久黄体及子宫内积有脓性和黏脓性液体，在躺下或排尿时从子宫中排出脓液，并黏附在尾根或后肢上，甚至结成干痂。

181. 患慢性子宫内膜炎时，使用氯前列烯醇，可促进炎症产物的排出和子宫功能的恢复。

182. 多发子宫蓄脓的动物是犬。

183. 闭锁型子宫蓄脓的最适治疗方案是手术摘除。

184. 促进犬开放型子宫蓄脓脓液排出的最适治疗方案是激素疗法。一般使用前列腺素治疗，同时使用抗生素。

185. 某动物个体的性腺同时具有睾丸和卵巢组织，这种情况属于XX真两性畸形。

186. 公牛精囊腺炎综合征的常用诊断方法是直肠检查。

187. 新生仔畜溶血病多发生于仔猪。

188. 双侧隐睾者不育，单侧隐睾者可能具有生育力。

189. 羊附睾炎是公羊常见的一种生殖疾病，以附睾出现炎症并可能导致精液变性和精子肉芽肿为特征。

190. 前列腺炎：腹部及直肠触诊前列腺时表现疼痛，手指探查发炎的腺体时可感知增温、敏感与波动。直肠检查前列腺出现对称性或不对称性肿大，触压疼痛，质地软或有波动感。X射线检查可见前列腺增大和前列腺矿物化（密度增加）。

191. 新生仔畜窒息又称假死，刚出生的仔畜出现呼吸障碍，或无明显呼吸而仅有微弱心跳。此病常见于马和猪，若抢救不及时，会导致死亡。迅速擦净或吸出仔畜鼻孔及口腔内的羊水，也可将仔畜后肢提起来抖动并有节律地轻压胸腹部，以人工呼吸方式诱发呼吸。

192. 胎粪停滞，直肠检查发现在骨盆入口处常有较大的硬粪块阻塞，即可确诊。

193. 新生仔畜溶血病是指新生仔畜红细胞抗原与母体血清抗体不相合而引起的同种免疫溶血反应。食用母体初乳后即发病，主要表现为贫血、黄疸、血红蛋白尿等危重症状。治疗方法是及早发现，立即停止哺喂母乳，采取换奶、人工哺乳或代养等措施。

194. 新生仔畜低血糖症是以血糖水平明显低下，血液中非蛋白氮含量明显升高，临床出现衰弱乏力和运动障碍、痉挛、衰竭等症状为特征的一种代谢性疾病，主要发生于出生后1~4d的仔猪和犬。全身出现水肿，卧地不起，四肢绵软无力做游泳状运动，头后仰或扭向一侧，口微张，口角流出少量白沫，对外界事物毫无反应，最后在昏迷中死亡。

195. 奶牛乳腺炎特点是乳中体细胞，尤其是白细胞，增多以及乳腺组织发生病理变化。

196. 隐性乳腺炎，乳腺和乳汁通常无肉眼可见的变化，但乳汁电导率、体细胞数、pH等理化性质已发生变化。

197. 乳汁体细胞计数发现乳汁体细胞明显上升，超过50万个/mL以上。正常状况下每毫升牛奶中有2万至20万个体细胞。

198. 引起牛乳房炎的致病菌有葡萄球菌、链球菌、大肠杆菌等。

199. 血乳为乳汁中含有血液呈血红色。

200. 酒精阳性乳是指新挤出的牛奶在20℃下与等量的70%酒精混合，轻轻摇晃，产生细微颗粒或絮状凝块的乳。

201. 犬怀孕X射线拍摄胎儿最早是41d左右。

202. 奶牛，直肠检查诊断为卵巢机能减退，治疗该病的首选药物是促卵泡素。

203. 孕畜截瘫因缺钙引起的，可静脉注射葡萄糖酸钙；为了促进钙盐吸收，可肌注阿尔法骨化醇（维生素D_2），对缺磷的病畜可静脉注射磷酸二氢钾。

第十五章
中兽医学

1. 中兽医学是以阴阳五行学说为指导思想,以辨证论治和整体观念为特点,以针灸和中药为主要治疗手段,理法方药具备的独特的医疗体系。

2. 阴阳是指相互关联而又相互对立的两种事物或同一事物具有的两种不同的属性。阴阳的相互关系包括有阴阳对立、阴阳互根、阴阳消长和阴阳转化4个方面。

3. 阴阳对立是指阴阳双方存在着相互排斥、相互斗争、相互制约的关系,如动与静和寒与热;亢奋为阳,抑制为阴。

4. 阴阳互根是指阴阳双方具有相互依存、互为根本的关系,如热为阳,寒为阴;上为阳,下为阴。

5. 阴阳消长指阴阳双方不断运动变化,此消彼长又力求维系动态平衡的关系,如机体的各项机能活动(阳)的产生,必然要消耗一定的营养物质(阴)。

6. 阴阳转化是指阴阳双方在一定条件下,互相转化、属性互换的关系,如寒极生热,热极生寒。营养物质(阴)的化生必然要耗用能量(阳)的生理过程体现的阴阳关系是阳消阴长。

7. 在生理方面,体表为阳,体内为阴;上部为阳,下部为阴;背部为阳,胸腹为阴;外侧为阳,内侧为阴。脏为阴,腑为阳。

8. 在疾病治疗方面,主要有实者泻之、热者寒之、虚者补之等。

9. 在病理方面,阴虚则出现虚热证、阳虚则出现虚寒证等。

10. 凡口色红、黄、赤紫者为阳,口色白、青、黑者为阴。

11. 脉象浮、洪、数、滑者为阳,沉、细、迟、涩者为阴。

12. 温热性的药物属阳,寒凉性的药物属阴。

13. 辛、甘、淡味的药物属阳,酸、咸、苦味的药物属阴。

14. 具有升浮、发散作用的药物属阳,而具沉降、涌泄作用的药物属阴。

15. 五行是指木、火、土、金、水五种物质的运动和变化。

16. 在中兽医学中,把五脏归属于五行,分别是肝属木、心属火、脾属土、肺属金、肾属水。五行的相互关系包括五行的相生、相克、相乘、相侮。

17. 五行相生:木生火,火生土,土生金,金生水,水生木。

18. 五行相克:木克土,土克水,水克火,火克金,金克木。

19. 五行相乘:木乘土,土乘水,水乘火,火乘金,金乘木。

20. 五行相侮：木侮金，金侮火，火侮水，水侮土，土侮木。

21. 木有升发、舒畅条达的特性，肝喜条达而恶抑郁，主管全身气机的舒畅条达，故肝属木。

22. 火有温热向上的特性，心阳有温煦之功，故心属火。

23. 土有生化万物的特性，脾主运化水谷，为气血生化之源，故脾属土。

24. 金性清肃、收敛，肺有肃降作用，故肺属金。

25. 水有滋润、下行、闭藏的特性，肾有藏精、主水的作用，故肾属水。

26. 母病及子指疾病的传变是从母脏传及子脏、肝（木）病传心（火）、肾（水）病及肝（木）等。

27. 子病犯母指疾病的传变是从子脏传及母脏、脾（土）病传心（火）、心（火）病及肝（木）等。

28. 相乘为病是相克太过而为病，其原因一是太过，一是不及。如肝气过旺对脾的克制太过，肝病传于脾，则为木旺乘土；若先有脾胃虚弱，不能耐受肝的相乘致使肝病传脾，则为土虚木乘。

29. 相侮为病即是反向克制而为病，其原因为太过和不及。如肝气过旺，肺无力对其加以制约，导致肝病传肺（木侮金），称为木火刑金；又如脾土不能制约肾水致使肾病传脾（水侮土），称为土虚水侮。

30. 五脏是心、肝、脾、肺、肾，是化生和储藏精气的器官，共同功能特点是藏精气而不泻。

31. 六腑是指胆、胃、小肠、大肠、膀胱和三焦，共同生理功能是传化水谷，具有泻而不藏的特点。

32. 经络是联系脏腑、沟通内外的通路，属于脏腑学说的内容。

33. 气血津液是脏腑生理活动的物质基础，又依赖脏腑活动而化生，也属于脏腑学说的内容。

34. 心的功能为心主血脉、心藏神、心主汗、开窍于舌。

35. 肺的功能为主气、司呼吸，肺主宣降，通调水道，肺主一身之表，外合皮毛，肺开窍于鼻。

36. 肝的功能是肝藏血、肝主疏泄、肝主筋、肝开窍于目。

37. 脾的功能是主运化，具有消化、吸收、运输营养物质及水湿的功能、脾主统血、脾主肌肉四肢、脾开窍于口。

38. 肾的功能是肾藏精，包括先天之精和后天之精，肾主命门之火、肾主水、肾主纳气和肾主骨、生髓、通于脑，肾开窍于耳，司二阴。

39. 胆的主要功能是贮藏和排泄胆汁，以帮助脾胃的运化。

40. 胃的主要功能为受纳和腐熟水谷，胃气的特点是以和降为顺。

41. 小肠的主要功能是受盛化物和分别清浊。

42. 大肠的主要功能是传化糟粕。

43. 膀胱的主要功能为贮存和排泄尿液，称为气化。

44. 三焦是上焦、中焦、下焦的总称，上焦的功能是司呼吸，主血脉；中焦的主要功能是腐熟水谷；下焦的主要功能是分别清浊。

45. 脏与腑之间存在着阴阳、表里的关系。脏在里，属阴；腑在表，属阳；心与小肠、肝与胆、脾与胃、肺与大肠、肾与膀胱、心包络与三焦相表里。

46. 脏与腑之间的表里关系是通过经脉来联系的，脏的经脉络于腑，腑的经脉络于脏，彼此经气相通，在生理和病理上相互联系、相互影响。

47. 中兽医认为，动物出汗异常，与五脏相关的器官是心。

48. 中兽医认为，动物出现鼻塞流涕、嗅觉不灵等症状，与五脏相关的器官是肺。

49. 中兽医认为，动物出现四肢抽搐、角弓反张等症状，与五脏相关的器官是肝。

50. 中兽医认为，动物出现脱肛、子宫垂脱等症状，与五脏相关的器官是脾。

51. 中兽医认为，动物出现阳萎、滑精和精亏不孕等症状，与五脏相关的器官是肾。

52. 脏腑关系中，表现燥湿相济的关系是脾与胃。

53. 气是构成和维持动物体生命活动的基本物质。气的运动称为气机，其基本形式有升、降、出、入四种。

54. 气的生理功能包括推动作用、温煦作用、防御作用、固摄作用、气化作用、营养作用。

55. 气的固摄作用：气有固摄血液、汗液、尿液、精液等体内液态物质，防止其异常丢失的作用。

56. 气的推动作用：气有激发和推动的作用，能够激发、推动和促进机体的生长发育及各脏腑组织器官的生理功能，推动血液的生成、运行以及津液的生成、输布和排泄。

57. 气的温煦作用：指阳气能够生热，具有温煦机体脏腑组织器官，以及血、津液等的作用。

58. 气的防御作用：气有保卫机体、抗御外邪的作用。

59. 气的气化作用：指通过气的运动而产生的气、血、津液的相互转化。

60. 气的营养作用：指脾胃所运化的水谷精微之气对机体各脏腑组织器官所具有的营养作用。

61. 就气的生成和作用而言主要有元气、宗气、营气、卫气4种。

62. 元气根源于肾，包括元阴、元阳之气，又称原气、真气、真元之气。元气是机体生命活动的原始物质及其生化的原动力。

63. 宗气由脾胃所运化的水谷精微之气和肺所吸入的自然界清气结合而成，有助肺司呼吸和心行血脉的作用。

64. 营气是水谷精微所化生的精气之一，与血并行于脉中，又称荣气。
65. 卫气是宗气行于脉外的部分，有卫阳之称。
66. 气的病证很多，临床常见的有气虚、气陷、气滞、气逆四种。
67. 气虚证是全身或某一脏腑组织机能减退所表现出的证候。主证：耳聋头低，被毛粗乱，役时多汗，四肢无力，气短而促，叫声低微，运动时诸症加剧，舌淡无苔，脉虚弱。治则：补气。方例：四君子汤加减。
68. 气陷证是气虚无力升举反而下陷的证候，属气虚证的一种。主证：少气倦怠和内脏下垂，脱肛或阴道、子宫脱出，久泄久痢，口唇不收，弛缓下垂、舌淡、无苔，脉虚弱。治则：升举中气；方例：补中益气汤加减。
69. 气滞证是机体某一部位或某一脏腑的气机阻滞，运行不畅所表现出的证候。主证：胀满，疼痛。治则：行气；方例：越鞠丸、橘皮散等加减。
70. 气逆证是指气的下降受阻，不降反逆所表现出的证候。主证：肺气上逆则见咳嗽气喘；胃气上逆，则见嗳气，呕吐。治则：降气镇逆；方例：肺气上逆者，用苏子降气汤加减；胃气上逆者，用旋覆代赭汤加减。
71. 机体精神活动的主要物质基础是血。血是一种含有营养的红色液体，主要含有营气和津液，具有很强的营养和滋润作用。血的生理功能包括营养和滋润全身、血藏神。
72. 临床上常见的血病证有血虚证、血瘀证、血热证、出血证。
73. 血虚证为可视黏膜苍白，四肢麻痹，脉细无力，血液亏虚，脏腑百脉失养，表现为全身虚弱的证候。治则补血，方例为四物汤加减。
74. 血瘀证为某一局部或某一脏腑的血液运行受阻，或存在离经之血的证候。主证为疼痛拒按，痛处固定不移，夜间痛甚等。治则活血祛瘀，方例为桃红四物汤。
75. 血热证是热邪侵犯血分而引起的病证，多由外感热邪深入血分所致。主证为出血发斑，口干津少，舌质红绛。治则清热凉血，方例为犀角地黄汤。
76. 出血证是指各种原因导致血液溢出脉管之外，临床上常见各种出血。
77. 津液不足表现口渴咽干，唇燥舌干，甚至鼻镜龟裂无汗等。方例用增液汤（玄参和生地、麦冬）加减。
78. 水湿内停是全身或局部停积过量的水液。表现咳嗽痰多，呼吸有痰声，肚腹臌大下垂，小便短少，胸腹下、四肢末端浮肿。方例用五苓散（见祛湿方）加减。
79. 经络系统主要由经脉、络脉、内属脏腑和外连体表等4部分组成。
80. 四肢内侧为阴，外侧为阳；脏为阴，腑为阳。故行于四肢内侧的为阴经，属脏；行于四肢外侧的为阳经，属腑。由于十二经脉分布于前、后肢的内、外两侧，每一侧面有三条经脉分布，这样一阴一阳就衍化为三阴三阳，即太阴、少阴、厥阴、阳明、太阳、少阳。
81. 从蹄走腹并上行至胸部的经脉是后肢三阴经。
82. 从十二经脉的分布来看，前肢三阳经止于头部，后肢三阳经又起于头部，所以称头为诸阳之会。后肢三阴经止于胸部，而前肢三阴经又起于胸部，称胸为诸阴之会。

83. 奇经八脉，是任脉、督脉、冲脉、带脉、阴维脉、阳维脉、阴跷脉、阳跷脉八条经脉的总称。

84. 自然界一年四季风、寒、暑、湿、燥、火（热）六种气候变化，称为六气。成为致病因素，侵犯动物体而导致疾病的发生，这种情况下的六气，便称为六淫。

85. 六淫致病的共同特点是外感性、季节性、兼挟性和转化性。

86. 风邪：风为阳邪，其性轻扬开泻，风性主动，具有升发、向上、向外的特性，故为阳邪；风性善行数变；风性主动，具有使动物体摇动的特性。

87. 动物出现肌肉震颤、四肢抽搐、角弓反张等病证，可归属的致病因素是风邪。

88. 寒邪：寒性阴冷，易伤阳气，寒性凝滞，易致疼痛；寒性收引。

89. 暑邪：暑性炎热，易致发热；暑性升散，易耗气伤津；暑多挟湿。

90. 燥邪：燥性干燥，易伤津液；燥易伤肺。

91. 火邪：火为热极，其性炎上。火邪生风动血；火邪易伤津液。

92. 湿邪：六淫之中，湿为长夏的主气，湿有外湿、内湿之分。外湿多由气候潮湿、涉水淋雨、厩舍潮湿等外在湿邪侵入机体所致；内湿多由脾失健运、水湿停聚而成。湿性重浊，其性趋下，指湿邪为病，其分泌物及排泄物有秽浊不清的特点。湿性黏滞，缠绵难退，指湿邪致病具有黏腻停滞的特点。

93. 湿邪侵犯机体，常先影响脾。

94. 饥指饮食不足而引起的饥渴。

95. 饱指饮喂太多所致的饱伤。

96. 劳役指劳役过度或使役不当。

97. 逸指久不使役或运动不足。

98. 痰、饮是体内津液凝聚变化而成的水湿。

99. 七情指动物的喜、怒、忧、思、悲、恐、惊7种情志变化。

100. 对于阳邪盛导致的实热证，采用的治疗原则是热者寒之。

101. 用阴阳说明病理变化，阴偏盛导致的证候为实寒证。

102. 临床证见动物发热，四肢倦怠，草料迟细，尿短赤和苔黄腻，此乃为常见暑证之中的暑湿证。

103. 四诊：望、闻、问、切。

104. 舌色为白色，主虚证，为气血不足之兆。淡白为血虚，苍白是气血极度虚弱的反映，常见于严重的虫积或内脏出血。舌色为赤色，主热证。赤红或鲜红多属热性病的卫分、气分阶段，常见于热性感染性疾病的初期、中期。赤紫或深绛为热入营血、热极伤阴或气滞血瘀的反映，常见于热性感染性疾病的后期。

105. 舌色为青色，主寒、主痛、主风。寒凝气滞，气血瘀阻不通则致疼痛，口色青主痛。血滞不行，血不养筋而见风动，故口色青亦主风。

106. 舌色为**黄色**，**主湿**，多为肝、胆、脾的湿热所引起。黄色鲜明如橘色者为**阳黄**；黄色晦暗如烟熏色为**阴黄**。

107. 舌色为**黑色**，**主寒极**、**热极**。

108. 主表证、寒证的舌苔为**白苔**。

109. 主里证、热证的舌苔为**黄苔**。

110. 主热证、寒湿的舌苔为**灰黑苔**。

111. 马属动物，切**双凫脉**或**颌外动脉**。双凫脉在颈基部前方，颈静脉沟下三分之一处，波动最为明显的颈总动脉上。牛切**尾动脉**。

112. 猪、羊、犬等动物切**股内动脉**。

113. **六大纲脉**是指动物常见的六种基本病理脉象。

114. 浮脉与沉脉：浮脉主**表证**，浮而有力为表实证，浮而无力为表虚证。沉脉主**里证**，沉而有力为里实证，沉而无力为里虚证。

115. 迟脉与数脉：迟脉主**寒证**，迟而有力为寒实证，迟而无力为寒虚证。数脉主**热证**，数而有力为实热证，数而无力为虚热证。

116. 虚脉与实脉：虚脉主**虚证**，多为气血两虚及脏腑虚证。实脉主**实证**。

117. 八纲即表、里、寒、热、虚、实、阴、阳。其中**阴阳**两纲可概括其他六纲，即表、热、实证为阳；里、寒、虚证为阴。

118. **阴阳**是八纲的总纲。

119. **表里**是辨别疾病病位**深浅**、病情轻重及病势进退的两个纲领。①表证：表证病位在肌表，病变较浅多由皮毛受邪所引起。②里证：相对表证，里证病位在脏腑，病变较深。③脉浮属表证，脉沉属里证。

120. **寒热**是辨别疾病**性质**的两个纲领。寒证与热证是概括机体阴阳的偏盛与偏衰的两种证候。一般来说，寒证是感受寒邪或机体机能活动衰退所表现的证候，即所谓阴盛则内寒，阳虚则外寒；热证是感受热邪或机体机能活动亢盛所反映的证候，即所谓阳盛则外热，阴虚则内热。舌质红、苔黄燥为热，舌质青白、苔白滑为寒；脉数为热，脉迟为寒。

121. **虚实**是辨别邪正**盛衰**的两个纲领。虚证是正气不足的证候，实证则是邪气亢盛有余的证候。①虚证：对机体正气虚弱所出现的各种证候的概括。②实证：凡邪气亢盛而正气未衰，正邪斗争比较激烈而反映出来的亢奋证候，均属实证。③若病程短，声高气粗，痛处拒按，舌质苍老，脉实有力的属实证；病程长，声低气短，痛处喜按，舌质胖嫩，脉虚无力的属虚证。

122. **阴阳**是概括病证类别的两个纲领。①阴证是阳虚阴盛、机能衰退、脏腑功能下降的表现。②阳证是邪气盛而正气未衰，正邪斗争亢奋的表现。

123. 心气虚主证心悸，气短乏力，自汗，运动后尤甚，舌淡苔白。脉虚。治则养心益气安神定悸，方例为养心汤。

124. 心阳虚主证形寒肢冷，耳鼻四肢不温，舌淡或暗紫，脉细弱或结代。治则温心阳，安心神，方例为保元汤。

125. 心血虚主证心主血而藏神，心血不足心神失养。治则补血养心，镇惊安神，方例为归脾汤。

126. 肝火上炎多由外感风热或由肝气郁结而化火所致，主证两目红肿，羞明流泪，睛生翳障，视力障碍，或粪便干燥，尿浓赤黄，口色鲜红，脉象弦数。

127. 治则清肝泻火，明目退翳，方例为决明散或龙胆泻肝汤。

128. 肝胆湿热多因感受湿热之邪，或脾胃运化失常，湿邪内生，郁而化热所致，主证黄疸鲜明如橘色，尿液短赤或黄而浑浊，母畜带下黄臭，外阴瘙痒；公畜睾丸肿胀热痛阴囊湿疹，舌苔黄腻，脉弦数。治则清利肝胆湿热，方例为茵陈蒿汤。

129. 肝阳化风因肝肾之阴久亏，肝阳失潜而致。治则平肝熄风，方例为镇肝熄风汤。

130. 肝血虚多因脾肾亏虚，耗伤肝血，或失血过多所致。治则滋阴养血，平肝明目，方例为决明散或龙胆泻肝汤。

131. 脾气下陷多由脾不健运进一步发展而来，见于久泻久痢、直肠脱、阴道脱、子宫脱等证。主证久泻不止、脱肛、子宫脱或阴道脱，尿淋漓难净，并伴有体焦毛瘦，倦怠肯卧，口色淡白，苔白，脉虚等。治则补气升阳，方例为补中益气汤。

132. 大肠湿热多因外感暑湿，或感染疫疠之气，或喂霉败秽浊的或有毒的草料，以致湿热或疫毒蕴结，下注于肠，损伤气血而发病，常见于急性胃肠炎，主证发热腹痛起卧泄泻，泻粪腥臭。尿液短赤，口津干黏，口渴贪饮，口色红黄，舌苔黄腻，脉象滑数。治则为清热利湿，调气和血，方例为白头翁汤或郁金散。

133. 风热犯肺多因外感风热之邪，以致肺气宣降失常所致，见于风热感冒、急性支气管炎、咽喉炎等病程中。治疗原则为疏风散热，宣通肺气。方例为表热重者用银翘散；咳嗽重者，用桑菊饮。

134. 肺热咳喘多因外感风热，或因风寒之邪入里郁而化热，以致肺气宣降失常所致，见于咽喉炎、急性支气管炎、肺炎、肺脓疡等病。治则清肺化痰，止咳平喘，方例为麻杏石甘汤。

135. 膀胱湿热由湿热下注膀胱，气化功能受阻所致，主证尿频而急，淋漓不畅疼痛，尿液排出困难常作排尿姿势，或尿淋漓，尿色浑浊，或有脓血，尿色赤黄，口干舌红苔黄腻，脉滑数。治则清热除湿利水，方例为八正散。

136. 肾阴虚多因伤精、失血，耗液而成，或急性热病耗伤肾阴所致。主证形体瘦弱，腰胯无力，低热不退或午后潮热，盗汗粪便干燥。公畜举阳滑精或精少不育，母畜不孕。

137. 治则滋阴补肾，方例为六味地黄汤。

138. 肾阳虚：

（1）肾阳虚衰　形寒肢冷，耳鼻四肢不温，腰痿，腰腿不灵难起难卧，四肢下部浮肿，粪便稀软或泄泻，小便减少。口色淡，舌苔白，脉沉迟无力。公畜性欲减退，阳痿不举，母畜宫寒不孕。方例是肾气丸加减。

（2）肾气不固　小便频数而清，或尿后余沥不尽，腰腿不灵，公畜滑精早泄。方例是缩泉丸或固精散。

（3）肾不纳气　咳嗽气喘，呼多吸少，动则喘甚，重则咳而遗尿，形寒肢冷，口色淡白，脉虚浮。方例是人参蛤蚧散。

（4）肾虚水泛　腰脊板硬，耳鼻四肢不温，尿量减少，四肢腹下浮肿，尤以两后肢浮肿较为多见，方例是济生肾气丸。

139．六经是太阳、阳明、少阳、太阴、少阴、厥阴的总称。六经辨证就是用六经来说明病变部位的深浅、病性、正邪的盛衰、病势的趋向，以及六类病证之间的转变关系。

140．以阴阳为纲，分为三阳和三阴两大类。太阳、阳明、少阳为三阳病，太阴、少阴和厥阴为三阴病。

141．三阳病证以六腑的病变为基础，三阴病证则以五脏的病变为基础。

142．太阳病证：

（1）太阳伤寒　主证恶寒，发热，关节肿痛，无汗，咳嗽，气喘，脉浮紧。治则发汗解表，宣肺平喘。方例麻黄汤加减。

（2）太阳中风　主证恶风，汗自出，脉浮缓。治则解肌祛风和调和营卫。方例桂枝汤加减。

143．阳明病证：

（1）阳明经证　主证身热，汗出，呼吸粗喘，口渴欲饮，苔黄燥，脉洪大。治则清热生津。方例白虎汤加减。

（2）阳明腑证　主证一派热象，如身热，汗出，粪便燥结，粪球干小，甚至闭结不通，尿短赤，脉沉而有力。治则清热泻下。方例大承气汤加减；阴亏甚者，用增液承气汤加减。

144．少阳病证：主证微热不退，寒热往来，不欲饮食，脉现弦象。治则，少阳病既不在表，又不属里，既不可用汗法，也不能用下法，唯有和解少阳一法。方例小柴胡汤加减。

145．太阴病证：太阴为三阴之屏障，病入三阴，太阴首先受邪。太阴病病位在里，病性属脾虚寒证。多由三阳病失治、误治。主证腹痛，粪便清稀，苔白，脉细缓。治则温中散寒，健脾燥湿。方例理中汤加减。

146．内治八法是指汗、吐、下、和、温、清、补、消八种药物治疗的基本方法。治疗原则为治病求本，是指急则治其标，缓则治其本，标本兼治。

147．汗法：又称解表法，是运用具有解表发汗作用的药物，并开泻腠理、祛除病邪、解除表证的一种治疗方法，主要用于治疗表证。

148．辛温解表代表方为麻黄桂枝汤；辛凉解表代表方为银翘散。

149. 吐法：是运用具有涌吐性能的药物，使病邪或有毒物质从口中吐出，主要适用于误食毒物、痰涎壅盛、食积胃脘等证。代表方为瓜蒂散。

150. 下法：又称攻下法或泻下法，是指运用具有泻下通便作用的药物，以攻逐邪实，达到排出体内积滞和积水，以及解除实热壅结的一种治疗方法，主要适用于里实证。下法分为攻下、润下和逐水三类。攻下方为大承气汤，润下方为当归苁蓉汤。

151. 和法：又称和解法，是指运用具有疏通、和解作用的药物，以祛除病邪，扶助正气和调整脏腑间协调关系的一种治疗方法，主要适用于病邪既不在表、又未入里的半表半里证和脏腑气血不和的病证。代表方为小柴胡汤，后者为逍遥散。

152. 温法：又称祛寒法或温寒法，是指运用具有温热性质的药物，促进和提高机体的功能活动，以祛除体内寒邪，补益阳气的一种治疗方法，主要适用于里寒证或里虚证。温法分为回阳救逆、温中散寒、温经散寒三种。代表方分别为四逆汤、理中汤和黄芪桂枝五物汤。

153. 清法：又称清热法，是运用具有寒凉性质的药物，清除体内热邪的一种治疗方法主要适用于里热证。清热法分为清热泻火、清热解毒、清热凉血、清热燥湿、清热解暑5种。代表方分别为白虎汤、黄连解毒汤、犀角地黄汤、茵陈蒿汤和香薷散。

154. 补法：又称补虚法或补益法，是指运用具有营养作用的药物，对畜体阴阳气血不足进行补益的一种治疗方法，适用于一切虚证。补法分补气、养血、滋阴、助阳4种。代表方分别为四君子汤、四物汤、六味地黄丸和肾气丸。

155. 消法：又称消导法，是指运用具有消散破积作用的药物，以达到消散体内气滞、血瘀、食积的一种治疗方法。消法分为行气解郁、活血化瘀、消食导滞3种。常用方剂如越鞠丸、桃红四物汤和曲蘖散。

156. 肉桂的采收时间应当在农历八月。

157. 根、根茎等药材一般以早春或深秋时节（即农历二月或八月）采收为佳。

158. 矿物类药材全年皆可采收。

159. 树皮、根皮通常在春、夏时节植物生长旺盛，植物体内浆液充沛时采集。

160. 叶类通常在花蕾将放或正盛开的时候采收，此时性味完壮、药力雄厚，最适于采收，如枇杷叶、荷叶、大青叶、艾叶等。需在深秋或初冬采收的是桑叶。

161. 需用带叶花梢的更需适时采收，如夏枯草、薄荷等。

162. 中药四气：寒、凉、温、热；一般说来，温性药物的主要作用是通络。

163. 中药五味是指中药所具有的辛、甘、酸、苦、咸5种不同药味。一般来说性温、热并且味辛、甘的药物多升浮，而性寒、凉，味酸、苦、咸的药物多沉降。

164. 中药毒性是指中药对畜体产生的毒害作用。中药毒性分级为小毒、有毒、大毒、剧毒、无毒。

165. 淡味常附于五味中的甘味；涩味常附于五味中的酸味。

166. 酸味药的主要作用是收敛、固涩；苦味药的主要作用是清热泄降、燥湿、坚阴。

167. 咸味药的主要作用是泻下、软坚；辛味药的主要作用是发散、行气、行血。

168. 甘味药的主要作用是滋补、和中缓急；淡味药的主要作用是渗湿、利尿。

169. 药物进入机体后的作用趋向是升降沉浮。

170. 升浮中药的特点是主上行而向外，其主要作用是开窍。

171. 将药材直接或间接用火加热处理的火制法有煅法、炒法、炙法、烘法。

172. 药性七情即单行、相须、相使、相畏、相杀、相恶、相反。

173. 十八反是指对动物产生毒害作用的18种药物，故名十八反。主要有乌头反贝母、瓜蒌、半夏、白蔹、白及；甘草反甘遂、大戟、海藻、芫花；藜芦反人参、沙参和丹参、玄参、细辛、芍药。

174. 十九畏是指配合在一起应用时，一种药物能抑制另一种药物的毒性或烈性，或降低另一种药物的功效。主要有硫黄畏朴硝，水银畏砒霜，狼毒畏密陀僧，巴豆畏牵牛子，丁香畏郁金，川乌、草乌畏犀角，牙硝畏荆三棱，官桂畏赤石脂，人参畏五灵脂。

175. 属于禁用的多为毒性较大或药性峻烈的药物，如巴豆、水银、大戟、芫花、商陆、牵牛子、斑蝥、三棱、莪术、虻虫、水蛭、蜈蚣、麝香等。

176. 君药是指针对主病或主证起治疗作用的药物，又称主药。

177. 臣药是指辅助君药加强治疗主病或主证的药物又称辅药。

178. 佐药有三方面作用：一是用于治疗兼证或次要证候；二是制约君、臣药毒性或烈性；三是反佐。

179. 使药是指方中的引经药，或协调、缓和药性的药物。

180. 以主治风寒表实证的麻黄汤为例，方中麻黄辛温发汗，解表散寒，为君药；桂枝辛温通阳，以助麻黄发汗散热，为臣药；杏仁降泄肺气，以助麻黄平喘，为佐药；甘草调和诸药，为使药。

181. 药味增减是指在主证未变，兼证不同的情况下，方中主药仍然不变，但根据病情适当增添或减去一些次要药味，也称随证加减。

182. 药量增减是指方中的药物不变，只增减药物的用量，可以改变方剂的药力或治疗范围，甚至也可以改变方剂的功能和主治。

183. 数方合并是指当病情复杂，主、兼各证均有代表性方剂时，可将两个或两个以上的方剂合并成一个使用，以扩大方剂的功能，增强疗效。如四君子汤补气，四物汤补血由两方合并而成的八珍汤则是气血双补之剂。

184. 剂型变化是指同一个方剂，由于剂型不同，功效也有变化。一般注射剂、汤剂和散剂作用较快，药力较峻，适用于病情较重或较急者；丸剂作用缓慢，药力较缓，适用于病情较轻或较缓者。

185. 发汗解表、用于外感风寒表实证、与麻黄相须配伍的药物是桂枝。

186. 具有祛风解表、止血功能的辛温解表药是荆芥。

187. 麻黄汤的组成为麻黄、桂枝、杏仁、炙甘草。

188. 发汗解表、宣肺平喘、主治外感风寒表实证的方剂是麻黄汤。

189. 解肌发表、调和营卫、主治外感风寒表虚证的方剂是桂枝汤。

190. 发汗解表、散寒除湿、主治外感挟湿的表寒证的方剂是荆防败毒散。

191. 辛凉解表、清热解毒、主治外感风热或温病初起的方剂是银翘散。

192. 和解少阳、扶正祛邪、解热、主治少阳病的方剂是小柴胡汤。

193. 治疗半表半里证及产后发热选小柴胡汤。

194. 白虎汤的药物组成是石膏、知母、粳米、甘草。

195. 白虎汤主治的病证是阳明经证。

196. 治疗阳明经证或气分实热选白虎汤。

197. 清热生津、主治阳明经证或气分热盛的方剂是白虎汤。

198. 清热解毒，凉血散瘀，主治温热病之血分证或热入血分，有热甚动血，热扰心营见证者的方剂是犀角地黄汤。

199. 犀角地黄汤主治的病证是温热病之血分证。

200. 治疗热入血分选犀角地黄汤。

201. 具有清热燥湿，泻火解毒、安胎作用，长于清热燥湿的药物是黄芩。

202. 清热燥湿，长于治热痢，泻火解毒，长于泻心火的药物是黄连。

203. 白头翁汤主治的病证是热毒血痢。

204. 治疗湿热血痢选白头翁汤。白头翁汤的药物组成是白头翁、黄连、黄柏、秦皮。

205. 茵陈蒿汤主治的病证是湿热黄疸。

206. 治疗湿热黄疸选茵陈蒿汤。茵陈蒿汤的药物组成是茵陈蒿、栀子、大黄。

207. 清热解毒，涩肠止泻，主治肠黄，证见泄泻腹痛，荡泻如水，泻粪腥臭，舌红苔黄，渴欲饮水，脉数的方剂是郁金散。

208. 黄连解毒汤的药物组成是黄连、黄芩、黄柏、栀子。

209. 治疗三焦热盛选黄连解毒汤。

210. 具有润肠通便之功效，适用于治疗老弱病畜肠燥便秘的药物是郁李仁。

211. 具有较强的泻热通便作用，多用于热结便秘，腹痛不起的药物是番泻叶。

212. 大承气汤的药物组成是大黄、芒硝、厚朴、枳实。

213. 能攻下热结，破结通肠，主治结症，便秘，证见粪便秘结，腹部胀满，二便不通，口干、舌燥，苔厚，脉沉实的方剂是大承气汤。

214. 具有轻下热结功效，主治阳明腑实证的方剂是小承气汤。

215. 增液承气汤的功用是滋阴、清热、通便。

216. 治疗老弱、久病、体虚患畜之便秘的方剂是当归苁蓉汤。

217. 消食化积，健胃和中，尤以消谷积见长的药物是神曲。

218. 消食健胃,活血化瘀,尤以消肉食见长的药物是山楂。
219. 消食和中,回乳,尤以消草食见长的药物是麦芽。
220. 消食健脾,化石通淋的药物是鸡内金。
221. 消导方主要有曲蘖散和保和丸、木香导滞丸。
222. 曲蘖散功能消积化谷,破气宽肠,用于治疗马、牛料伤。保和丸功能消食和胃,清热利湿,主治食积停滞,证见肚腹胀满,食欲不振,嗳气酸臭,或大便失常、舌苔厚腻和脉滑等,治一切积食。
223. 长于治风痰的药物是天南星。
224. 旋覆花降气平喘,用于咳嗽气喘,气逆不降等。
225. 二陈汤的药物组成是半夏、陈皮、茯苓、炙甘草。
226. 清化热痰药主要品种有贝母、瓜蒌、桔梗、无花粉和前胡。
227. 麻杏甘石汤的药物组成是麻黄、杏仁、炙甘草、石膏。
228. 化痰止咳兼有润肠通便作用的药物是杏仁。
229. 款冬花为治咳嗽之要药;百部润肺止咳,杀虫灭虱,能润肺止咳并且对新久咳嗽均有疗效;枇杷叶常用于肺热咳嗽。
230. 止嗽散主治的病证是外感咳喘,苏子降气汤主治的病证是上实下虚的咳喘证。
231. 止咳散组方为荆芥、桔梗、紫菀、百部、白前、陈皮、甘草。
232. 温里药主要品种有附子、干姜、肉桂、小茴香、吴茱萸和艾叶、花椒。
233. 理中汤的药物组成是党参、干姜、白术、炙甘草。
234. 具有温肾散寒,祛湿止痛作用的方剂是茴香散。
235. 桂心散功能温中散寒,健脾理气,主治脾胃阴寒所致吐涎不食、腹痛、肠鸣泄泻等。
236. 四逆汤的组成是熟附子、干姜、炙甘草,功能回阳救逆,主治少阴病或太阳病误汗亡阳。
237. 利湿药味淡性平,作用比较缓和,具有利尿通淋、消水肿、除水饮、止水泻的功效。主要品种有茯苓、猪苓、茵陈、泽泻、车前子和金钱草、滑石、石韦、薏苡仁。
238. 独活散功能疏风祛湿,活血止痛,主治风湿痹痛,证见腰胯疼痛、项背僵直、四肢关节疼痛等。
239. 独活寄生汤主治风寒湿痹,肝肾两亏,气血不足诸证,证见腰胯疼痛、四肢关节屈伸不利、疼痛、筋脉拘挛。
240. 利水方适用于水湿停滞所引起的各种病证,如小便不利、泄泻、水肿、尿淋、尿闭等。主要有五苓散和八正散。
241. 五苓散组方为猪苓、茯苓、泽泻、白术、桂枝,主治外有表证,内停水湿,证见发热恶寒、口渴贪饮、小便不利、舌苔白。
242. 八正散功能清热泻火,利水通淋,主治湿热下注引起的热淋、石淋。

243. 用于治疗脾胃气滞引起的肚腹胀满，食欲不振，呕吐等症，常与紫苏相须为用的药物是藿香。
244. 化湿药中有兼燥湿健脾、发汗解表、祛风湿作用的药物是苍术。
245. 白豆蔻能行气，暖脾化湿，治胃寒草少，腹痛下痢。
246. 草豆蔻治脾胃虚寒所致食欲不振、食滞腹胀、冷肠泄泻、伤水腹痛等。
247. 平胃散的药物组成是苍术、厚朴、陈皮、甘草、生姜、大枣。
248. 治疗寒湿困脾选择平胃散；治疗脾胃虚寒选择理中汤。
249. 治疗外感暑湿选择藿香正气散。
250. 五皮饮的药物组成是桑白皮、陈橘皮、生姜皮、茯苓皮、大腹皮。
251. 具有理气健脾、燥湿化痰作用的药物是陈皮。
252. 具有舒肝止痛、破气消积作用的药物是青皮。
253. 具有行气燥湿、降逆平喘作用的药物是厚朴。
254. 具有破气消积、通便利膈作用的药物是枳实。
255. 具有理气解郁、散结止痛作用的药物是香附。
256. 具有行气止痛、和胃止泻作用的药物是木香。
257. 具有行气和中、温脾止泻、安胎作用的药物是砂仁。
258. 具有温中燥湿、除痰祛寒作用的药物是草果。
259. 具有杀虫消积、行气利水作用的药物是槟榔。
260. 治疗马伤水起卧（冷痛、肠痉挛）应选用橘皮散。
261. 活血兼行气，又能祛风止痛的药物是川芎。
262. 具有活血祛瘀、养血安神作用的药物是丹参。
263. 具有活血祛瘀、利水消肿作用的药物是益母草。
264. 具有活血通经、下乳消肿作用的药物是王不留行。
265. 具有凉血活血、消肿止痛作用的药物是赤芍。
266. 具有活血止痛、生肌作用的药物是乳香。
267. 具有活血祛瘀、止痛生肌作用的药物是没药。
268. 桃红四物汤的药物组成是桃仁、当归、赤芍、红花、川芎、熟地。
269. 主治料伤五攒痛的方剂是红花散。
270. 主治产后血虚受寒，恶露不行，肚腹疼痛的方剂是生化汤。
271. 主治气血不足、经络不通所致的缺乳症的方剂是通乳散。
272. 具有散瘀止血、消肿止痛作用的药物是三七。
273. 具有收敛止血、消肿生肌作用的药物是白及。
274. 具有凉血止血、散痛消肿作用的药物是小蓟。
275. 具有凉血止血、收敛解毒作用的药物是地榆。

276. 具有凉血止血、清肝明目作用的药物是槐花。
277. 用于大肠湿热所致的便血的方剂是槐花散。
278. 槐花散组方为炒槐花、炒侧柏叶、荆芥炭、炒枳壳。
279. 秦艽散主治热积膀胱，努伤尿血。证见尿血，努气弓腰、头低耳茸，精神短少、口色淡白、舌体绵软、脉滑。
280. 具有凉血止血、活血祛瘀作用的药物是茜草。
281. 具有活血行气、祛风止痛作用的药物是川芎。
282. 具有破血祛瘀、润燥滑肠作用的药物是桃仁。
283. 诃子涩肠止泻，适用于久泻久痢。
284. 乌梅能敛肺止咳，治肺虚久咳。
285. 具有涩肠止泻、止咳止血作用的药物是五倍子。
286. 具有收敛止泻、杀虫作用的药物是石榴皮。
287. 具有收敛止泻、温中行气作用的药物是肉豆蔻。
288. 乌梅散的功效是清热燥湿、涩肠止泻。
289. 乌梅散的组方为乌梅（去核）、干柿、诃子肉、黄连和郁金。
290. 五味子上敛肺气，下滋肾阴，主治肺虚或肾虚不能纳气所致的久咳虚喘。
291. 牡蛎能平肝潜阳，适用于阴虚阳亢引起的躁动不安等证。
292. 浮小麦主要用于自汗、虚汗，治产后虚汗不止。
293. 金樱子具有固精缩尿的作用，适用于肾虚引起的滑精、尿频等。
294. 敛汗涩精药具有固肾涩精或缩尿的作用，适用于肾虚气弱所致的自汗、盗汗、阳痿、滑精、尿频等。主要品种有五味子、牡蛎、浮小麦和金樱子、桑螵蛸。
295. 治疗表虚自汗易外感选玉屏风散。
296. 党参补中益气，健脾生津，为常用的补气药，用于久病气虚，倦怠乏力，肺虚喘促，脾虚泄泻等。
297. 具有补气升阳、托毒生肌作用的药物是黄芪。
298. 既能补气升阳又兼固表止汗、利水消肿，临床常用于抗病毒的药物是黄芪。
299. 甘草补中益气，清热解毒，润肺止咳，缓和药性，善于补脾胃，益心气。
300. 山药为补脾胃之药，不论脾阳虚或胃阴亏，皆可应用。
301. 白术为补脾益气的重要药物，用于脾胃气虚。
302. 黄芪与茯苓配伍用于利水消肿属于配伍七情中的相使。
303. 具有健脾胃、益肺肾作用的药物是山药。
304. 具有补脾益气、燥湿利水、固表止汗作用的药物是白术。
305. 四君子汤的药物组成是党参、茯苓、炒白术、炙甘草。
306. 四君子汤功能是补气健脾，主治脾胃气虚，证见体瘦毛焦、精神倦怠、四肢无力、食少便溏、舌淡苔白、脉细弱等。

307. 气虚下陷所致的久泻脱肛、子宫脱垂用补中益气汤。

308. 生脉散组方为党参、麦门冬、五味子。功能补气生津，敛阴止汗，主治暑热伤气、气津两伤之证。

309. 补血活血兼有润肠通便作用的药物是当归。

310. 白芍具有平抑肝阳和敛阴养血的作用，适用于肝阴不足，肝阳上亢，躁动不安等。

311. 熟地黄为补血要药，用于血虚诸症。

312. 具有补血止血、滋阴润肺、安胎功效的药物是阿胶。

313. 四物汤的药物组成是熟地黄、白芍、当归、川芎。

314. 助阳药主要品种有肉苁蓉、淫羊藿、杜仲、巴戟天、补骨脂、续断。

315. 强筋健骨，常配杜仲、续断、菟丝子治疗肾虚阳痿腰痛的药物是巴戟天。

316. 肉苁蓉补肾阳，温而不燥，补而不峻，是性质温和的滋补强壮药，主要用于肾虚阳痿。

317. 淫羊藿具有补肾壮阳的功能，主要用于肾阳不足所致的阳痿、滑精。

318. 杜仲能补肝肾，强筋健骨，主要用于腰胯无力、阳痿、尿频等肾阳虚证。

319. 巴戟天能补肾助阳，主治肾虚阳痿、滑精早泄等。

320. 具有补肾阳、强筋骨、祛风湿作用的药物是巴戟天。

321. 具有温肾壮阳、止泻作用的药物是补骨脂。

322. 温补肾阳，主治各种家畜肾阳虚衰，证见尿清粪溏，后肢水肿，四肢发凉，动则气喘，公畜阳痿滑精等的方剂是肾气丸。

323. 温补肾阳，通经止痛，散寒除湿，主治肾阳虚衰，证见腰胯疼痛、后腿难移、腰脊僵硬等的方剂是巴戟散。

324. 用于治疗热病伤津，烦热贪饮，舌燥津少等证，常与芦根相须为用的药物是麦冬。

325. 枸杞子为滋阴补血常用药，用于肝肾亏虚、精血不足、腰胯乏力等。

326. 天冬用于干咳少痰的肺虚热证。

327. 具有清心润肺，养胃生津作用的药物是麦冬。

328. 具有润肺止咳、清心安神作用的药物是百合。

329. 百合固金汤所治阴虚证的主要脏腑是肺。

330. 具有养阴清热、润肺滋肾作用的药物是天冬。

331. 天冬配麦冬，能增强滋阴作用，属于配伍七情中相须。

332. 具有滋阴生津，清热养胃作用的药物是石斛。

333. 具有滋阴补肾，养肝明目作用的药物是女贞子。

334. 六味地黄汤的药物组成是熟地黄、山萸肉、山药、泽泻、茯苓、丹皮。

335. 滋阴补肾方剂是六味地黄汤。

336. 具有平肝潜阳、清肝明目作用的药物是石决明。

337. 具有清肝明目、润肠通便作用的药物是决明子。

338. 具有疏风热，退翳膜作用的药物是木贼。

339. 用于治疗肝火上炎，目赤肿痛的方剂是决明散。

340. 具有平肝息风，镇痉止痛作用的药物是天麻。

341. 具有息风止痉，解毒散结，通络止痛作用的药物是蜈蚣。

342. 治疗歪嘴风选牵正散。

343. 镇肝熄风汤功能是镇肝熄风，滋阴潜阳，主治口眼歪斜、转圈运动或四肢活动不利，痉挛抽搐。

344. 朱砂镇心安神，定惊解毒，用于治疗心火上炎所致的躁动不安、惊痫等。

345. 酸枣仁养心安神，益阴敛汗，用于心肝血虚所致的虚火上炎而出现的躁动不安。

346. 柏子仁养心安神，润肠通便，用于血不养心引起的心神不宁。

347. 石菖蒲化湿和中，宣窍豁痰，用于痰湿蒙蔽清窍、清阳不升所致的神昏、癫狂。

348. 安神开窍药主要有朱砂、酸枣仁、柏子仁、石菖蒲。

349. 朱砂散组方药物为朱砂、党参、茯神、黄连。功能重镇安神扶正祛邪，主治心热风邪。证见全身汗出，肉颤头摇，气粗喘促，左右乱跌，口色赤红，脉洪数。

350. 川楝子理气，止痛杀虫，配伍使君子、槟榔等，用于驱杀蛔虫、蛲虫等。

351. 南瓜子既可单用驱杀绦虫也可配伍槟榔应用，还可用于血吸虫病。

352. 蛇床子燥湿杀虫，温肾壮阳，用于驱杀蛔虫；用于湿疹瘙痒时与白矾和苦参、金银花等煎水外洗。

353. 贯众杀虫，清热解毒，用于驱杀绦虫、钩虫、蛲虫等。

354. 鹤草芽空腹时应用，为驱绦中的要药。

355. 驱虫药主要有川楝子、南瓜子、蛇床子、贯众、鹤草芽。

356. 驱虫方主要有贯众散。药物组方为贯众、使君子、鹤虱、芫荑、大黄、苦楝子和槟榔。功能驱虫，治胃肠道寄生虫，对马胃蝇疗效较好。

357. 冰片内服有开窍醒脑之效，适用痉厥诸证，外用清热止痛，防腐止痒，用于各种疮疡、咽喉肿痛、口舌生疮及目疾等。

358. 硫黄外用解毒杀虫、内服补火助阳，主治皮肤湿烂、疥癣阴疽等。

359. 硼砂外用有良好的清热和解毒防腐作用，主要用于口舌生疮、咽喉肿痛、目赤肿痛等。

360. 雄黄杀虫解毒，有解毒和止痒作用，外用主治各种恶疮疥癣及毒蛇咬伤。

361. 白矾燥湿祛痰，止血止泻，有解毒杀虫之功。

362. 外用药直接作用病变局部，有清热凉血、消肿止痛、化腐拔毒、排脓生肌和接骨续筋、杀虫止痒之功效。主要有冰片、硫黄、硼砂、雄黄、白矾和石灰。

363. 冰硼散清热解毒，消肿止痛，敛疮生肌，用于咽喉肿痛，口舌生疮。

364. **桃花散**组方为陈石灰、大黄，功能防腐收敛止血，主治创伤出血、化脓创等。

365. 毫针针体细长、针尖尖锐。针柄主要有盘龙式和平头式2种。多用于白针穴位或深刺、透刺和针刺麻醉。

366. 圆针针体较毫针粗，针尖较尖锐。针柄有**盘龙式**、**平头式**、**八角式**、**圆球式**4种。短针多用于针刺马、牛的眼部周围穴位及仔猪、禽的白针穴位；长针多用于针刺马、牛、猪的躯干和四肢上部的白针穴位。

367. **大宽针**用于放大家畜的颈脉、肾堂、蹄头血。

368. **中宽针**用于放大家畜的胸堂、带脉、尾尖血。

369. **小宽针**用于放马、牛的太阳、缠腕血。

370. **中、小宽针**有时也用于牛、猪的白针穴位。

371. **大三棱针**用于针刺三江、通关、玉堂等位于较细静脉或静脉丛上的穴位，或点刺分水穴。

372. **小三棱针**用于针刺猪的白针穴位。

373. **穿黄针**与大宽针相似，针尾部有一小孔，可穿马尾或棕绳，用于针刺穿黄穴亦可作大宽针使用或穿牛鼻环。

374. **夹气针**用竹或合金制成的扁平长针，针尖部钝圆，专用于针刺大家畜的夹气穴。三弯针又名浑睛虫针或开天针，距尖端约5mm处呈直角双折弯，专用于针刺马的开天穴，治疗浑睛虫病。

375. **玉堂钩针**尖部弯成半圆形，三棱状，专用于玉堂穴放血。

376. **抽筋钩**钩尖圆而钝，专用于抽筋穴钩拉肌腱。

377. **锁口**：口角后上方约3cm凹陷处，左右侧各一穴，用于治疗牙关紧闭，歪嘴风。

378. **太阳**：外眼角后约3cm凹陷处，左右侧各一穴，用于治疗中暑，感冒，癫痫和肝经风热，肝热传眼。

379. **苏气**：第八、第九胸椎棘突间的凹陷，一穴，用于治疗肺热、咳嗽、气喘。

380. **百会**：腰荐十字部，即最后腰椎与第一荐椎棘突间的凹陷，一穴，用于治疗腰风湿和闪伤，二便不利，后躯瘫痪。

381. **后海**：肛门上、尾根下的凹陷，一穴，用于治疗久痢泄泻、胃肠热结、脱肛、不孕症。

382. **抢风**：三头肌长头和外头间的凹陷，一穴，用于治疗前肢神经麻痹、扭伤、风湿症。

383. **天平**：最后胸椎与第一腰椎棘突间的凹陷，一穴，用于治疗尿闭、肠黄、尿血、便血、阉割后出血。

384. 外感风寒：

（1）风寒表实证以**无汗**、**身痛**、**咳喘**及**脉浮紧**为特征，方例为**麻黄汤**加减。

（2）风寒表虚证以恶风、汗出、一般无身痛、无兼证、无喘和脉浮缓为特征，方例为桂枝汤加减。

385．外感风热：发热重、恶寒轻、口干渴、尿短赤，并口鼻咽干、咳嗽等症状。方例为银翘散加减。

386．外感暑湿：临床多见恶寒高热，汗出身热不解，口渴，肢体沉重，尿黄赤，舌红苔黄腻，脉滑数。方例为新加香薷饮。

387．热在气分：

（1）邪热入肺　高热，呼吸喘粗，咳嗽，鼻液黄稠，口色鲜红，舌苔黄燥，脉洪数有力。方例为麻杏甘石汤。

（2）热入阳明　身热，大汗，口渴喜饮，口津干燥，口色鲜红，舌苔黄燥，脉洪大。方例为白虎汤。

（3）热结肠道　发热，肠燥便干，粪结不通或稀粪旁流，腹痛，尿短赤，口津干燥，口色深红，舌苔黄厚，脉沉实有力。方例为增液承气汤加减。

388．热入营分：

（1）热伤营阴　高热不退，夜甚，躁动不安，呼吸喘促，舌质红绛，斑疹隐隐，脉细数。方例为清营汤。

（2）热入心包　高热，四肢厥冷或抽搐，舌绛脉数。方例为清宫汤。

389．热入血分：

（1）血热妄行　身热，黏膜、皮肤发斑，尿血，便血，脉数。方例为犀角地黄汤加减。

（2）气血两燔　身大热，口渴喜饮，口燥苔焦，舌质红绛，发斑，便血脉数。方例为清瘟败毒饮加减。

（3）热动肝风　高热，项背强直，阵阵抽搐，口色深绛，脉弦数。方例为羚羊勾滕汤加减。

（4）血热伤阴　低热不退，精神倦怠，口干舌燥，舌红无苔，尿赤，粪干，脉细数无力。方例为青蒿鳖甲汤加减。

附录

附录一　动物传染病速查表

附表1　猪有皮肤充血、出血症状传染病的鉴别诊断

病名	病原及特性	症状	病变	诊断防治
猪瘟	猪瘟病毒，黄病毒科	先便秘后腹泻；结膜炎；皮肤出血；后躯摇晃；流产	脾脏；回盲瓣口	分离病毒；疫苗日常免疫、紧急接种
非洲猪瘟	炎热、钝圆软蜱	皮肤出血；结膜炎；流产	脾脏肿大数倍	—
猪副伤寒	沙门氏菌，麦康凯、远藤培养基	皮肤发绀出血；皮肤湿疹；腹泻	败血；坏死肠炎；糠麸样坏死	涂片镜检；抗生素
猪丹毒	红斑丹毒丝菌	皮肤菱形疹块、结痂、脱落	樱桃脾；关节炎；心内膜炎	青霉素；弱毒苗
猪肺疫	多杀性巴氏杆菌	锁喉；颈部红肿；犬坐姿势	咽颈部水肿；纤维素性肺炎	抗菌药物；疫苗
链球菌病	链球菌	关节炎；脑膜炎；皮肤发绀出血	内脏出血	抗菌药物
皮炎与肾病综合征	圆环病毒2型	会阴、四肢有斑块；皮下水肿	肝硬变；肺变硬；脾肾问题	加强管理、减少应激
弓形虫病	弓形虫	体表出血；流产	出血性肺炎、间质增宽	磺胺类药物

附表2　猪主要症状为腹泻的传染病鉴别诊断

病名	病原及特性	症状	病变	诊断防治
猪瘟	猪瘟病毒，黄病毒科	先便秘后腹泻；结膜炎；皮肤出血；后躯摇晃；流产	脾脏边缘出血性梗死；回盲瓣口	分离病毒；疫苗日常免疫、紧急接种
猪传染性胃肠炎	冠状病毒	突然发病；呕吐腹泻	脱水；肠卡他性炎症；肠绒毛短	疫苗
猪流行性腹泻	冠状病毒	呕吐腹泻，主要是水样腹泻	脱水；肠卡他性炎症；肠绒毛短	疫苗
轮状病毒病	车轮状	腹泻	与上相似	疫苗；对症治疗
猪副伤寒	沙门氏菌	腹痛腹泻；胸前、耳根等部位发绀	败血症；脾肿大；大肠糠麸状	抗生素

续表

病名	病原及特性	症状	病变	诊断防治
仔猪黄痢	大肠杆菌；1~3日龄	黄色糨糊状稀便	小肠卡他性炎症	—
仔猪白痢	大肠杆菌；2~4周龄	白色糨糊状稀便	小肠卡他性炎症	—
仔猪红痢	产气荚膜梭菌；3日龄	拉血	小肠坏死，有气泡	—
猪痢疾	猪痢短螺旋体；2月龄	粪便带血，粪便有条状黏液	大肠出血、纤维素性、坏死性肠炎	—

附表3　　猪主要症状为呼吸不正常的传染病鉴别诊断

病名	病原及特性	症状	病变	诊断防治
猪喘气病	支原体	体温不高，运动后呼吸困难，腹式呼吸	肺脏对称性肉变、胰变、虾变、实变	X射线；抗生素；弱毒苗、灭活苗
传染性胸膜肺炎	放线杆菌；CAMP	犬坐姿势；口流泡沫状血液	肺与胸膜粘连；出血性、纤维素性肺炎	抗菌药物；疫苗
传染性萎缩性鼻炎	支气管及多杀；海波蓝；仔猪	面部变形；体温变化不大	鼻甲骨萎缩、变形	抗生素；磺胺类药物
猪肺疫	多杀性巴氏杆菌	犬坐姿势；皮肤淤血、出血；锁喉风	咽喉部红肿；纤维素性肺炎	链霉素及多种药物
链球菌病	链球菌、溶血	耳端腹下皮肤发红、有出血点；关节炎；脑膜炎	内脏器官出血；关节肿大；淋巴化脓	抗菌药物；疫苗
猪繁殖与呼吸综合征	蓝耳病；动脉炎病毒科	母猪流产；仔猪神经、呼吸困难	仔猪淋巴结肿大；出血；脾肿大淤血	疫苗
伪狂犬病	伪狂犬病毒；疱疹病毒科	呼吸困难；神经症状；流产；家兔奇痒	肾脏针尖出血；脑膜充血；肺水肿	疫苗
副猪嗜血杆菌病	巴氏杆菌科；CAMP	多发性浆膜炎与关节炎；跛行、呼吸困难	浆液性和化脓性纤维素性蛋白渗出物	疫苗
弓形虫病	弓形虫；香蕉形	咳嗽；神经症状；体表紫斑	皮肤出血；肺肿大、肺间质增宽	磺胺类药物

附表4　　猪主要症状为神经症状的传染病鉴别诊断

病名	病原及特性	症状	病变	诊断防治
伪狂犬	伪狂犬病毒；疱疹病毒科	呼吸困难；神经症状；流产；家兔奇痒	肾脏针尖出血；脑膜充血；肺水肿	疫苗
乙型脑炎	7~9月流行；黄病毒科	后肢麻痹跛行；流产；神经症状	胎儿脑水肿、发炎	疫苗
捷申病	猪肠病毒	后肢后伸，前肢前移；神经症状	脑膜充血、出血、非化脓性	疫苗

续表

病名	病原及特性	症状	病变	诊断防治
猪李氏杆菌病	产单核细胞李氏杆菌	神经症状；呕吐白沫	脑膜出血；气管出血	抗菌药物
仔猪水肿病	大肠杆菌；断奶；40日龄	眼睑水肿、神经症状	胃、眼睑、脑膜充血、水肿	对症治疗；疫苗
链球菌病	链球菌；溶血	耳端腹下皮肤发绀、有出血点；关节炎；脑膜炎	内脏器官出血；关节肿大；淋巴化脓	抗菌药物；疫苗
猪丹毒	红斑丹毒丝菌	皮肤菱形疹块、结痂、脱落	樱桃脾；关节炎；心内膜炎	青霉素；弱毒苗
弓形虫病	弓形虫；香蕉	咳嗽；神经症状；体表紫斑	皮肤出血；肺肿大、肺间质增宽	磺胺类药物

注：猪狂犬病主要症状也为神经症状，但考试中一般不进行考查。

附表5　　　　猪主要症状为繁殖障碍的传染病鉴别诊断

病名	病原及特性	症状	病变	诊断防治
猪细小病毒病	初产母猪；垂直传播	母猪本身无症状，只流产	胎儿水肿、出血	疫苗
乙型脑炎	7~9月；黄病毒科	后肢麻痹跛行；流产；神经症状	胎儿脑水肿、发炎	疫苗
伪狂犬	伪狂犬病毒；疱疹病毒科	呼吸困难；神经症状；流产；家兔奇痒	肾脏针尖出血、脑膜充血；肺水肿	疫苗
猪繁殖与呼吸综合征	蓝耳病；动脉炎病毒科	母猪流产；仔猪神经、呼吸困难	仔猪淋巴结肿大、出血；脾肿大淤血	疫苗
猪瘟	猪瘟病毒，黄病毒科	先便秘后腹泻；结膜炎；皮肤出血；后躯摇晃；流产	脾脏；回盲瓣口	分离病毒；疫苗日常免疫、紧急接种
链球菌病	链球菌；溶血特性	耳端腹下皮肤发绀、有出血点；关节炎；脑膜炎；流产	内脏器官出血；关节肿大；淋巴化脓	抗菌药物；疫苗
布鲁氏菌病	柯兹洛夫斯基染色、抗酸染色呈现红色；1~3月龄	母猪流产、公猪睾丸炎；关节炎	胎盘炎；胎膜炎；胎儿体腔积液	疫苗

附表6　　　　鸡有腹泻症状传染病的鉴别诊断

病名	病原及特性	症状	病变	诊断防治
鸡白痢	鸡白痢沙门氏菌	闭目昏睡，粪便糨糊样；卵黄性腹膜炎而呈"垂腹"现象	肝、脾和肾肿大、充血；卵黄吸收不良	淘汰
禽副伤寒	沙门氏菌	水泻样下痢	出血性肠炎；肝、脾有坏死灶	淘汰
禽伤寒	沙门氏菌	排黄绿色稀粪	青铜肝	淘汰
大肠杆菌病	大肠杆菌	闭目，拉灰白或绿色稀粪	败血症；气囊炎；肝周炎；心包炎；卵黄性腹膜炎	—

续表

病名	病原及特性	症状	病变	诊断防治
传染性法氏囊病	传染性法氏囊病病毒	啄肛现象严重；排白色稀粪或蛋清样稀粪	法氏囊肿大、出血、后期萎缩；肌肉出血；花斑肾，肌胃和腺胃交界处有横向出血点或出血斑	疫苗；高免卵黄抗体
新城疫	新城疫病毒；副黏病毒科	下痢；粪便稀薄；轻度呼吸道症状；产蛋明显下降；嗉囊积液、咯咯叫；神经症状	肠道	疫苗
禽霍乱	多杀性巴氏杆菌	张口呼吸；不断吞咽、甩头，鸡冠发紫肿胀；稀粪	败血症；肝脏针尖大坏死点	广谱抗生素

附表7　鸡有呼吸道症状传染病的鉴别诊断

病名	病原及特性	症状	病变	诊断防治
新城疫	新城疫病毒	下痢；粪便稀薄；轻度呼吸道症状；产蛋明显下降；嗉囊积液、咯咯叫；神经症状	肠道	疫苗
禽流感	流感病毒，正黏病毒科	冠髯发绀；头颈部水肿；呼吸困难；叫声沙哑	肠道枣核样坏死；肾肿大尿酸盐沉积	疫苗
禽霍乱	多杀性巴氏杆菌	张口呼吸；不断吞咽、甩头，鸡冠发紫肿胀；稀粪	败血症；肝脏针尖大坏死点	广谱抗生素
传染性支气管炎	冠状病毒；雏鸡	雏鸡；呼吸道症状，产蛋量明显下降；蛋清变稀呈水样，蛋黄和蛋清分开；产蛋鸡幼龄时感染传支可形成永久性的输卵管损伤	很少死亡；输卵管发育不全	无特效药物治疗
传染性喉气管炎	疱疹病毒；成年鸡	呼吸困难；鼻腔有分泌物、啰音、咳出带血黏液；鸡冠发紫；产蛋下降或停止	喉头和气管肿胀出血	弱毒苗效果不佳，对症治疗
鸡毒支原体	支原体	呼吸困难；喷嚏、咳嗽；呼吸道啰音；眼部肿胀	支气管和气囊有黏稠或干酪样的渗出物	免疫接种
传染性鼻炎	副鸡嗜血杆菌	张口呼吸；眼睑水肿、眼内及鼻窦内有干酪样物质	鼻窦腔内有淡黄色渗出物	抗生素；磺胺类药物

附表8　鸡有神经症状传染病的鉴别诊断

病名	病原及特性	症状	病变	诊断防治
脑脊髓炎	禽脑脊髓炎病毒	共济失调；发病急、发病率低；多数病鸡不死但失明；蛋鸡表现短期、低幅度产蛋下降	无肉眼可见病理变化	检疫淘汰种鸡或接种疫苗
马立克病	疱疹病毒	劈叉姿势，垂翅；迷走神经受损时则嗉囊肿胀、呼吸困难、腹泻；病程较长者则表现消瘦、贫血，体重极轻	坐骨神经表现肿胀、苍白如水煮样，横纹消失；内脏型肿瘤	冻干苗和液氮苗
新城疫	新城疫病毒	下痢；粪便稀薄；轻度呼吸道症状；产蛋明显下降；嗉囊积液、咯咯叫；神经症状	肠道	疫苗
禽流感	A型流感病毒	冠髯发绀；头颈部水肿；呼吸困难；叫声沙哑	肠道枣核样坏死；肾肿大尿酸盐沉积	疫苗

附表9　　引起禽类产蛋下降的传染病鉴别诊断

病名	病原及特性	症状	病变	诊断防治
新城疫	新城疫病毒	下痢；粪便稀薄；轻度呼吸道症状；产蛋明显下降；嗉囊积液、咯咯叫、神经症状	肠道	疫苗
传染性支气管炎	冠状病毒	雏鸡；呼吸道症状，产蛋量明显下降；蛋清变稀呈水样，蛋黄和蛋清分开，产蛋鸡幼龄时感染传支可形成永久性的输卵管损伤	很少死亡；输卵管发育不全	无特效药物治疗
产蛋下降综合征	禽腺病毒	产蛋突然下降；蛋色变浅，蛋壳粗糙，产畸形蛋、软壳蛋、薄壳蛋等	因无死亡，故无明显病变，剖杀可见生殖道轻微炎及萎缩性变化	灭活苗
传染性鼻炎	副鸡嗜血杆菌	头部肿胀；咳嗽、喷嚏、张口呼吸、啰音、眼睑水肿、眼窦内有干酪样物质；产蛋鸡则产蛋明显下降	主要在窦腔内有干酪样渗出物，气囊炎、肺炎和卵泡变性坏死或萎缩	抗生素；磺胺类药物
禽流感	A型流感病毒	冠髯发绀；头颈部水肿；呼吸困难，叫声沙哑	肠道枣核样坏死；肾肿大尿酸盐沉积	疫苗
传染性喉气管炎	疱疹病毒	呼吸困难；鼻腔有分泌物、啰音；咳出带血黏液；鸡冠发紫；产蛋下降或停止	喉头和气管肿胀出血	弱毒苗效果不佳，对症治疗

附表10　　鸡肿瘤性传染病的鉴别诊断

病名	病原及特性	症状	病变	诊断防治
马立克病	疱疹病毒；羽毛囊	劈叉姿势，垂翅；迷走神经受损时则嗉囊肿胀、呼吸困难、腹泻；病程较长者则表现消瘦、贫血，体重极轻	坐骨神经表现肿胀、苍白如水煮样，横纹消失；内脏型肿瘤	冻干苗和液氮苗
禽白血病	禽白血病病毒；检测蛋清	消瘦，头部苍白；肝部肿大而导致其腹部增大，产蛋量降低	肝肿大，可看到黄豆大的灰白色肿瘤结节；脾脏肿大，呈灰棕色或紫红色，表面和切面可见许多灰白色肿瘤病灶；法氏囊肿大；卵巢为灰白色，整体外观呈菜花状	应检疫淘汰阳性种鸡
禽网状内皮组织增生症	网状内皮组织增殖症病毒群	临诊症状出现迅速，几乎见不到临诊症状即已死亡、病死率高达100%	病禽可见肝、脾肿大，伴有局灶性或弥漫性浸润病理变化	目前尚无特异性防治方法

附表11　　牛有水泡症状传染病的鉴别诊断

病名	病原及特性	症状	病变	诊断防治
牛瘟	副黏病毒	严重的糜烂性口炎，唾液带血，眼睑痉挛，高热，严重下痢，多以死亡告终	白细胞减少，消化道黏膜坏死性炎（灰白色伪膜、烂斑、集合淋巴结溃疡）	扑杀，可用疫苗预防

续表

病名	病原及特性	症状	病变	诊断防治
牛恶行卡他性热	疱疹病毒	高热稽留；糜烂性口炎、结膜炎；角膜混浊；血尿；末期有脑炎与腹泻	初期白细胞减少，后期白细胞增多；头眼型存在气管假膜；消化道型口、真胃、肠出血、溃疡；肺充血、出血	扑杀
水泡性口炎	弹状病毒	低热；厌食；口腔有水疱，偶尔见于乳头及蹄部	口腔和咽喉黏膜充血或糜烂，胃肠道黏膜充血或出血	扑杀
口蹄疫	微RNA病毒	高热；口腔、乳头及蹄冠有水疱	口腔、蹄部有水疱和烂斑；咽喉、气管、前胃黏膜溃疡，真胃和肠黏膜出血	扑杀；疫苗预防

附表12　牛有急性死亡症状传染病的鉴别诊断

病名	病原及特性	症状	病变	诊断防治
炭疽	炭疽杆菌	兴奋不安、吼叫、呼吸困难；初便秘后腹泻带血；后肢踢腹；流产	黏膜发绀；天然孔出血，酱油状，血凝不良；全身多发性出血；皮下、肌间、浆膜下水肿；脾变性、淤血、出血，肿大	疫苗；抗生素；隔离、封锁、扑杀
牛出血性败血症	巴氏杆菌	呼吸困难、鼻流无色或带血的泡沫，腹痛、下痢、恶臭；有时鼻孔和尿中有血；拉稀开始后，体温下降，迅速死亡	内脏出血，在黏膜、浆膜及肺、舌、皮下和肌肉都有出血点；肝和肾实质变性；胸腹腔有大量渗出液	抗生素及对症治疗；疫苗
牛肠毒血症	魏氏梭菌	发病急骤，数小时内突然死亡；病程稍长者，可见腹泻症状，粪便带血，混有气泡	腹部皮下水肿；肠系膜充血，表面有纤维素；真胃和空肠全为血水，黏膜充血、出血	来不及治疗，加强饲养管理；菌苗预防

附表13　牛主要症状为消化系统症状的传染病鉴别诊断

病名	病原及特性	症状	病变	诊断防治
牛病毒性腹泻/黏膜病	黄病毒科	腹泻；蹄叶炎；流产、神经症状；呼吸障碍	食道黏膜纵行排列的出血点	疫苗
牛大肠杆菌病	犊牛易发；冬春	腹泻；体温高	急性胃肠炎	抗菌药物
沙门菌病	鼠伤寒等；犊牛常见	妊娠牛流产；犊牛腹泻	回肠、大肠出血明显	疫苗；药物
牛副结核	副结核分枝杆菌；抗酸染色红色	顽固性腹泻、带血；下颌、皮下水肿；病程长	脱水；空肠回肠有褶皱、增厚	淘汰
牛肠道结核	结核分枝杆菌；抗酸染色红色	顽固性下痢	肠有褶皱、增厚	淘汰
牛茨城病	茨城病毒；夏季蚊虫	精神不振；口流泡沫状鼻液；结膜充血	食道和真胃黏膜充血；横纹肌变性和坏死	—

附表14　　牛主要症状为呼吸系统症状的传染病鉴别诊断

病名	病原及特性	症状	病变	诊断防治
牛流行热	三日热；病程短；炎热	鼻镜干燥；流涎、四肢关节肿胀；便秘；流产	肌肉有出血点	疫苗
牛传染性鼻气管炎	秋冬多发	红鼻病；波浪热、外阴肿胀举尾；公牛阴茎脓疱；神经	局部黏膜脓疱	淘汰
牛出血性败血症	多杀性巴氏杆菌	呼吸困难、鼻漏；便秘下痢	纤维素性肺炎；肺与胸膜粘连；间质增宽	抗菌药物
牛病毒性腹泻/黏膜病	黄病毒科	腹泻；蹄叶炎；流产、神经症状；呼吸障碍	食道黏膜纵行排列的出血点	疫苗
牛传染性胸膜肺炎	丝状支原体	咳嗽无力；结膜红；可视黏膜发绀	大理石样肺和纤维素性胸膜肺炎	疫苗；扑杀
牛无浆体病	无浆体；吸血昆虫	贫血；黄疸；便秘、粪便带血	内脏水肿；肠卡他炎症	疫苗；杀寄生虫

附表15　　牛主要症状为神经症状的传染病鉴别诊断

病名	病原及特性	症状	病变	诊断防治
疯牛病	朊病毒；蛋白质、骨肉粉	神经症状	脑组织出现海绵状病变	严格检疫
伪狂犬病	伪狂犬病毒；疱疹病毒科	呼吸困难；神经症状；流产；家兔奇痒	肾脏针尖出血、脑膜充血；肺水肿	疫苗
恶性卡他热	疱疹病毒科	鼻液增多；口腔黏膜坏死；神经；关节肿胀	食道黏膜充血、糜烂；支气管出血	一律扑杀
牛传染性鼻气管炎	秋冬多发	红鼻病；波浪热、外阴肿胀举尾；公牛阴茎脓疱；神经	局部黏膜脓疱	淘汰
破伤风	破伤风梭菌；零星发	牙关紧闭；有创口；四肢强直	病变不明显	疫苗或者抗体

注：牛狂犬病主要症状也为神经症状，但考试中一般不进行考查。

附表16　　牛主要症状为繁殖障碍的传染病鉴别诊断

病名	病原及特性	症状	病变	诊断防治
布鲁氏菌病	染色特性；6~8月龄	母牛流产、公牛睾丸炎；关节炎	胎盘炎；胎膜炎；胎儿体腔积液	疫苗
牛传染性鼻气管炎	秋冬多发	红鼻病；波浪热、外阴肿胀举尾；公牛阴茎脓疱；神经	局部黏膜脓疱	淘汰
牛病毒性腹泻/黏膜病	黄病毒科	腹泻；蹄叶炎；流产、神经症状	食道黏膜纵行排列的出血点	疫苗
蓝舌病	吸血昆虫、热带	舌头发绀；呼吸困难；流产	口腔糜烂；瘤胃有坏死灶；肾肿大	疫苗
沙门菌病	鼠伤寒等；犊牛常见	妊娠牛流产；犊牛腹泻	回肠、大肠出血明显	疫苗；药物

附录二 动物寄生虫病速查表

病名	寄生部位	特征症状和病变
弓形虫病	有核细胞	繁殖障碍、皮肤出血、呼吸困难
利什曼原虫病	犬网状内皮细胞内	"眼镜"、湿疹、无鞭毛体
日本分体吸虫病	门静脉和肠系膜静脉内	环卵沉淀实验、肝脏虫卵结节
猪囊尾蚴病	心肌、咬肌、舌肌、脑部	病变部位出现囊状结构
棘球蚴病	犬、狼、狐狸的小肠	肝脏、肺脏最常见棘球蚴
旋毛虫病	肌型、肠型、横膈肌	急性肌炎,发热和肌肉疼痛;肠炎
伊氏锥虫病	血液和淋巴液	黏膜苍白、黄染;水肿;尿色深黄
新孢子虫病	肠道;脑组织和脊髓组织	孕畜流产、新生儿运动神经障碍
隐孢子虫病	安氏——家畜肠道;贝氏——气管和法氏囊;火鸡——禽类肠道	腹泻、呼吸困难
肉孢子虫病	终末宿主是犬小肠;中间宿主的肌肉	肉检中,肉眼可见肌肉中有大小不一的黄白色或灰白色线状、与肌纤维平行的包囊
华支睾吸虫病	肝脏胆囊及胆管内	腹泻腹痛、腹部饱胀、浮肿、腹水、贫血;肝硬化
类圆线虫病	宿主肠道	仔猪腹痛,消瘦,腹部膨大;皮肤处引起局部红斑、荨麻疹
毛尾线虫病	家畜大肠	消瘦、贫血、腹泻
疥螨病	表皮内	剧痒,湿疹性皮炎,脱毛
痒螨病	皮肤表面	皮肤奇痒、水疱和脓疱
蠕形螨病	毛囊或皮脂腺	患部脱毛,圆形秃斑
猪球虫病	肠上皮细胞	急性肠炎、血便
猪结肠小袋纤毛虫病	大肠内	下痢、衰弱、消瘦
猪姜片吸虫病	十二指肠	消瘦且腹部膨大,腹泻与便秘交替
猪蛔虫病	肝脏、肠道	仔猪咳嗽、乳斑肝;顽固性腹泻
猪食道口线虫病	结肠	结肠壁上见到大量结节
后圆线虫病	支气管和细支气管	强有力的阵咳,呼吸困难
猪冠尾线虫病	肾盂和脂肪和输尿管壁	皮肤炎症,有丘疹和红色小结节;后肢无力,尿液白色黏稠
猪棘头虫病	猪的小肠	出现刨地、互相对咬或匍匐爬行,不断哼哼等腹痛症状
牛巴贝斯虫病	红细胞	梨子型虫体、血红蛋白尿
牛羊泰勒虫病	红细胞、单核巨噬细胞	全身出血、皱胃溃疡、石榴体
牛、羊球虫病	肠上皮细胞	出血性肠炎

续表

病名	寄生部位	特征症状和病变
牛胎儿三毛滴虫病	牛生殖道	包皮炎、阴道炎
肝片吸虫病	反刍动物的肝脏胆管	可视黏膜苍白、水肿，腹水
歧腔吸虫病	胆管和胆囊	可视黏膜苍白、水肿，腹水，和肝片吸虫的虫卵颜色不一样
阔盘吸虫病	反刍动物胰脏的胰管内	胰管发生慢性增生性炎症
前后盘吸虫病	反刍兽的瘤胃壁上	出血性胃肠炎、顽固性下痢
东毕吸虫病	门静脉、肠系膜静脉脉	贫血、黄疸等
扩展莫尼茨绦虫病	羔羊肠道	肠套叠、肠扭转和肠破裂
贝氏莫尼茨绦虫病	犊牛肠道	肠套叠、肠扭转和肠破裂
脑多头蚴病	牛羊脑及脊髓中	神经症状
牛蛔虫病	肠道	肠壁、肺脏、肝脏点状出血；腹泻便秘
毛圆科线虫病	宿主的真胃	严重贫血
食道口线虫病	大肠	大肠、食道结节
仰口线虫病	牛、羊的小肠	便秘、腹泻
胎生网尾线虫病	牛气管和支气管内	咳嗽，鼻涕，干咳，湿咳
丝状网尾线虫病	羊气管和支气管内	咳嗽，鼻涕，干咳，湿咳
牛吸吮线虫病	结膜、第三眼睑和泪管	角膜糜烂和溃疡
牛皮蝇蛆病	牛背部皮下组织	牛皮肤痛痒，精神不安
羊狂蝇蛆病	羊的鼻腔及其腔窦内	流脓性鼻涕、假旋回症
马巴贝斯虫病	红细胞内	高热、贫血、黄疸、出血和呼吸困难
马媾疫	生殖器黏膜	水肿期、银元疹、神经症状期
裸头绦虫病	小肠	黏膜炎症、水肿、损伤
马副蛔虫病	肺部、小肠	肺炎、肠炎
马脑脊髓丝虫病	脑或脊髓	神经障碍；皮内反应试验
指形丝状线虫病	黄牛和牦牛的腹腔	腹痛
马浑睛虫病	马、骡的眼前房中	角膜炎和白内障
马胃蝇蛆病	马属动物胃肠道内	咀嚼、吞咽困难、慢性出血性胃肠炎
组织滴虫病	禽类的盲肠和肝脏	黑头、肝淡黄色或淡绿色的坏死病灶
鸡住白细胞虫病	组织细胞、血液细胞	白头、死前口流鲜血、肌肉出血
鸡柔嫩艾美耳球虫病	盲肠	出现肠芯
毒害艾美尔球虫病	小肠	小肠浆膜面有小的白斑和红斑点病灶
鹅截形艾美耳球虫病	肾小管	颈扭转贴于背上、肾脏体积肿大
前殖吸虫病	输卵管、法氏囊、泄殖腔及直肠	产软壳蛋和无壳蛋
后睾吸虫病	家禽的肝脏、胆囊	在水中游走无力，缩颈闭眼

续表

病名	寄生部位	特征症状和病变
赖利绦虫病	小肠	肠阻塞、肠破裂、十二指肠结核样结节
剑带绦虫病	肠道	白色稀薄的粪便
鸡蛔虫病	小肠	寄生虫性结节、羽毛松乱
鸡异刺线虫病	盲肠	盲肠肿大肠壁发炎，增厚
禽毛细线虫病	食道、嗉囊和小肠	嗉囊膨大、呼吸困难、运动失调
小钩锐形线虫病	肌胃角质膜下	—
旋锐形线虫病	腺胃和食道	—
美洲四棱线虫病	腺胃	—
分棘四棱线虫病	腺胃黏膜	—
鹅裂口线虫病	肌胃角质膜下	—
禽比翼线虫病	支气管和细支气管内	呼吸困难、头左右摇甩
禽皮刺螨病	禽类体表	消瘦、贫血、产蛋量下降
突变膝螨病	鸡的膝部与脚趾部	皮肤发炎、增厚、粗糙
新棒恙螨病	翅内侧、胸肌及腿内侧皮肤上	奇痒，皮肤形成脓肿，出现痘疹状病灶
禽虱病	禽类体表	奇痒，羽毛折断，消瘦，产蛋减少
犬巴贝斯虫病	犬红细胞内	尿呈黄色至暗褐色、贫血等
犬复孔绦虫病	小肠	腹泻便秘
犬、猫钩虫病	小肠	排黑色柏油样粪便
犬心丝虫病	犬的右心房和肺动脉	咳嗽，运动时加重，训练耐力下降
犬、猫蚤病	体表	动物痒感，皮肤炎症
兔球虫病	肝脏、胆管上皮细胞、肠道上皮细胞	后肢和肛门被粪便所污染、腹围增大肝区触诊疼痛、肠黏膜小结节、胆管周围和小叶间部分结缔组织增生
家蚕蝇蛆病	蚕体表面	黑褐色喇叭状的病斑
蒲螨病	体表	凹凸不平的黑斑
蜜蜂孢子虫病	肠部	中肠颜色由蜜黄色变为灰白色
蜜蜂马氏管变形虫病	马氏管	中肠前端变为红褐色，马氏管透明肿胀
狄斯蜂螨病	体表、封盖子房	翅足残缺失去飞翔能力
小蜂螨病	子脾	房盖出现如缝衣针孔状大小的穿孔